高等职业教育教材

田间试验与生物统计

第二版

王芳　主编
董兴月　黄丽纯　于永梅　副主编
宁海龙　尹庆　主审

化学工业出版社
·北京·

内容简介

本书介绍了田间试验的有关概念、设计原理、常用的设计方法与实施步骤；介绍了试验资料的整理、基本特征数、概率及其分布，以及统计假设检验的基本方法：t 检验、u 检验、F 检验、χ^2 检验；介绍了单因素与多因素试验结果的方差分析及双变数的直线回归与相关分析方法的应用。项目中还编排了项目小结、思考与练习和项目技能，将计算机的常用办公软件 Excel 应用于生物统计中，作为加强实践技能的训练。并设置了知识拓展，增加了田间试验的试验方案、实施、总结等内容。

本书贯彻党的二十大精神，充分发挥教材在提高人才培养质量中的基础作用，更好地服务全面推进乡村振兴、加快农业农村现代化。

本书可作为高等职业教育专科和本科、高职本科贯通、五年制高职、成人教育农业类相关专业的教材，也可供从事生物技术工作的人员参考。

图书在版编目（CIP）数据

田间试验与生物统计/王芳主编．—2 版．—北京：化学工业出版社，2023.8 （2024.9重印）
高等职业教育教材
ISBN 978-7-122-43498-2

Ⅰ.①田… Ⅱ.①王… Ⅲ.①生物统计-应用-田间试验-高等职业教育-教材 Ⅳ.①S3-33

中国国家版本馆 CIP 数据核字（2023）第 087474 号

责任编辑：王文峡　　文字编辑：王丽娜
责任校对：宋　夏　　装帧设计：韩　飞

出版发行：化学工业出版社（北京市东城区青年湖南街 13 号　邮政编码 100011）
印　　装：河北延风印务有限公司
787mm×1092mm　1/16　印张 14½　字数 356 千字　　2024 年 9 月北京第 2 版第 2 次印刷

购书咨询：010-64518888　　售后服务：010-64518899
网　　址：http://www.cip.com.cn
凡购买本书，如有缺损质量问题，本社销售中心负责调换。

定　　价：49.00 元

编审人员

主　编　王　芳（黑龙江农业工程职业学院）

副主编　董兴月（黑龙江农业职业技术学院）

黄丽纯（黑龙江农业工程职业学院）

于永梅（黑龙江农垦职业学院）

参　编　李子昂（辽宁职业技术学院）

王　玲（嘉兴职业技术学院）

杨　帅（嘉兴职业技术学院）

主　审　宁海龙（东北农业大学）

尹　庆（黑龙江省农垦科学院）

前言

“田间试验与生物统计”是农业类相关专业的专业基础课程，实践性较强，课程设置以企业调研为基础，以满足岗位需求为目的，针对农业科研试验的需求，为田间试验与生物统计的高技能人才培养奠定基础。

本书在编写过程中力求体现“注重适用、突出应用”的特色，注重学生实践能力、创新能力的培养。

本书贯彻党的二十大精神，充分发挥教材在提高人才培养质量中的基础作用，为更好地服务全面推进乡村振兴、加快农业农村现代化，结合《田间试验与生物统计》在教学应用中实际情况，编者对教材编写体系和体例进行了创新，构建了项目引导、任务驱动、理论实践一体的教材体系。教材内容包括 5 个项目、19 个任务。项目一是田间试验方案设计，项目二是田间试验实施，项目三是田间试验统计分析基础，项目四是田间试验结果的统计分析，项目五是田间试验总结。将原来试验实训内容融入每一个教学任务，并设置了知识拓展，增加了国家田间试验的试验方案、实施、总结等内容。本书配有电子教案，欢迎选用本书的广大教师索取，编者电子邮箱：fangfang19680115@163.com。

本书由王芳担任主编，董兴月、黄丽纯、于永梅担任副主编，由宁海龙和尹庆主审。其中项目一、项目三的任务三、项目四及对应项目技能由王芳编写；项目四任务三由王玲编写、任务四由杨帅编写；项目二由李子昂编写；项目三的任务一、任务五及对应项目技能由于永梅编写；项目三任务二、任务四、知识拓展及对应项目技能由黄丽纯编写；项目五由董兴月编写。全书由王芳统稿。

本书在编写过程中得到了有关职业技术学院的大力支持帮助，广泛参阅、引用了许多单位及各位专家、学者的著作、论文和教材，在此一并致以诚挚的谢意。

由于编写人员水平有限，书中难免有一些不足和疏漏之处，欢迎广大读者批评指正，以便今后修订、补充和完善。

编者

2023 年 1 月

目录

项目一　田间试验方案设计　1

任务一　田间试验概述　1
一、田间试验任务与要求　1
二、田间试验术语及种类　4
三、试验误差及控制　6
任务二　田间试验小区设计　10
一、田间试验设计基本原则　11
二、田间试验小区技术　11
任务三　田间试验设计　16
一、顺序排列试验设计　16
二、随机排列试验设计　18
任务四　田间试验方案与试验计划书　23
一、田间试验方案　23
二、田间试验计划书　25
技能训练　田间试验计划书的拟订　42

项目二　田间试验实施　44

任务一　田间试验准备　44
一、试验地准备　44
二、田间区划　45
三、田间试验实施步骤　46
任务二　试验观察、记载与收获计产　49
一、观察记载项目　49
二、田间取样方法　50
三、收获计产　51
技能训练一　田间试验区划与播种　55
技能训练二　田间试验调查　58

项目三 田间试验统计分析基础 60

任务一 基本特征数 60
一、基本特征数 60
二、试验资料的类别与整理 61
三、平均数和变异数 67
任务二 理论分布和抽样分布 72
一、事件与概率 73
二、二项分布 74
三、正态分布 75
四、抽样分布 78
任务三 统计假设检验 81
一、统计假设检验的基本原理 81
二、平均数的假设检验 84
任务四 方差分析 91
一、方差分析基本原理 91
二、单向分组资料方差分析 98
三、两向分组资料方差分析 105
任务五 卡平方（χ^2）检验 111
一、卡平方（χ^2）的概念和检验原理 111
二、适合性检验 113
三、独立性检验 115
技能训练一 Excel在生物统计中的应用 129
技能训练二 基本特征数的计算 132
技能训练三 统计图表的制作 144
技能训练四 概率和概率分布 148
技能训练五 统计假设检验 153
技能训练六 方差分析 157
技能训练七 卡平方（χ^2）检验 160

项目四 田间试验结果的统计分析 165

任务一 顺序排列设计试验结果的统计分析 165
一、对比法试验结果的统计分析 165
二、间比法试验结果的统计分析 167
任务二 随机排列设计试验结果的统计分析 168
一、完全随机设计试验结果的统计分析 168
二、随机区组设计试验结果的统计分析 168
任务三 拉丁方设计试验结果的统计分析 176

任务四 裂区设计试验结果的统计分析 179
技能训练一 顺序排列试验结果统计方法 183
技能训练二 随机排列设计试验结果的统计分析 184

项目五 田间试验总结 190

任务一 农业科学研究的基本方法 190
一、选题 191
二、文献 191
三、假说 192
四、假说检验 192
五、试验的规划与设计 192
六、农业科学研究的一般程序 192
任务二 课题的选定与申请 193
一、选题的基本原则 193
二、选题的主要途径 194
三、选题定位的关键问题 195
四、课题申报程序 197
五、课题申报 197
任务三 课题的准备 198
一、资料的收集、阅读与分析 198
二、试验材料的准备 199
任务四 试验总结的撰写 200
一、标题 200
二、署名 200
三、摘要 201
四、关键词 201
五、引言 201
六、正文 202
七、结论 203
八、致谢 203
九、参考文献 204

附 录 206

附录 1 10000 个随机数字 206
附录 2 累积正态分布 F_N（u）值表 210
附录 3 正态离差 u 值表（两尾） 211
附录 4 学生氏 t 值表（两尾） 212

附录 5　5%（上）和 1%（下）点 F 值（一尾）表 …… 213
附录 6　Duncan 氏新复极差检验 α 为 0.05 及 0.01 时的 SSR 值表 …… 219
附录 7　r 值表 …… 221
附录 8　χ^2 值表（一尾） …… 222

参考文献 223

项目一

田间试验方案设计

项目目标

了解田间试验方案是试验实施的依据，更是试验成败的关键。

熟悉田间试验实施是把试验方案具体实施。主要包括试验地的选择、田间区划、试验材料准备、播种或移栽、田间管理、观察记载与测定、收获和测产等。

掌握田间试验方案设计，包括选题与设计、布置与种植、管理与观察、收获与测产，以及总结与推广，所有这些工作就是田间试验的实施。要搞好田间试验，必须做好田间试验全过程的所有环节。如果试验中某一个环节没有做好，试验就会失败。

任务一　田间试验概述

【知识目标】了解田间试验的任务和特点；掌握田间试验的种类、田间试验有关术语、田间试验的要求。

【技能目标】具备进行各类试验的能力（技能）；能够独立（或协作）完成田间试验误差的有效控制工作。

【素质目标】培养适应田间试验与生物统计风吹、雨淋、日晒的工作环境，接受与泥土、粪肥打交道工作性质的职业能力。生产操作过程中，通过分组合作完成田间试验种类及试验误差控制，培养做好田间试验的职业责任心。

一、田间试验任务与要求

（一）田间试验任务

发展农业生产要依靠农业科学技术的进步，农业科学试验是促进农业科学技术进步的重要手段。农业生产通常是在大田条件下进行的，受自然环境条件和栽培条件影响较大。农业科研成果在大田生产条件下的实践效果如何，如一些引进的新品种是否适应本地区，一些新选育的品种是否比原有品种更高产稳产；一些新产品（如新型肥料、新农药等）增产效果和改善品质效果是否明显；一些新的农业技术措施是否比原有的措施增产有效等等，都必须在田间条件下进行试验，才能为这些问题的解答和科学研究成果的评定提供可靠的科学依据。因此，田间试验在农业科学试验中的主要地位是其他试验不可替代的，它是农业科学试验的主要形式。

田间试验是在田间自然条件下，以作物生长发育的各种性状、产量和品质等指标，研究作物与环境之间关系的农业科学试验方法。其基本任务是在大田自然环境条件下研究新品种、新产品、新技术的增产效果，研究增加经济效益的理论、方法和技术，客观地评定具有各种优良特性的高产品种及其区域适应性，评定新产品的增产效果及对环境的反应，正确地评判其最有效的增产技术措施及其适用区域，使农业科研成果合理地应用和推广，发挥其在农业生产上的重要作用。

农业试验是在有人为控制的条件下进行的实践活动，利用作物本身做指示者以研究有关问题，由作物作出回答。试验主要包括①简单的品种试验，即将基因型不同的作物品种在相同条件下进行试验；②简单的栽培试验，即将基因型相同的作物品种在不同栽培条件下进行试验；③品种和栽培相结合的试验，即将基因型不同的作物品种在不同栽培条件下进行试验。试验除以田间试验为主外，通常还要有实验室试验、盆栽试验、温室试验等的配合。后几种试验方法的主要优点是能够较严格地控制一些在田间自然条件下难以控制的试验条件，如温度、湿度、光照、土壤成分等，因而有助于深入地阐明作物的生长发育规律。特别是利用人工气候室进行试验，可以对温度、湿度、光强、日长等几个因素同时调节，模拟某种自然气候条件。这对于阐明农业生产上的一些理论问题是极为有用的，应在有条件时充分利用。但是，这些只能作为有效的辅助性试验方法，为了解决生产实践中的问题，田间试验的主要地位是不可替代的。田间试验是联系农业科学理论与农业生产实践的桥梁。

（二）田间试验特点

1. 大田作物田间试验的特点

(1) 应用面广　大田作物田间试验是在大田土壤上进行的，一般情况下，不破坏土壤的自然结构，不改变田间的气候状况，试验条件符合农业生产实际，便于推广应用。

(2) 简单易行　试验单元是一定面积的小区，不需要特殊的盛土容器和设备，简单易行，能直接反映试验的效果。

(3) 具有复杂性　在田间开放系统中，各种生长因子如光照、温度甚至病虫等生物条件难以人为控制，不同部位试验小区的土壤理化性状的差异也无法消除。因此，田间试验误差大，只有通过合理的试验方法设计和认真细致地实施试验的每一个环节，并通过严密的统计分析，才能根据田间试验结果得出科学的结论。

2. 果树田间试验的特点

果树与农作物的生长发育规律差别较大，因此果树田间试验有其自身的特点：

(1) 试验周期长　果树经济寿命长，多达百年以上，因此试验周期长，试验比较复杂。另外果树试验年限长，常会因寒害、风害、病虫害、鼠害等，出现植株死亡或残缺而形成缺株区，增加试验的复杂性。果树具有生命周期和年周期两个发育时期，不同年龄时期、不同物候期，生长发育不同而造成试验结果不一致。另外，果树试验还有大小年现象，更增加了试验的复杂性。

(2) 试验误差比其他作物大　果树个体大，利用营养面积也大，根系分布深而广，不但受表土影响，也会受到心土影响，易造成个体间差异大。此外病虫危害、嫁接苗接口愈合状况、修剪技术以及相邻植株地上地下部分相互竞争等，也会造成个体间差异。

(3) 试验条件较其他作物复杂　大多数果树是嫁接繁殖，常因砧木或接穗的不同而影响试验条件均匀性。另外果树多为山地栽培和零星栽培，其地形、坡度、坡向、土层深浅、肥力水平状况等，对果树的生长发育和结果均有不同影响，容易加大试验误差。因此，果树试验对试验条件的要求较其他作物复杂。

（4）有其特殊优越性　外界条件的变化和栽培管理水平的差异对果树生长结果的影响，会年复一年持续地记录在果树树体上，所以果树自身就是记录器。可充分利用这一特点，来简化试验方法，缩短试验年限，同时也能得到可靠资料。从这个方面看，果树相比一年生作物又有其特殊优越性。

3. 蔬菜田间试验的特点

（1）土壤差异较小　一方面由于蔬菜田常年精耕细作，其耕层厚度、熟化程度、肥力水平通常比较均匀一致；另一方面蔬菜个体较小、根系浅、受深层土壤影响小，便于控制试验地的土壤差异。

（2）对环境反应敏感　拟订试验方案时，不同处理的级差量不宜过大，原因是蔬菜生长迅速、生长量大，对试验处理的反应较其他作物敏感（对肥、水、植物激素的反应更为敏感）。

（3）较大田作物试验复杂　蔬菜生育周期短、栽培方式多样，如黄瓜就有露地、地膜覆盖、阳畦、温室、拱棚等不同栽培方式；栽培方式相同又可安排不同播种季节（如春、夏、秋等）。另外，蔬菜常进行间作、套作、混作等。蔬菜作物的栽培方式、生长季节安排的多样性和灵活性，造成了蔬菜试验的复杂性。因此，为了提高试验的精确度，对试验的设计、实施和统计分析同样有很高的要求。

（三）田间试验基本要求

为保证田间试验的质量，使试验结果能够在提高农业生产和科学研究的水平上发挥作用，田间试验有以下几项基本要求：

1. 试验目的明确

在进行某项田间试验时，要在阅读文献与社会调查的基础上，明确选题，制订合理的试验方案，对试验的预期结果及其在农业生产和科学试验中的作用要做到心中有数，这样才能有目的地解决当时生产实践和科学试验中亟待解决的问题，并兼顾将来可能出现的问题，避免盲目性，提高试验的效果。

2. 试验条件有代表性

代表性是指试验区的条件应该能够代表该项成果将来应用地区的自然条件、生产条件和经济状况。这对于试验结果在当时当地的具体条件下可能利用的程度具有重要意义。在这样的条件下进行试验，新品种或新技术在试验中的表现，才能真正反映其在今后拟应用和推广地区实际生产中的表现，才能使试验研究的成果在现在或将来的生产中发挥作用。但是也应当考虑到：试验条件的代表性既要考虑其能代表目前的条件，也要注意将来可能被广泛采用的条件，比如有些试验项目根据长远需要，可以在高于一般生产条件的水平下进行试验，使新品种或新技术等试验结果能在今后出现的新的生产条件和经济条件下被广泛采用，即试验结果能跟上生产的不断发展，否则试验的成果就难以发挥为推广地区服务的作用。

3. 试验结果的正确性

正确性是指试验结果正确可靠，能够把品种或处理间的差异真实地反映出来。如果不能把新品种或新技术的优点充分表现出来，甚至优劣颠倒，就失去了试验本身的意义。

正确性包括准确性和精确性两个方面。准确性（或准确度）是指试验中某一性状的观察值与其相应真值的接近程度，越接近准确性越高。但在试验中真值一般为未知数，准确度不易确定。精确性（度）是指试验中同一性状的重复观察值彼此接近的程度即试验误差的大小，它是可计算的。误差越小，处理间的比较越为精确。通常所说准确性包含精确性。

试验的正确性愈高，试验结果愈可靠，愈能反映实际情况，才能起到指导生产和促进生产的作用。因此为了提高试验的正确性，在进行田间试验时，应力求减少或避免试验误差，以求试验结果的准确可靠。在一般情况下，田间试验过程中所获得的数字资料总是和客观实际有些出入。这主要是由于植物本身的遗传性十分复杂，又以不同的方式和环境条件相联系，在环境条件经常变动的条件下，必然产生或大、或小的误差。例如，品种比较试验的目的之一是比较每个品种丰产性的差异，因此，除品种这个因素之外，其他因素如土壤、气候、田间作业质量等方面的差异应尽可能缩小到最低限度；否则，地力不均，前茬作物不同，施肥灌水次数、时间和数量不同，都会使品种的丰产性失真。即使是在各种条件都相对一致的条件下，也会由于不同品种的丰产性在某一特定环境条件下发挥程度不同，而使品种的丰产性的比较产生误差，这就是所谓误差的不可避免性。尽管这些误差在某种程度上来说是不可避免的，但在试验设计时应把这些误差减少到最低限度，以提高试验的正确性。

4. 试验结果要有重演性

重演性是指通过田间试验所获得的试验结果，在相同或类似的条件下进行重复试验或大面积生产时，可以获得相同或相似的试验结果。这对于在生产实践中推广科学研究成果极为重要。重演性是由田间试验的正确性和代表性所决定的。因此，为了保证试验结果的重复获得，提高试验的重演性，必须严格注意试验中的各个环节。首先应严格要求试验的正确执行和试验条件的代表性，若没有这两个前提，重复实践就不能重复得到原有的结果。所以应该从试验地的选择、正确进行田间试验入手，在整个试验的过程中，充分了解和掌握试验区的自然条件和栽培管理条件，细致、完整、及时地进行田间观察记载，分析各种试验现象，找出规律性，以便正确地估计试验误差。田间试验的结果能不能重演，在很大程度上受当时当地的自然环境所左右，为了提高试验重演性，最好每一项试验在本地区重复 2～3 年。这样一来，由于每年的自然环境条件总有不同程度的差异，所获得的试验结果是在不同年份、不同自然条件下的平均值，因此，可使重演的可能性提高，更容易被别人或大面积生产所重复。这对品种选育试验相当重要。

二、田间试验术语及种类

（一）田间试验有关术语

1. 试验因素

由人为控制并设有待比较的一组处理的因子称为试验因素，简称因素或因子。

2. 水平

试验因素量的不同级别或质的不同状态称为水平。试验因素水平可以是定性的，如供试的不同品种，具有质的区别，称为质量水平；也可以是定量的，如喷施生长素的不同浓度，具有量的差异，称为数量水平。数量水平不同级别间的差异可以等间距，也可以不等间距。所以试验方案是由试验因素与其相应的水平组成的，其中包括有比较的标准水平。

3. 试验处理

在试验小区上所实施的试验措施称为试验处理。单因素试验中，试验因素的每一个水平就是一个试验处理；复因素试验中，不同因素的水平相互组合即水平组合，构成一个试验处理。

4. 试验方案

根据试验目的和要求所拟定的进行比较的一组试验处理称为试验方案。

5. 试验效应

试验因素对试验指标所起的增加或减少的作用称为试验效应。

（二）田间试验种类

1. 按试验因素的多少划分

（1）单因素试验　只研究一个因素效应的试验叫单因素试验。如小麦药效比较试验研究中只有“药剂”这一个因素可以有不同，其他的因素是相对一致的。单因素试验的优点是试验设计简单，统计分析比较容易。但也有缺点，因为与农作物生长发育有关的各个因素之间存在复杂的关系，而试验又只研究一个因素。因此，应用范围小，有一定局限性，不能了解几个因素间的相互关系。

（2）复因素试验　同时研究两个或两个以上因素效应的试验叫复因素试验，也称多因素试验。例如，大豆品种与施肥量相结合的试验就是复因素试验。复因素试验的优点是不仅可以研究各个因素单方面的效应，而且还能研究因素间的相互作用，所以试验说明问题比较全面、切合实际。但设计上比较复杂，统计分析上比较烦琐，所以，因素数目和水平数不宜过多。

（3）综合试验　将各种丰产措施结合在一起以创造高产的试验形式，具有检验和示范作用。这种试验简而易行，各地都可吸取当地和外地的丰产经验和科研成果，设计适合当地应用的丰产技术方案。这是推广丰产经验，提高作物产量的一种行之有效的方法。

2. 按试验研究内容划分

（1）品种试验　主要研究各种作物的引种、育种和良种繁育等问题。如品种比较试验，就是常用的品种试验，是将遗传性不同的品种置于相同的条件下，以选出产量、品质和抗性等方面适宜于当地推广应用的新品种。

（2）栽培试验　主要研究各种栽培技术措施的增产作用，如播种期、播种量、播种方式等试验。

（3）肥料试验　是研究肥料对作物营养、产量、品质及土壤肥力等作用的试验方法，如大豆配方施肥试验。

（4）农药试验　是研究农药对病虫草害防治效果的试验方法，如某种新型农药的药效试验。

3. 按试验规模划分

（1）单点试验　是指在一个地点上进行的试验，且试验结论也只局限于试验地点附近的有限地区。

（2）多点试验　是指在统一组织下，按统一设计的试验方案、统一的试验方法和统计方法，在许多地点同时进行的试验。

4. 按试验期限划分

（1）单季试验　是指试验期限仅为一个生产季节，如肥料用量试验常用此法。

（2）长期试验　是指试验期限多为几年或几个生产季节，如英国洛桑小麦长期定位试验，迄今已有一个半个多世纪。

5. 按试验小区大小划分

（1）大区试验　小区面积一般在330m^2以上的试验，多为示范性试验。其优点是试验地土壤和栽培条件接近于大田，试验结果能够较好地反映处理在生产上的表现。但由于小区面积较大，不能设置重复和精细管理，不宜在处理数比较多、精确性要求高的试验中采用。一般多在经过初步试验，明确了优良处理以后，进一步在生产条件下进行的生产示范性试验时采用。

（2）小区试验　小区面积一般在10～60m^2的试验。大多数的试验为小区试验。其优点是小区面积小，能减少整个试验地的面积，容易做到在肥力均匀的地块进行试验和精细管理，并便于增加试验小区的重复次数，提高试验的精确性。

（3）微区试验　小区面积一般在10m^2以下，一般适用于探索性试验或观察性试验。

6. 按试验阶段分类

在科学研究活动中有时会按照科研工作自然发展顺序，人为地划分性质不同的阶段，此时对试验设计、试验方法及提供的科研信息都有不同的要求。

（1）预备试验　预备试验也叫初步试验，是在科研工作开始阶段或正式开展科研工作之前所进行的一种规模小、设计简单、用时短、对试验结果要求准确性较低的小型科研活动。它往往涉及的材料很多，设置的处理较多，一般只是探索其科研课题的主要研究方向，看到科研方向的苗头，提供简单的数字信息，并根据预备试验中可能发生的新情况来补充和修改原定的试验计划，为正式试验提供试材和处理的大致范围，在此基础上再进一步研究，使正式试验建立在更有把握的基础之上。

（2）正式田间试验　正式田间试验也叫主要试验或基本试验，是在预备试验的基础上，按照严格的试验设计和试验技术要求进行的试验。它往往涉及的试材不多，但处理较多，一般都要设置重复和对照，试验所获得的数字资料，一般都要经过方差分析，其可靠性要求达到95%以上。在主要试验中所获得的科研成果，应尽快地应用到生产上去，为此，要尽可能提高主要试验的准确性和代表性。

（3）生产试验　生产试验是在主要试验完成之后进行的试验，如把选育出的品种或筛选出的某项技术措施用于生产中的鉴定试验。它的试验面积较大，田间栽培管理技术水平和当地一般栽培管理技术水平相一致。此试验是在生产条件下验证主要试验的结果，具有示范作用。对生产试验所获得的数据资料，通常不进行方差分析，一般只要求主要数量性状的平均数或者只进行直观分析。

此外还有区域化试验，主要是指品种的区域化试验。它是把主要试验的结果放在某一地区的不同地点做试验，品种经过区域化试验后，才能决定是否扩大推广。区域化试验时间的长短因试材种类不同而有所差别。

三、试验误差及控制

进行科学试验时，常会出现试验数据不准确、差异不够精确的情况，这是由于在试验过程中出现了试验误差。田间试验的条件是复杂的，因为受很多不能完全控制的自然因素的影响，所以在进行田间试验时，要讲究设计方法和对试验数据进行统计分析，以便使试验得出准确的结果并作出正确的判断。

（一）试验误差的概念

在田间试验中，试验处理有其真实效应，但总是受到许多非处理因素的干扰和影响，使试验处理的真实效应不能完全地反映出来。这样，从田间试验得到的所有观察值，既包含处理的真实效应，又包含许多其他因素的偶然影响。这种因非处理因素的偶然干扰和影响而造成的试验结果与真值的偏差，称为试验误差或误差。

试验误差是衡量试验精确度的依据，误差小表示精确度高，误差大则精确度低。

图 1-1 以打靶的情况来类比说明试验的准确性和精确性，以中心为理论真值。(a) 表示 5 枪集中在中心，准而集中，具有最佳的准确性和精确性，说明试验误差最小；(b) 表示 5 枪偏离中心，有系统偏差但很集中，准确性差，而精确性甚佳；(c) 表示 5 枪既打不到中心，又很分散，准确性和精确性均很差；(d) 表示 5 枪很分散，但能围绕中心打，平均起来有一定准确性，但精确性很差。

显然，只有试验误差小才能正确且可靠地评定处理间差异。田间试验特点在于注意到试验设计与统计分析的密切关系，既运用统计原理指导田间试验设计以降低试验误差，又运用统计方法处理试验结果，要合理地估计试验误差，从而提高田间试验的精确性。

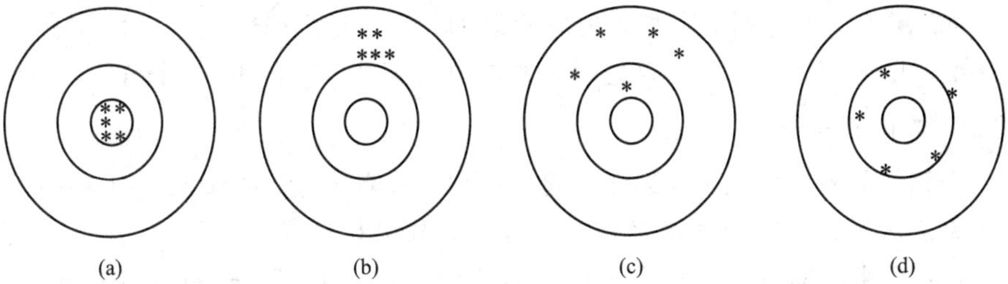

图 1-1　打靶图示试验的准确性与精确性

（二）产生差异的原因

不论进行哪种田间试验，其目的都是通过鉴定比较的方法，选出增产效果最好的优良品种或者栽培技术措施。因此就要求试验所设的各个处理之间都有不同的差异，有的表现在产量高低上，有的表现在品质好坏上，有的表现在植株的高矮、茎秆粗细、抗病性、抗倒性、生育期等各种形态特征和生理特性上。但这些差异并不一定都是由处理不同所造成的，它们的来源多种多样，从田间试验结果分析来看，造成差异的原因可大致分成以下两方面：

1. 处理间差异

生产能力本质上有高低之差。例如，杂交的玉米、高粱及水稻品种一般都有明显的杂种优势，比原来的常规品种产量高；在缺磷的土壤上，施用磷肥比不施肥明显增产。这就说明杂交品种和常规品种之间、施磷肥和不施磷肥之间的产量有本质上的差异。

2. 试验误差

试验误差就是由于受到各种非处理因素的偶然影响，包括土壤、小气候、田间作业质量、病虫害程度、试验材料本身、人的目视误差等各种因素的不同，给试验结果造成不同程度的干扰性差异。

（三）试验误差的来源

1. 土壤差异所引起的误差

土壤差异包括肥力差异和理化性质方面的差异。土地是田间试验的最基本的条件，土壤肥力的均匀一致是田间试验正确性的保证。在自然界中，土壤肥力的差异是普遍存在的，它引起的误差对试验结果的影响最大，而且难以克服。所以，在进行田间试验设计时，最主要的问题是把土壤肥力差异降低到最低程度。实际上，田间试验设计就是围绕解决这一中心问题，而提出了一系列技术措施。造成土壤肥力差异的主要原因是在土壤形成过程中，由于发生、发展历史不同，土壤的机械组成、有机质的含量、矿物质种类和含量存在差异，土壤中水分运动的规律及地温变化的规律也都不相同，由此形成了不同地块土壤理化性质和肥力差异。这种差异是有规律的，且规律地向某一方向变化着，有的呈斑块状，无明显的规律性。人们在利用土壤过程中也会造成的人为误差，对土壤中的水分和养分分布影响很大，这也是造成土壤因子差异的重要因素。

2. 小气候差异引起的误差

这主要是由试验地所处的位置引起的，比如试验地的周围有高大的建筑物或较大的水面，或有防护林或宽阔的公路，或试验地四周及小区间的植株高矮不一，温室内的不同位置等都会造成试验地各小区不同的小气候条件，从而导致各小区植株生长发育的差异。小气候区的内部不同地点的气候条件差异常常是很显著的，且多呈规律性变化。例如高大建筑物和防风障的阳面，随着离防风障和建筑物距离的增加，地温、气温都有逐渐变低的趋势。

3. 作物群体间竞争引起的误差

是指两个相邻品种或处理始终靠在一起，由相互影响而造成的误差。如在田间试验顺序排列法中，甲乙两个品种或处理始终靠在一起，如某甲品种或处理的植物生长发育速度较快，它的地上部营养器官优先吸收阳光、二氧化碳等，地下部的根系较多地争夺水分和养分，这样一来，甲品种或处理有优势，乙品种或处理处于劣势地位，结果二者的本质差异不能真实地表现出来，干扰了田间试验的正确性。

4. 试验材料的差异引起的误差

试验中各处理的供试材料在其遗传上和生长发育情况上存在着差异，这种差异包含很多方面，比如种子大小、质量的不一致，生长势强弱不一致等。当我们尽量使各个处理的试材相对一致后，在同一个试验小区里，同一个品种或处理群体的不同植株个体间也经常存在差异。即使一个纯度较高的品种或一代杂种，甚至是自交系，也往往由于不同植株个体间遗传性的某种差异及农业技术管理措施对不同个体的影响不同而产生植株个体间的差异。如果取样时不注意，在甲品种或处理的群体中选取了一些偏小的个体，而在乙品种或处理群体中选取了一些偏大的个体，那么取样的测产工作必然不能正确地反映出二者的本质差别，造成人为的取样误差。因此试验材料的差异也是造成试验误差的重要因素之一。引起这种差异的原因有多种，如遗传因素、自然环境条件、繁殖方法以及栽培管理措施等。

5. 一些不易被人们所控制的、偶然性的因素引起的误差

其中包括病虫害、鸟害、人畜为害、自然灾害等偶然因素造成的误差，它具有一定随机性，对各个处理小区的影响不完全相同。

（四）试验误差的控制途径

可以针对试验误差来源采取相应的措施，使误差降低到最低限度，以此来提高试验的精确性。

1. 控制土壤差异

减少、排除和估计因土壤差异而产生的误差，除了严格选择试验地之外，主要是通过正确的小区设计技术和应用良好的田间试验设计方法。通过这几种措施，不但可以有效地降低土壤差异，同时还可以控制其他来源所引起的误差。

试验地的选择主要有以下几点要求：

① 试验地要有代表性　要使试验具有代表性，首先试验地要有代表性。试验地的土质、土壤肥力、气候条件和栽培管理水平要能代表本地区的基本特点，以便于试验成果的推广应用。

② 试验地的肥力要均匀一致　试验地的肥力均匀是提高试验效果的首要条件。这是因为在所有非试验干扰因子中，土壤肥力的差异最难控制，特别是土壤发育层次及地形差异较大而造成的差异对试验的干扰最大，如耕作层下有一条砂带，几乎无法消除它对试验的影响。判断土壤肥力状况的方法常有两种：一种是目测法，另一种是空白试验法。

目测法是观察拟作为试验地的地块上生长着的作物和杂草的种类及其生长发育状况，根据作物的生长势和整齐程度来粗略判断肥力是否均匀及其差异变化特点。若植株的生长发育整齐一致，说明肥力均匀一致，否则反之；而田间地头的杂草种类也有助于了解土壤的理化性状和肥力状况，如茅草、蒺藜常见于瘠薄沙地，碱蓬在重盐碱土壤上生长良好，苇草多的地方往往地势低洼、土壤偏碱，等等。

空白试验法则是在整个试验地上种植单一品种的作物（这类作物以植株较小而适于条播的谷类作物为好），在作物生长的整个过程中，从整地到收获，采用一致的栽培管理措施，并对作物生长情况仔细观察，遇特殊情况如严重缺株、病虫害等，应注明地段、面积以作为将来分析时的参考。收获时将整个试验地划分为面积相等的若干单位（一般划分为5～15m^2大小），编号，分别计产，并计算产量的变异系数，根据变异系数的大小以及各测量小区产量高低及分布情况来估计土壤肥力差异及分布状况。单位间变异系数大，则说明土壤差异大，否则反之。通常认为，当空白试验法测定的变异系数小于10%（或15%）时，才符合试验地对土壤肥力均匀一致的基本要求。另外在空白试验中，还可以组成不同数量的单位小区（即面积不同）以及不同的重复次数，再根据变异系数来找出合适的小区面积及重复次数。

土壤肥力差异通常有两种表现形式：一种形式是肥力高低变化较有规则，肥力从地的一边到另一边逐渐变化，即趋向性变化，这是较普遍的现象；另一种形式是斑块状差异，即田间有较为明显的肥力差异的斑块，面积可大可小，分布也无一定规则。因此，在进行试验的第一年，应对准备作为试验田的地块进行目测或空白试验，了解土壤肥力差异及分布状况，然后标明界线，以便规划试验地时加以弥补并为采用正确的小区技术及选择合适的设计方法提供依据。

在正确选择试验地块的基础上，有条件的情况下，最好在未进行正式试验之前，先进行1～3年的匀地播种，即在准备做试验的地块上，在1～3年之内，每年种植同一种作物，并在播种量、施肥量、施肥方法及栽培管理技术方面力求均匀一致。这不仅能使土壤肥力趋于均匀一致，也便于了解土壤肥力差异情况。

③ 选作试验地的地块最好要有土地利用的历史记录　因为土地利用上的不同对土壤肥力的分布及均匀性有很大影响，故要选用近年来在土地利用上是相同或相近的地块。若不能选得全部符合要求的土地，只要有历史记录，就能掌握地块的栽培历史，对过去栽培不同作物、采用不同技术措施的地块能分清，则可以通过试验小区的妥善设置和排列做适当的补救，也可酌量采用。

④ 位置适当　试验地应该选择在阳光充足有较大空旷的地块，而不宜安排在离道路、高大建筑物、树林、畜舍、住宅、水塘等较近的地方，以免使各小区受这些条件引起的边际效应的影响。且试验地四周应种有与试验地相同或不同的植物，以免试验地孤立而遭受其他偶然因素如人、畜、鸟等的影响，造成意外损失。但是，也不能离住宅太远，造成管理、观察记载和看护的不便。

⑤ 地势要平坦　如果地势不平，必然会引起土壤水分不均，随之而来的是土壤肥力不均。因此，应尽量选择地势平坦的地块进行试验。在坡地上进行试验时，应该选择局部肥力均匀的若干地块，以便田间试验设计时的局部控制。

2. 选择同质一致的试验材料

根据试验目的和要求，选择一致的试材也是控制误差的一条重要途径。如品种的种性要纯，要有代表性；种子大小及质量应相一致；生长发育应尽可能一致，如果试材生长发育不一致时，可按其生长发育状况分档，然后将同一规格的安排在同一个区组内的各个小区中，这样可以减少试验材料的差异。

3. 改进操作和管理技术，使之标准化

总的原则是：除了操作要仔细、一丝不苟，把各种操作尽可能做到完全一致外，一切管理操作、观察测量、数据采集等都要以区组为单位进行控制，即采用局部控制原理。例如，整个试验地的某种操作如果一天不能完成，则至少应完成一个或几个区组内所有小区的工作，这样每天之间若有差异，也会因区组的划分而得以控制。又如，进行操作的人员不同常常会使相同的技术或观测发生差异，因此如有数人同时操作时，最好一人能完成一个或更多区组，不宜分配两人进行同一区组的操作，以减少因人员不同而引起的误差。

4. 正确地排除和估计试验误差

要根据田间试验设计的基本原理，正确地进行小区设计，其中包括设计小区面积和形状、重复次数、小区的排列方式、对照和保护行等。

任务二　田间试验小区设计

【知识目标】 掌握田间试验设计的基本原则；掌握田间试验设计小区技术及田间试验小区的排列方法。

【技能目标】 学会利用试验设计原则控制试验误差；掌握田间试验小区技术。

【素质目标】 培养学农、爱农的职业理念和服务“三农”的职业理想、职业态度、职业责任、职业作风及创业、就业能力。

一、田间试验设计基本原则

田间试验设计的主要目的是减少试验误差，提高试验精确度，使研究人员能从试验结果中获得正确的观测值，对试验误差进行正确的估计。为达到此目的，田间试验设计应遵循以下三条基本原则。

（一）设置重复

在田间试验中，同一种处理种植的小区数即为重复次数。如每种处理种植了一个小区，则称为一次重复；如每种处理种植了两个小区，则称为二次重复。其中每一个小区称为一个试验单位（或称试验单元）。

重复最主要的作用是估计试验误差。试验误差是客观存在的，只能通过同一处理不同试验单位间的差异来估计。如果每一处理只有一个试验单位（即同一处理只有一个观测值），那么同一处理内的差异则无法表现和获取，误差也就无法估计。

设置重复的另一个主要作用是降低试验误差，从而提高试验的精确度。已经证明试验误差与重复次数成反比，因此重复多，则试验误差小。有四次重复的试验，其误差仅是只有一次重复的同类试验的一半。但重复太多不易管理。因此不同试验重复次数的多少还要根据具体情况来确定。

（二）随机排列

随机排列是指每次重复中的每个处理都有同等的机会被安排在任何一个试验小区上，而不带有任何的主观成见。设置重复可以为误差的估计提供条件，但是要想获得无偏的试验误差估计值，则要求对各个处理做到随机排列。因此随机排列与设置重复相结合，就能够提供无偏的试验误差估计值。

可以采用抽签法、计算机产生随机数字或利用随机数字表（附录 1）进行随机排列。随机数字表的用法将在后面介绍。

（三）局部控制

在田间试验中，要将所有的非处理因素控制得均衡一致是很难做到的。但可以进行局部控制，即将整个试验环境划分成若干个相对最为一致的小环境（称为区组或重复），再在每个小环境内分别设置一套完整的处理。由于在较小地段内试验环境条件等非处理因素较易控制，因此便可以在整个试验环境中分范围分地段地控制土壤差异等非处理因素。如果试验地有较为明显的土壤差异，最好按肥力梯度划分区组，使区组内相对均匀一致，每一区组再按处理数目划分小区。这样，能影响试验误差的只限于区组内较小地段细微的土壤差异，而与增加重复扩大试验面积所增大的土壤差异无关。这种布置就是田间试验的“局部控制”原则。

综上所述，一个好的试验设计，必须根据设置重复、随机排列、局部控制这三个基本原则合理周密地作出安排。只有这样，才能在试验中得到最小的试验误差，获得真实的处理效应和无偏的试验误差估计。

田间试验设计三个基本原则的关系及作用见图 1-2。

二、田间试验小区技术

在田间试验中，安排一个处理的小块地段就是试验小区，简称小区。小区是田间试验的

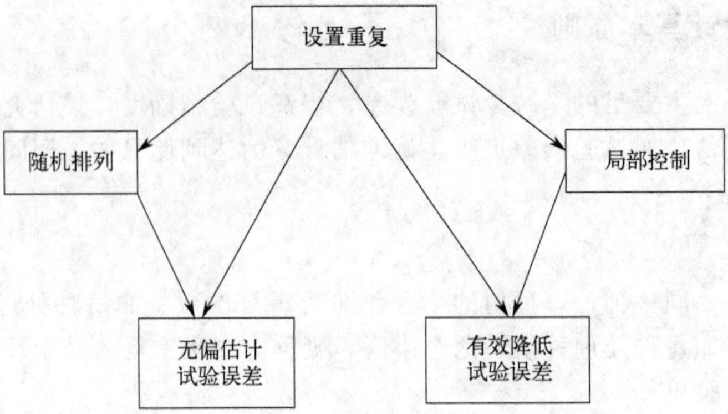

图 1-2　田间试验设计的三个基本原则关系与作用示意图

实施单位。因此小区设计的合理与否对于提高试验的精确度、控制试验误差有着重要的作用。田间试验小区技术是对小区进行合理设计的系列操作的统称，主要包括试验小区面积确定、试验小区形状与方向确定、重复次数确定、对照区设置、保护行（区）设置、田间道路设置、区组和小区排列。

（一）试验小区面积确定

在田间试验中，试验小区的面积是不固定的，有时较大，有时很小。通常较大面积小区能更全面包含试验环境的复杂性，而小区面积太小则有可能恰好落在较肥或较瘦的斑块形地段使得小区误差增大。因此，在一定范围内，增大小区面积将会降低试验误差，但二者不是同比例的，即试验精确度提高程度往往落后于小区面积的增大程度。当小区面积增大到一定程度时，由此所带来的误差降低的效果就不明显了。

通常在确定小区面积时，必须考虑以下几个方面：

1. 试验种类

除品种试验的小区面积可以较小外，其他如机械化栽培试验、灌溉试验、病虫害试验等的小区面积均应大些。

2. 作物类别

稻麦等种植密度大的小株作物，其试验小区面积应该小些；棉花、甘蔗、玉米等种植密度小的大株作物，其试验小区面积应该大些。

3. 试验地土壤差异

土壤差异大，小区面积应相应大些；土壤差异小，小区面积应相应小些。如土壤差异呈斑块形，则应设置较大面积的小区。

4. 育种工作的不同阶段

在整个新品种选育的过程中，品系数由多到少，种子数量由少到多，对试验精确度的要求由低到高。因此，在育种过程的各个阶段中所采用的小区面积应从小到大。

5. 处理数

处理数较多时，小区面积可适当小些。

6. 试验过程中取样的需要

如需在试验过程中取样进行各种测定，则应相应增大小区面积。

7. 边际效应和生长竞争

边际效应是指小区两边或两端的植株，因占较大空间而表现的差异。因此，小区面积确定时应考虑边际效应的大小，边际效应大的应相应增大小区面积。生长竞争是指当相邻小区种植不同品种的作物或施用不同的肥料时，由于株高、分蘖力或生长期的不同，通常有一行或更多行受到影响而带来差异。一般来说，对于这些效应和影响的处理办法，是将小区的每一边除去 1～2 行，两端各除去 0.3～0.5m，留下的面积是准备收获的面积，观察记载及计算产量均应在此面积上进行，此面积称为收获面积或计产面积。

试验小区面积大小的确定，在考虑上述因素情况下，可参考表 1-1。

表 1-1　常用田间试验小区参考面积　　单位：m^2

试验地条件和试验性质	作物类型	小区面积	
		最低限	一般范围
土壤肥力均匀	大株作物	30	60～130
	小株作物	20	30～100
土壤肥力不均匀	谷类作物	60～70	130～300
生产性示范试验	谷类作物	300～250	600～700
微型小区试验	稻麦类作物	1	4～8

（二）试验小区形状与方向确定

小区形状是指小区长度与宽度的比例。适当的小区形状在控制土壤差异、降低试验误差方面有着重要作用。通常采用长方形小区，尤其是狭长形小区，因为狭长形小区相对于正方形小区，能更好地包含试验地土壤的复杂性，从而能相应减少小区间土壤差异以及由此产生的试验误差。

小区的长宽比可为（3～10）∶1，甚至可达 20∶1。一般而言，小区面积较大时，长宽比（2～3）∶1 为宜；小区面积较小时，以（3～5）∶1 为宜。此外，小区长宽比的确定还应根据试验地形状、面积及小区多少等因素进行适当调整。

在已知试验地的肥力梯度变化时，小区的方向必须是长边与肥力梯度变化方向一致。这样就使小区方向与肥力梯度变化方向平行，而区组方向则与肥力梯度变化方向垂直（图 1-3）。

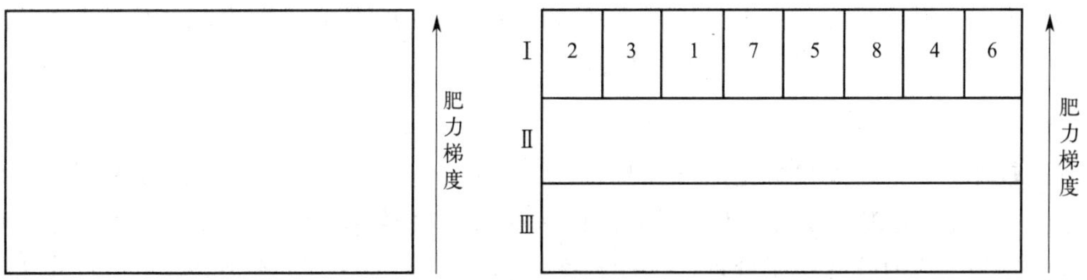

(a) 设计前　　(b) 设计后

图 1-3　按土壤肥力变化趋势确定小区排列方向

Ⅰ、Ⅱ、Ⅲ代表重复；1、2……代表小区

不同试验地小区排列方向示意见图 1-4。

当试验地占有不同的前茬时，小区的长边应与不同茬口的分界线垂直［图 1-4(b)］。

当试验地为缓坡时，由于坡上与坡下的土壤水分和养分存在差异，小区的长边应与缓坡倾斜的方向平行［图 1-4(c)］。

正方形小区具有最短的周长，且计产面积占小区面积的比例最大，因此有利于降低边际效应及生长竞争。当确实不知土壤差异的表现形式时，宜采用正方形小区，因为在这种情况下，正方形小区虽不如狭长形小区那样能获得较高的精确度，但也不会产生较大的误差。

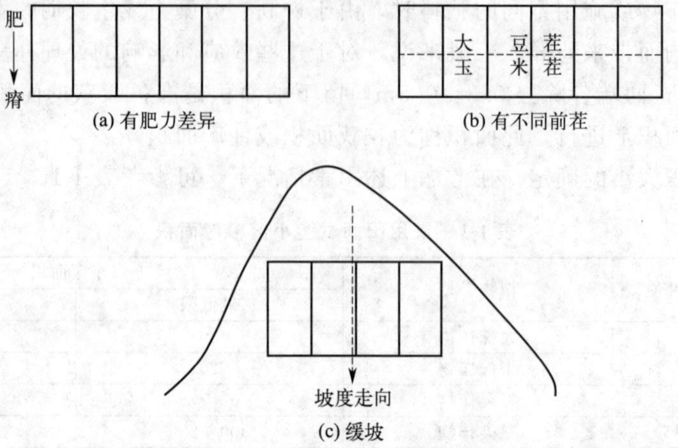

图 1-4　不同试验地小区排列方向示意

（三）重复次数确定

前面讲过，田间试验中设置重复次数越多，试验误差就越小。但是当重复次数超过一定的范围后，不仅误差减小缓慢，而且因此投入的人力、物力和财力还会大大增加。所以，重复次数的多少，一般要根据试验所要求的精确度、试验地土壤差异大小、试验材料数量、试验地面积以及小区大小等具体情况来确定。试验精确度要求高的，重复次数应多些；试验地土壤差异较大的，重复次数应多些；试验材料多的，重复次数应多些；试验地面积大的，允许较多重复。一般来说，当小区面积较小时，通常可设置 3～6 次重复；当小区面积较大时，可设置 3～4 次重复；当进行大面积对比试验时，设置 2 次重复即可。

在一般情况下，田间试验的一个区组便是一个重复，试验的全部重复可以排成双排式或者多排式，甚至也可以与其他试验排在一起，排成双排或者多排，这要根据试验地形状以及整个试验地的布局来确定，但重复排列必须遵循局部控制的原则。若试验地不存在明显的方向性肥力差异，且处理不多，也可采用单排式。如图 1-5 所示。

（四）对照区设置

有比较才有鉴别，所以无论品种试验、栽培试验，还是其他试验，都要设置对照区（以 CK 表示）作为与处理比较的标准。设置对照区的目的主要有：利于在田间对各处理进行观察比较及结果分析时作为衡量处理优劣的标准；同时还可以利用对照区掌握整个试验地的非试验条件的差异状况，以便估计和校正田间试验误差。一般在一次试验里只设一个对照区，但有时为了满足多个试验目标的要求可设两个或两个以上对照区。

不同的试验所选的对照区不同。在设置对照区时，一定要注意其代表性和合理性。例如，在品种比较试验中，对照区应栽种本地区主栽的优良品种为对照。这样，经过鉴定选育出来的优良品种，在产量、品质、抗病性等超过对照品种时，便可代替原来的品种用于生产。在对植株高矮和生育期不同的品种进行选择试验时，应以本地区同类品种的优良品种为对照。

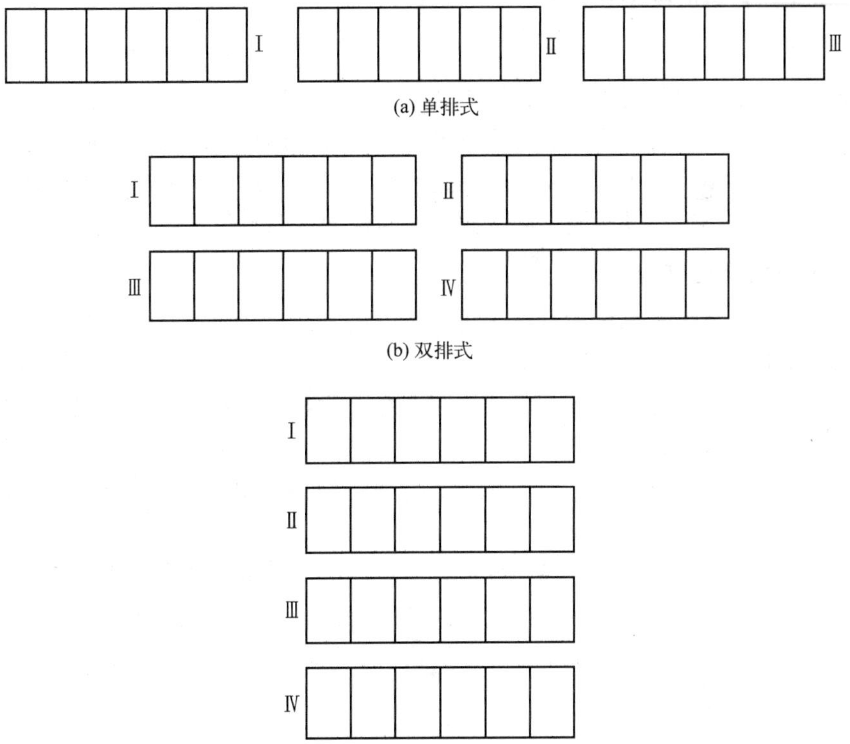

(a) 单排式

(b) 双排式

(c) 多排式

图 1-5　重复的排列方式

至于对照区在田间的排列方式，通常分为顺序式和非顺序式两种。顺序式是每隔一定数量的处理设置一个对照区；非顺序式是将对照区按处理小区一样处理，在试验中随机排列。每一个重复区（区组）内都要设置对照区。对对照区的要求是：除了不进行试验处理之外，其余各种条件及各项管理操作均应与处理小区相一致。

（五）保护行（区）设置

为了使试材能在比较一致的环境条件下正常生长发育，试验地应设置保护行或保护区，以 G 表示。保护行的作用是：①使试材不受偶然性因素的影响，如人、畜践踏等；②使试材在相对一致的生态环境中生长发育，防止边际效应的影响。边际效应是指试验地四周的小区或小区边上的植株因光照、通风、营养、水分等条件的不同，其生长发育与试验地内部的小区或小区内部的植株而有所差异。

保护行或保护区的植株不进行任何处理和观察测定。在保护行或保护区里，若是栽培试验，通常栽种与试验同品种的植株；若是品种比较试验，则可栽种对照品种或一个完全不同的品种，易于标明试验区。设置保护行的方式有：在试验地四周设置；当区组分散布置时，在区组四周设置；在小区四周设置（特别是小区之间有能引起边际效应的因素存在时）。

保护行数目视作物种类的具体情况而定。一般禾谷类作物的保护行应设置 4 行以上。各小区之间一般连接种植，不设保护行；各重复之间除有特殊需要可设置 2～3 行外，一般也不设保护行。

由于比供试品种略为早熟品种可以在供试品种成熟前提前收割，这样既可以避免与试验小区作物发生混杂、减少鸟兽等对试验区作物的危害，同时也便于试验小区作物的收割，因此保护行多采用比供试品种早熟品种。

（六）田间道路设置

为了便于观测记载和田间作业，试验地需设置 0.5～1m 宽的田间道路。为了尽量节省土地和减少边际效应，田间道路不必设置过多。通常每两排小区之间以及重复与两端保护行之间设置田间道路，小区与小区之间一般相连种植不留田间道路，两侧小区与保护行间一般不设置田间道路。若小区间设田埂，则两侧小区与保护行间也设田埂。

（七）区组和小区排列

将全部处理小区分配于具有相对同质的一块土地上，它们称为一个区组。一般试验设置 3～4 次重复，分别安排在 3～4 个区组上。设置区组是控制土壤差异最简单而有效的方法之一，在田间重复或区组可排成一排，亦可排成两排或多排，视试验地的形状、地势等而定。特别要考虑土壤差异情况，原则上同一区组内土壤肥力尽可能一致，而区组间可以存在较大差异。区组间的差异大，可通过统计分析扣除影响；而区组内差异小，能有效地减少试验误差。

小区在各区组或重复内排列方式一般可分为顺序排列和随机排列两种。顺序排列可能存在系统误差，不能作出无偏的误差估计；随机排列是各处理在一个重复内的位置完全随机决定，可避免顺序排列时产生的系统误差，提高试验的准确度，还能提供无偏的误差估计。

任务三　田间试验设计

【知识目标】熟悉常用田间试验设计方法；掌握常用的顺序排列田间试验设计方法；掌握随机排列田间试验设计方法。

【技能目标】学会常用的顺序排列田间试验设计；学会随机排列田间试验设计；能够绘制对比法、间比法顺序排列设计田间布置图；能够绘制随机排列设计田间布置图。

【素质目标】培养遵守行业企业规范、诚实守信、保守企业机密、注重岗位职业形象、精益求精的职业精神，和学农、爱农、懂农的职业情怀。

一、顺序排列试验设计

顺序排列的试验设计主要有对比法和间比法两种。由于各处理顺序排列，不能无偏估计处理效应和试验误差，因此，不宜对试验结果进行方差分析。顺序排列也有一定的优点，如设计简单，播种、观察、收获等工作不易发生差错，可按品种的成熟期、株高等排列，以减少处理间的生长竞争。对此类试验，主要采用百分比法进行统计分析。

（一）对比法设计

对比法是一种最简单的试验设计方法，常用于处理数较少的品种比较试验及示范试验。在田间试验中，对比法的排列特点是：每隔两个小区设置一个对照区，这样，每一个小区均可排列于对照区旁，从而使得每个小区都能与相邻对照区直接进行比较。这种排列使得试验区与对照区相连接，降低了土壤、气候等环境条件差异。因此，对比法不仅有利于观察，还可以提高试验品种与对照品种比较的精确度。

在运用对比法设计田间试验时，必须注意以下两方面：①由于对照区过多，其面积占试验田面积的1/3，降低了土地利用率，因此不宜设置过多处理，重复次数在3～6次即可；②在同一重复内，各小区按顺序排列，但多排式重复时，采用阶梯式或逆向式排列，以避免不同重复内的相同小区排列在同一条直线上（图1-6）。

(a)

1	CK	2	3	CK	4	5	CK	6
6	CK	5	4	CK	3	2	CK	1
1	CK	2	3	CK	4	5	CK	6

(b)

Ⅰ	1	CK	2	3	CK	4	5	CK	6
Ⅱ	3	CK	4	5	CK	6	1	CK	2
Ⅲ	5	CK	6	1	CK	2	3	CK	4

图1-6　6个处理3次重复逆向式排列（a）和6个处理3次重复阶梯式排列（b）

（二）间比法设计

在育种试验中前期阶段，如鉴定圃，往往采用此方法。如果采用其他试验设计，试验品种很多，区组过大，将失去控制，因而采用间比法试验设计。其特点是：①全部品种（品系或处理）顺序排列，每隔4个或9个品种设一个对照；②每一重复或每一块地上，开始和最后一个小区都是对照；③重复2～4次，各重复可排列成多排；④采用多排式时，各重复的顺序可以是逆向式（图1-7）。如果一块土地不能安排整个重复的小区，则可在第二块地上接下去，但是开始时仍要设一对照区，称为额外对照（Ex. CK），如图1-8。

Ⅰ	CK	1	2	3	4	CK	5	6	7	8	CK	9	10	11	12	CK	13	14	15	16	CK	17	18	19	20	CK
Ⅱ	CK	20	19	18	17	CK	16	15	14	13	CK	12	11	10	9	CK	8	7	6	5	CK	4	3	2	1	CK
Ⅲ	CK	1	2	3	4	CK	5	6	7	8	CK	9	10	11	12	CK	13	14	15	16	CK	17	18	19	20	CK

图1-7　20个品种3次重复的间比法排列（逆向式）

Ⅰ、Ⅱ、Ⅲ代表重复；1、2、3…代表品种；CK代表对照

CK	1	2	3	4	CK	5	6	7	8	CK	9	10	11	12	CK	13	14	15	16	CK	1	2	3	4	CK	5	6	7	8	CK

Ⅰ→　　　　Ⅱ→

CK	16	15	14	13	CK	12	11	10	9	CK	8	7	6	5	CK	4	3	2	1	CK	16	15	14	13	CK	12	11	10	9	Ex.CK

←Ⅲ　　　　←

图1-8　16个品种3次重复的间比法排列（两行排3次重复及Ex. CK的设置）

Ⅰ、Ⅱ、Ⅲ代表重复；1、2、3…代表品种；CK代表对照；Ex. CK代表额外对照

顺序排列设计的优点是设计简单、操作方便，可按品种成熟期、株高等排列，能减少边际效应和生长竞争；缺点是这类设计虽通过增设对照，并安排重复区以控制误差，但各处理在小区内的安排未经随机，所以估计的试验误差有偏性，理论上不能应用统计分析进行显著性检验，尤其是有明显土壤肥力梯度时，品种间比较将会产生系统误差。

二、随机排列试验设计

（一）完全随机设计

完全随机设计是将各处理随机分配到各个试验单元（或小区）中，每一处理的重复数可以相等或不相等，这种设计对试验单元的安排灵活机动，单因素或多因素试验皆可应用。例如要检验三种不同的生长素，每种生长素各一个剂量，测定其对小麦苗高的效应。包括对照（用水）在内，共 4 个处理，若用盆栽试验，每盆小麦为一个单元，每个处理用 4 盆，共 16 盆。随机排列时将每盆标号 1、2、…、16，然后查用随机数字表或抽签法或计算机（器）随机数字发生法得第一处理为 14、13、9、8，第二处理为 12、11、6、5，第三处理为 2、7、1、15，余下 3、4、10、16 为第四处理。这类设计分析简便，但是应用此类设计时试验的环境因素必须相当均匀，所以一般用于实验室培养试验及网室、温室的盆钵试验。

（二）随机区组设计

这种设计的特点是根据“局部控制”的原则，将试验地按肥力程度划分为等于重复次数的区组，一区组即一重复，区组内各处理都独立地随机排列。这是随机排列设计中最常用且最基本的设计。

随机区组设计有以下优点：①设计简单，容易掌握；②富于伸缩性，单因素、多因素以及综合性的试验都可应用；③能提供无偏的误差估计，并有效地减少单向的肥力差异，降低误差；④对试验地的地形要求不严，必要时，不同区组亦可分散设置在不同地段上。不足之处在于这种设计不允许处理数太多，一般不超过 20 个。因为处理多，区组必然增大，局部控制的效率降低，而且只能控制一个方向的土壤差异。

小区的随机可借助于随机数字表（附录 1）、抽签法或计算机（器）随机数字发生法。对于随机区组各小区的随机排列此处以随机数字法举例说明如下：例如有一包括 8 个处理的试验，只要将处理分别给以 1、2、3、4、5、6、7、8 的代号，然后从随机数字表任意指定一页中的一行，去掉 0 和 9 即可得 8 个处理的排列次序。如附录 1 第 2 页续表第 19 行数字次序为 6025145548，0214605597，…去掉 0 和 9 以及重复数字得到 62514873，即为 8 个处理在区组内的排列。如有第二重复，则可再从附录 1 查另一行或一列随机数字，作为 8 个处理在第二区组内的排列次序。有更多重复时，照样进行随机以确定处理小区的位置。总之，不仅一个区组内每一处理的位置随机，并且各区组内小区的随机都是独立进行的。多于 9 个处理的试验，可同样查随机数字表。如有 12 个处理，可查得任何一页的一行，去掉 00、97、98、99 后即得到 12 个处理排列的次序。例如附录 1 第 4 页续表第 79 行，每次读两位，得 38、20、79、79、38、93、45、97、51、74、79、46、05、54、36、57、20、68、76、44、21、29、67、33、95，在这些随机数字中，将 97 等数字除去，其余凡大于 12 的数均被 12 除后得到余数，将重复数字划去，所得随机排列为 2、8、7、9、3、10、5、6、12、4、11、1，最后一个数字乃随机查出 11 个数字后自动决定的。凡多于 12 个处理的随机方法和上述一样，不过要除去的数字不同，例如有 21 个处理，则事前除去的数字有 85～100 共 16 个数字。

Ⅰ	Ⅱ	Ⅲ	Ⅳ
7	4	2	1
1	3	1	7
3	6	8	5
4	8	7	3
2	1	6	4
5	2	4	8
8	7	5	6
6	5	3	2

肥力梯度

图 1-9　8 个品种 4 个重复的随机区组排列

随机区组在田间布置时，应考虑到试验精确度与工作便利等方面，以前者为主。设计的目的在于降低试验误差，尽量使区组之间占有较大的土壤差异，而同区组内各小区间的差异应尽可能小。一般从小区形状而言，狭长形小区之间的土壤差异为最小，而方形或接近方形的区组之间的土壤差异大。因此，在通常情况下，采用方形区组和狭长形小区能提高试验精确度。在有单向肥力梯度时，亦是如此，但必须注意使区组的划分与梯度垂直，而区组内小区长的一边与梯度平行（图 1-9）。这样既能提高试验精确度，同时亦能满足工作便利的要求。如处理数较多，为避免第一小区与最末小区距离过远，可将小区布置成两排（图 1-10）。

Ⅰ								Ⅱ								Ⅲ							
3	8	1	10	7	15	14	9	8	4	3	15	10	1	6	14	16	12	8	7	1	11	4	6
6	13	4	16	11	2	12	5	2	16	5	7	12	9	11	13	3	9	13	5	14	10	15	2

图 1-10 16 个品种 3 个重复的随机区组排列（小区布置成两排）

如上所述，若试验地段的限制使一个试验的所有区组不能排列在一块土地上时，可将少数区组设在另一地段，即各个区组可以分散设置，但一个区组内的所有小区必须布置在一起。

（三）拉丁方设计

C	D	A	E	B
E	C	D	B	A
B	A	E	C	D
A	B	C	D	E
D	E	B	A	C

图 1-11 5×5 拉丁方

拉丁方设计将处理从纵横两个方向排列为区组（或重复），使每个处理在每一列和每一行中出现的次数相等（通常为一次），所以它是比随机区组多一个方向局部控制的随机排列设计。如图 1-11 所示为 5×5 拉丁方。每一列及每一行都为一区组或重复，而每一处理在每一列或每一行都只出现一次。所以，拉丁方设计的处理数、重复数、列数、行数均相同。由于从两个方向划分成区组，所以拉丁方排列具有双向控制土壤差异的作用，即可以从列和行两个方向消除土壤差异，因而有较高的精确度。

拉丁方设计的主要优点为精确度高，但缺乏伸缩性，因为在设计中，重复数必须等于处理数，两者相互制约。处理数多，则重复次数会过多；处理数少，则重复次数必然少，导致试验估计误差的自由度太少，鉴别试验处理间差异的灵敏度不高。拉丁方设计的通常应用范围只限于 4～8 个处理。当采用 4 个处理的拉丁方设计时，为保证鉴别差异的灵敏度，可采用复拉丁方设计，即用 2 个 4×4 拉丁方。此外，布置这种设计时，不能将一列或一行分开设置，所以要求有整块平坦的土地，缺乏随机区组那样的灵活性。

第一列和第一行均为顺序排列的拉丁方称为标准方。拉丁方甚多，但标准方较少。如 3×3 只有一个标准方。

A B C
B C A
C A B

将每个标准方的行和列进行调换，可以变换出许多不同的拉丁方。一般而论，每个 $k \times k$ 标准方，可化出 $k!(k-1)!$ 个不同的拉丁方。

进行拉丁方设计时，首先应根据处理数 k 从拉丁方的标准方表中选定一个 $k \times k$ 的标准方。但在实际应用中，为了获得所需的拉丁方，可简便地在一些选择标准方（图 1-12）的基础上进行行、列及处理的随机。

4×4

1	2	3	4
ABCD	ABCD	ABCD	ABCD
BADC	BCDA	BDAC	BADC
CDBA	CDAB	CADB	CDAB
DCAB	DABC	DCBA	DCBA

5×5

A	B	C	D	E
B	A	E	C	D
C	D	A	E	B
D	E	B	A	C
E	C	D	B	A

6×6

A	B	C	D	E	F
B	F	D	C	A	E
C	D	E	F	B	A
D	A	F	E	C	B
E	C	A	B	F	D
F	E	B	A	D	C

7×7

A	B	C	D	E	F	G
B	C	D	E	F	G	A
C	D	E	F	G	A	B
D	E	F	G	A	B	C
E	F	G	A	B	C	D
F	G	A	B	C	D	E
G	A	B	C	D	E	F

8×8

A	B	C	D	E	F	G	H
B	C	D	E	F	G	H	A
C	D	E	F	G	H	A	B
D	E	F	G	H	A	B	C
E	F	G	H	A	B	C	D
F	G	H	A	B	C	D	E
G	H	A	B	C	D	E	F
H	A	B	C	D	E	F	G

图 1-12 (4×4)～(8×8) 的选择标准方

不同处理数的拉丁方的随机略有不同，一般按以下所述步骤进行：

① 4×4 拉丁方：随机取 4 个标准方中的一个，随机所有列及第 2、3、4 行，也可以随机所有行和列，再随机处理。

② 5×5 及更高级拉丁方：随机所有列、行和处理。

设有 5 个品种分别以 1、2、3、4、5 代表，拟用拉丁方排列进行比较试验。首先取上面所列的 5×5 选择标准方，再从随机数字表中，以铅笔尖任意落于一行，查随机数字，将 0 和大于 5 的数字去掉，得 1、4、5、3、2，即为列的随机；再点一行，如得 5、1、2、4、3，即为行的随机；再点一行，得 2、5、4、1、3，即为品种随机。将 5×5 选择标准方按上面三个步骤随机，就得到所需的拉丁方排列（图 1-13)。

1. 选择标准方	2. 按随机数字 1、4、5、3、2 调整直行	3. 按随机数字 5、1、2、4、3 调整横行	4. 按随机数字 2＝A、5＝B、4＝C 1＝D、3＝E 排列品种
ABCDE	ADECB	EBADC	35214
BAECD	BCDEA	ADECB	21345
CDAEB	CEBAD	BCDEA	54132
DEBAC	DACBE	DACBE	12453
ECDBA	EBADC	CEBAD	43521

图 1-13 5×5 拉丁方的随机

（四）裂区设计

裂区设计是多因素试验的一种设计形式。在多因素试验中，如处理组合数不太多，而各个因素的效应同等重要时，采用随机区组设计；如处理组合数较多而又有一些特殊要求时，往往采用裂区设计。

裂区设计与多因素试验的随机区组设计在小区排列上有明显的差别。在随机区组中，两个或更多因素的各个处理组合的小区皆均等地随机排列在一区组内。而在裂区设计时则先按第一个因素设置各个处理（主处理）的小区；然后在主处理的小区内引进第二个因素的各个处理（副处理）的小区。按主处理所划分的小区称为主区，亦称整区，主区内按各副处理所划分的小区称为副区，亦称裂区。从第二个因素来讲，一个主区就是一个区组，但是从整个试验所有处理组合讲，一个主区仅是一个不完全区组。由于这种设计将主区分裂为副区，故称为裂区设计。这种设计的特点是主处理分设在主区，副处理则分设于主区内的副区，副区之间比主区之间更为接近，因而副处理间的比较比主处理间的比较更为精确。

通常在下列几种情况下，应采用裂区设计。

① 在一个因素的各种处理相比另一因素的处理可能需要更大的面积时，为了实施和管理上的方便而应采用裂区设计。例如耕地、肥料、灌溉等试验，耕、肥、灌等处理宜作为主区；而另一因素如品种等，则可设置于副区。

② 试验中某一因素的主效比另一因素的主效更为重要，同时要求更精确的比较，或两个因素间的交互作用相比其主效是更为重要的研究对象时，亦宜采用裂区设计，将要求更高精确度的因素作为副处理，另一因素作为主处理。

③ 根据以往研究，得知某些因素的效应比另一些因素的效应更大时，亦适于采用裂区设计，将可能表现较大差异的因素作为主处理。

下面以品种与施肥量两个因素的试验说明裂区设计。如有 6 个品种，以 1、2、3、4、5、6 表示，有 3 种施肥量，以高、中、低表示，重复 3 次，则裂区设计的排列可如图 1-14 所示。图中先对主处理（施肥量）随机，后对副处理（品种）随机，每一重复的主、副处理随机皆独立进行。

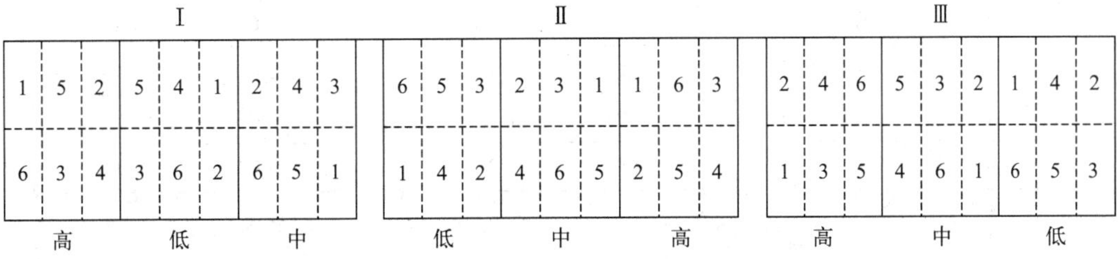

图 1-14　施肥量与品种二因素试验的裂区设计

施肥量为主区，品种为副区；Ⅰ、Ⅱ、Ⅲ代表重复

裂区设计在小区排列方式上可有变化，主处理与副处理亦均可排成拉丁方，这样可以提高试验的精确度。尤其是主区，由于其误差较大，能用拉丁方排列更为有利。主、副区最适于拉丁方排列的多因素组合有 5×2、5×3、5×4、6×2、6×3、7×2、7×3 等。

（五）再裂区设计

裂区设计中若再需引进第三个因素的试验，则可以进一步做成再裂区，即在裂区内再划分为更小单位的小区，称为再裂区，然后将第三个因素的各个处理（称为副副处理）随机排列于再裂区内，这种设计称为再裂区设计。

再裂区设计比较复杂，但实际试验研究需要采用它时，可用以研究因素之间的一些高级互作，且能估计三种试验误差，有利于解决实际问题。下面举例说明其设计步骤。

设有 3 种肥料用量以 A_1、A_2、A_3 表示，作为主处理（$a=3$），重复 3 次即 3 个区组（$r=3$）；4 个小麦品种以 B_1、B_2、B_3、B_4 表示，作为副处理（$b=4$）；2 种播种密度以 C_1、C_2 表示，作为副副处理（$c=2$），做再裂区设计。

① 先将试验田（地）划分为等于重复次数的区组，每一区组划分为等于主处理数目的主区，每一主区安排一个主处理。本例，先将试验地划分为三个区组，每一区组划分为 3 个主区，每一主区安排一种肥料用量。

② 每一主区划分为等于副处理数目的裂区（即副区），每一裂区安排一个副处理。本例，每一主区划分为 4 个裂区，每一裂区安排一个小麦品种。

③ 每一裂区再划分为等于副副处理数目的再裂区，每一再裂区安排一个副副处理。本例，每一裂区再划分为 2 个再裂区，每一再裂区安排一种密度。全部处理都用随机区组排列，如图 1-15 所示。

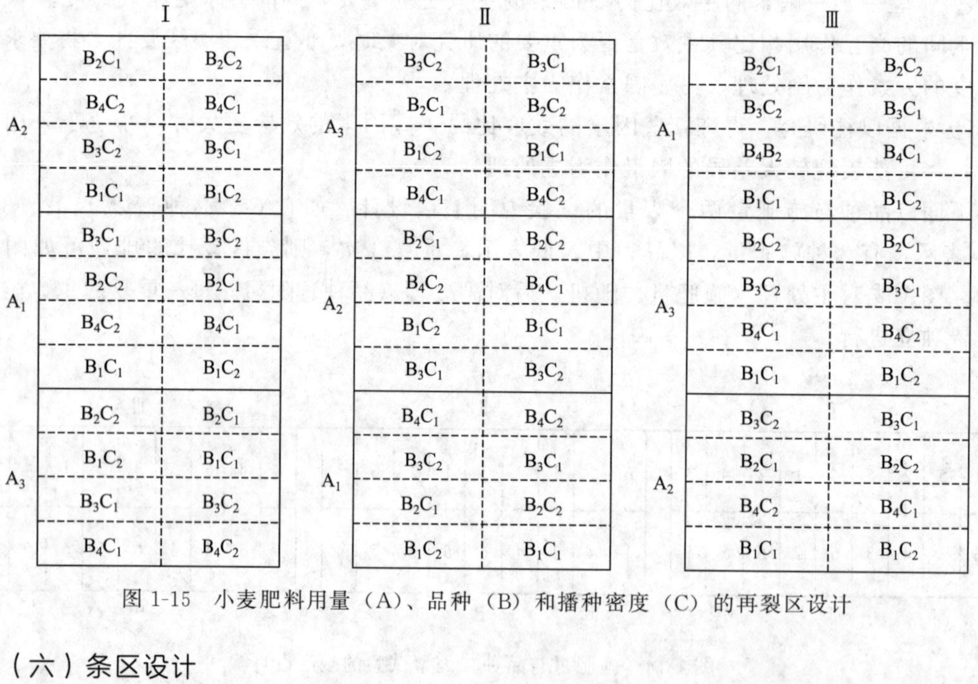

图 1-15　小麦肥料用量（A）、品种（B）和播种密度（C）的再裂区设计

（六）条区设计

条区设计是属于裂区设计的一种衍生设计。如果所研究的两个因素都需要较大的小区面积，且为了便于管理和观察记载，可将每个区组先划分为若干纵向长条形小区，安排第一因素的各个处理（A 因素）；再将各区组划分为若干横向长条形小区，安排第二因素的各个处理（B 因素），这种设计方式称为条区设计。

假定第一因素（A 因素）有 4 个处理，第二因素（B 因素）有 3 个处理，其 3 个重复的条区设计如图 1-16 所示。

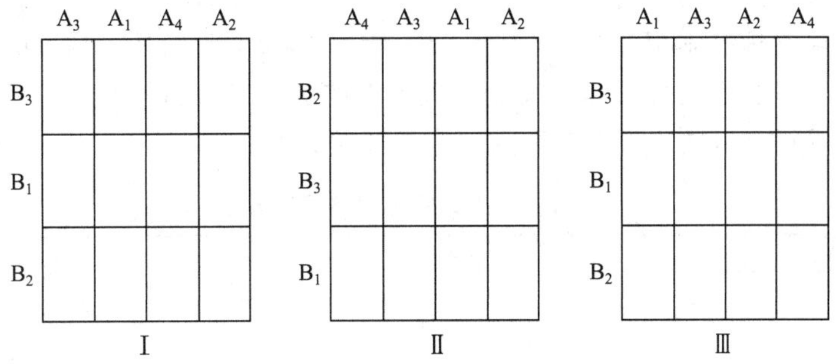

图 1-16 A 因素 4 个处理、B 因素 3 个处理的条区设计

图 1-16 为两因素都做随机区组的排列方式。但也可将第一因素做随机区组排列，第二因素做拉丁方排列。同理，也可将第一因素做拉丁方排列（重复次数应与第一因素处理数相等），第二因素做随机区组排列。

条区设计能估计三种试验误差，分别用以检验两个因素的主效及其交互作用，但对两个因素的主效检验则不如一般随机区组设计精确，因此仅用于对交互作用特别重视的试验。

任务四 田间试验方案与试验计划书

【知识目标】 学会田间试验方案的制订方法；掌握田间试验计划书的书写格式。

【技能目标】 具备制订田间试验方案的能力；会制订田间试验计划书。

【素质目标】 培养爱岗敬业、踏实肯干、客观公正的职业道德和高度的社会责任感。

田间试验计划是试验实施的依据，更是试验成败的关键。

田间试验实施是把试验计划具体实施。主要包括试验地的选择、田间区划、试验材料准备、播种或移栽、田间管理、观察记载与测定、收获和测产等。

田间试验的全过程包括选题与设计、布置与种植、管理与观察、收获与测产，以及总结与推广，所有这些工作就是田间试验的实施。要搞好田间试验，必须做好田间试验全过程的所有环节。如果试验中某一个环节没有做好，试验就会失败。因此，在田间试验实施中，必须以认真、仔细、精益求精的态度进行工作。

一、田间试验方案

（一）田间试验方案的设计方法

1. 单因素试验方案

单因素试验方案设计一般是将试验因素的若干水平加适当对照处理即可。其设计要点是确定因素的水平范围和水平间距。水平范围是指试验因素水平的上、下限范围，其大小取决于研究目的及试验研究的深入程度。水平间距是指因素相邻水平间的级差，水平间距要适当，过大没有实际意义，过小试验效果易被误差掩盖，试验结果不能说明问题。例如在育种试验中，将新育成的若干品种与原有品种进行比较以测定其改良的程度，此时，品种是试验的唯一因素，各育成品种与原有品种即为各个处理水平，在试验过程中，除品种不同外，其他环境条件和栽培管理措施都应严格控制一致。又比如为了明确某一品种的耐肥程度，施肥量就是试验因素，试验中的处理水平就是几种不同的施肥量，品种及其他栽培管理措施都相同。表 1-2 大豆钾肥施用量试验方案即为单因素试验方案。

表 1-2　大豆钾肥施用量试验方案

处理号	处理名称	钾肥用量/(kg/hm^2)
1	对照	0
2	低钾	50
3	中钾	100
4	高钾	150

2. 复因素试验方案

生物体生长受到许多因素的综合作用，采用复因素试验有利于探究并明确与生物体生长有关的几个因素的效应及其相互作用，能够较全面地说明问题。复因素试验的效率常高于单因素试验。复因素试验方案设计常有两种类型，一种是全面实施方案，另一种是不完全实施方案。

(1) 全面实施方案　其方案设计要点是：所有试验因素在试验中处于完全平等的地位，每个因素的每个水平都与另外因素的所有水平相互配合构成试验处理组合。全面实施方案是最常用的较简单的复因素试验方案，其优点是因素水平能均衡搭配。下面以大豆播期和氮肥用量两因素三水平试验方案设计为例说明，试验因素及水平见表 1-3，试验方案见表 1-4。

表 1-3　大豆播期、氮肥用量试验因素水平

试验水平	试验因素	
	播期	氮肥用量/(kg/hm^2)
1	5 月 10 日	50
2	5 月 20 日	100
3	5 月 30 日	150

表 1-4　大豆播期、氮肥用量全面实施试验方案

处理号	播期	氮肥用量/(kg/hm^2)
1	5 月 10 日	50
2	5 月 10 日	100
3	5 月 10 日	150
4	5 月 20 日	50
5	5 月 20 日	100
6	5 月 20 日	150
7	5 月 30 日	50
8	5 月 30 日	100
9	5 月 30 日	150

表 1-4 试验方案中，处理组合的确定方法是，先由播期的 1 水平（5 月 10 日）分别与氮肥用量的 3 个水平配合，得到 1、2、3 三个处理组合；再由播期的 2 水平（5 月 20 日）分别与氮肥用量的 3 个水平配合，得到 4、5、6 三个处理组合；最后由播期的 3 水平（5 月 30 日）分别与氮肥用量的 3 个水平配合，得到 7、8、9 三个处理组合。这样就得到上述 3×3

全面实施试验方案。如果因素过多，试验规模很大，往往难以全面实施。

(2) 不完全实施方案　由全面实施方案的一部分处理构成的试验方案称为不完全实施方案。不完全实施方案多采用正交设计、正交回归设计、旋转回归设计、最优设计等设计方法来制订。

制订试验方案前，要先确定田间试验课题。在选择和确定田间试验课题时，必须从生产需要出发。一般应根据农业生产发展需要提出来的研究任务、本地区生产过程要解决的问题、存在争执的生产问题及国内外其他地区的先进经验来确定试验课题。

（二）制订试验方案原则

拟订一个正确有效的试验方案，要遵循以下几个方面的原则：

1. 回顾以往的研究进展

通过调查交流、文献索引等明确试验目的，形成对所研究的主题及其外延的设想，使待拟订的试验方案能针对主题确切而有效地解决问题。

2. 根据试验目的确定供试因素及其水平

供试因素一般不宜过多，应该抓住 1～2 个或少数几个主要因素来解决关键性问题。每个因素的水平数目也不宜过多，且各水平间距要适当，使各水平能有明确区分，并把最佳水平范围包括在内。如果涉及试验因素多，一时难以取舍，或者对各因素最佳水平的可能范围难以作出估计，这时可以将试验分为两阶段进行，即先做单因素的预备试验，通过拉大幅度进行初步观察，然后根据预备试验结果再精细选取因素和水平进行正规试验。预备试验常常采用较多的处理数，较少设或不设重复；正规试验则精选因素和水平，设置较多的重复。为了不使试验规模过大而失控，试验方案原则上应力求简单。

3. 试验方案中应包括对照

品种比较试验中，常常统一规定同一生态区域内使用的对照品种，以便作为各试验单位共同的比较标准。

4. 拟订试验方案时，必须正确处理试验因素及试验条件间的关系

一个试验中只有供试因素的水平在变动，其他因素都保持一致，固定在某一个水平上。根据交互作用的概念，在一种条件下某试验因子是最优水平，换了一种条件，便可能不再是最优水平，反之亦然。这在品种试验中最明显。因而在拟订试验方案时必须做好试验条件的安排，因为强调了试验条件一致性也不一定能获得正确的试验结果。例如品种比较试验时要安排好密度、肥料水平等一系列试验条件，使之具有代表性和典型性。由于单因素试验的试验条件必然有局限性，因此可以考虑将某些与试验因素可能有互作（特别是负互作）的条件作为试验因素一起进行复因素试验，或者同一单因素试验在多种条件下分别进行。

二、田间试验计划书

试验课题确定后，在进行试验之前，应制订一份文字计划，叫试验计划。试验计划是试验的根据，有了试验计划，才能将试验目的、要求明确地记载下来和表达出来，试验进行才有依据，才能有条不紊地做好一切准备工作，才能使每个参加试验的人行动一致，才能使其他有关人员对试验提出宝贵的意见。因此，任何一个田间试验必须拟订试验计划，且要在试验开始前一两个月或更早时间进行拟订。为使试验计划拟订得科学合理，使参试人员都能比较深刻地理解试验目的、要求和方法，所有参试人员都应参加拟订试验计划。计划确定后，每个参试人员都应遵守和执行计划的规定，不得私自随便更改。如果在执行中发现计划中有遗漏的地方或由于条件的变化原计划有不适应的地方，也必须经过大家讨论后才能修改。

（一）拟订田间试验计划书的要求

拟订一个正确有效的试验计划书，应遵循以下基本要求：

1. 目的明确

拟订试验计划书前应回顾以往研究进展，通过调查交流、文献检索等明确试验目的，形成对所研究主题及其外延的设想，使待拟订的试验计划能针对主题，确切而有效地解决问题。

2. 处理适当

根据试验目的确定供试因素及其水平。供试因素一般不宜过多，应该抓住1～2个或少数几个主要因素解决关键性问题。每个因素的水平数目也不宜过多，且各水平间距要适当，使各水平能有明确区分，并把最佳水平范围包括在内。

3. 严密的可比性

一般试验采用差异比较来确定试验因素的效应。为了保证试验结果的严密可比性，在拟订试验计划时必须遵循如下原则：

(1) 唯一差异　在试验中，除了要研究的因素需要设置不同的水平外，其余因素均应保持相对一致，以排除非试验因素的干扰。例如在根外喷施磷肥的试验计划中如果设喷磷(A)与不喷磷(B)两个处理，则两者间差异既有磷的作用，也有水的作用，这时磷和水的作用混杂在一起解析不出来。若加入喷水(C)处理，则磷和水的作用可分别从A与C及B与C的比较中解析出来，因而可进一步明确磷和水的相对重要性。

(2) 设置对照　农业试验中常以常规的农艺措施为比较的基准，这个比较的基准就是对照。肥料试验中，常以不施肥处理作为空白对照；品种比较试验中常统一用同一生态区域内使用的标准种(对照)，以便作为各试验单位共同的比较标准。

4. 试验的高效性

复因素试验提供了比单因素试验更多的效应估计，具有单因素试验无可比拟的优越性。但当试验因素增多时，处理组合数迅速增加，要对全部处理组合进行全面试验，规模过大，往往难以实施，因而复因素试验的应用常常受到限制。

（二）田间试验计划书的内容

田间试验计划书的主要内容如下所述。

(1) 试验名称、时间与地点　试验名称要能反映出这一试验的主要内容，如“大豆穴播与品种分枝力关系的研究”，有时也在试验名称中反映出这一试验的时间、负责进行的单位与地点，或将时间、单位与地点写在题目下面。

(2) 试验目的、依据及预期的试验结果　试验必须有明确的目的。例如丰产栽培试验的主要目的是要达到一定产量指标，因此，在试验计划中应写明要达到的产量指标。如果是对比试验，就要写明进行这项试验要解决什么问题。有的试验在写试验目的时，还同时提出试验的根据、目前的研究成果、发展趋势及预期成果。如大豆穴播与品种分枝力关系的研究试验目的：“大豆机械穴播具有高产、铲地省工、播种省籽等优点，深受广大农民喜爱，栽培面积不断扩大，已经列为黑龙江省大豆的三种主要栽培模式之一。不同的播种方法由于植株密度和分布的不同，对品种性状要求便不尽相同。过去有些农业科技人员认为，穴播大豆因为种植密度小，要求植株繁茂、分枝力强的品种；也有的人认为穴播大豆由于每穴植株比较集中，适合种植主干发达、分枝力弱的品种。为了明确大豆穴播与品种分枝力的关系，才进行了这一试验，为穴播大豆进行品种选择和育种单位制订育种目标提供科学依据”。试验目的一定要写得明确，能真实地反映对试验的具体要求，让大家一看就知道这一试验为什么做，预期能达到什么结果；文字要求简明扼要，可以分条说明。

（3）试验材料　写明供试土壤、供试作物和试验材料等。

（4）试验处理方案　试验方案是全部试验工作的核心。它是根据试验目的要求，经过精密考虑、仔细讨论后被提出来的。试验要采用几个处理，要在试验计划中写清楚，有对照处理的，要把对照处理明确写明。

（5）试验设计方法与内容　包括小区面积、长宽比例、重复次数及排列方法等。据此可作出田间试验布置图，根据田间试验布置图，在已准备好的试验地上布置试验的各个处理小区。

（6）整地、播种或移栽、施肥及田间管理措施　主要有整地方法、翻耕深度，施肥数量、种类、时期和方法，播种时期、方法和密度，灌溉次数、时期，中耕除草，防治病虫害以及其他管理等。

（7）田间观察记载和室内考种、分析测定项目及方法。

（8）收获计产方法。

（9）试验资料的统计方法和要求。

（10）试验地面积、试验经费、人力及主要仪器设备　应根据勤俭的原则，在不影响完成试验的前提下，充分利用现有设备，节约各种物资材料。如果必须增添设备、人力、材料，应当将需要的名称、数量、金额等详细写在计划书上，以便早做准备如期解决，防止影响试验的顺利进行。

（11）项目负责人、执行人。

（12）田间试验布置图及各种记载表　根据田间试验方案的具体要求，结合供试验使用的土地形状及土壤肥力趋向，具体设计小区面积、长宽比例、重复次数及排列方法等，把这些要素设计绘制成图纸即为田间试验布置图。在田间试验布置图上应根据既定的标准，按实际比例尺绘制试验区各个重复、小区、走道和保护行等内容，标明不同处理排列的位置以及试验区周围的环境状况，图上还应注明方位和边界，以便田间区划、播种管理和田间观测记载时能按图进行。田间试验布置图除必须考虑小区、保护行设置外，还应设置走道。一般小区相连种植，每个小区扣除边行后得到实际计产面积，边行宽度多为0.5m。田间试验布置图如图1-17所示。

一份试验计划除要包括以上各项主要内容外，有时为了说明与试验有关的基本情况，说明提出试验的根据和进行试验的意义，还可以在试验计划开头加上一段类似序言的说明文字。有些试验所用的方法比较特殊，应在试验计划中加上一项试验方法。有些试验还包括一些辅助性试验，如盆栽试验、室内分析等，应在试验计划中列出有关项目。有些试验不只是在一个地方进行，应当在试验计划中列出试验地点，以及各试验点供试地段的基本情况，如

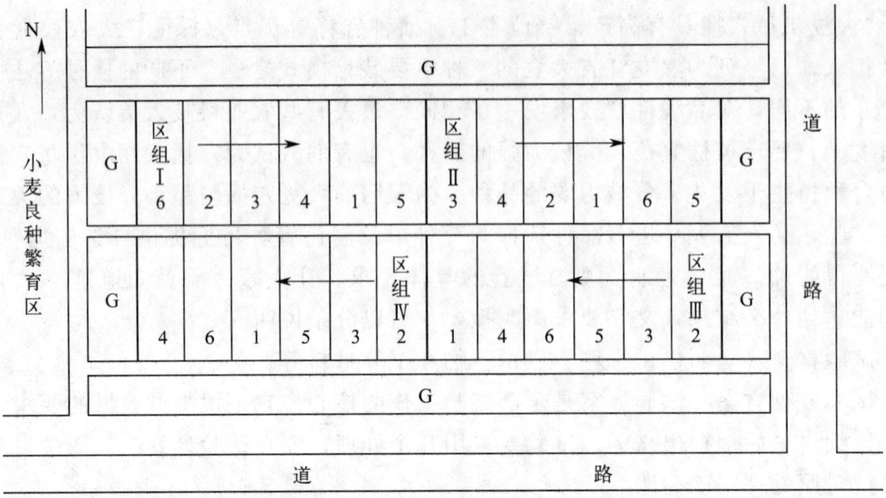

图 1-17　田间试验布置图（单位：米；比例尺 1∶500）

地势、土壤情况、前作以及其他等。如果同一试验由几个单位、几个人共同负责，同时又有明确分工，也应当在试验计划中写明这些情况，或者在试验计划中加上组织领导一项。总之，为保证试验顺利进行，各项规定都应写在试验计划中。但同时也要求简明扼要、条理清晰，可写可不写的就不要写，能够用表格形式表达的，尽量采用表格。

（三）田间试验计划书格式

(1) 封面　写明试验名称、计划书编制者或编制小组名称以及设计时间等。

(2) 选题依据及试验目的要求。

(3) 试验材料和试验地条件。

(4) 试验方法。

① 试验方案及其依据；

② 田间试验设计及其依据；

③ 观测记载的项目、标准和方法。

(5) 进度安排及起止年限。

(6) 预期效果。

(7) 主持单位和协作单位的人员及其分工。

(8) 仪器设备、农资及用工等经费的预算。

下面以“20××年全国北方春大豆中早熟组东部区试验计划书”为例来说明试验计划书的写法。

20××年全国北方春大豆中早熟组东部区试验计划书

一、试验目的

鉴定大豆新品种的丰产性、稳产性、适应性、抗逆性及其他重要品种特性，筛选适合不同地区种植的高产、优质、成熟期适当的大豆新品种，客观评价其应用价值，为大豆新品种审定和推广提供依据。

二、试验处理

处理代号	处理名称	选送单位
1	垦 95-3438	黑龙江省农垦科学院
2	合交 97-713	黑龙江省农业科学院合江农业科学研究所
3	延交 9804-14	吉林省延边农科院
4	绥 99-3216	黑龙江省绥化农研所
5	哈交 99-6382	黑龙江省农科院大豆所
6	钢 95144-1	红兴隆管局农科所
7	九交 9511-3	吉林九站农科院
8	绥农 14(ck)	黑龙江省绥化农研所
9	丰源 001-3	黑龙江省丰源农科所
10	建 97-825	建三江管局农科所

三、田间设计

试验采用随机区组设计，3 次重复，4 行区，行长 10m，小区面积 $28m^2$，试验地四周须设不小于小区宽度的保护行（区），收获时全区计产。

四、试验地的基本条件

试验地安排在黑龙江农业职业技术学院农学系试验基地，该试验地地势平整、排灌方便，前茬为玉米，基础肥力为：有机质（3.427%）、速效 P（39.78mg/kg）、速效 K（202.76mg/kg）、碱解 N（126.46mg/kg）、pH 值（6.4）。

五、播种与管理

五月初播种，深浅一致，要确保一次全苗，及时间苗、定苗。加强田间管理，管理水平与当地中等生产水平相当，及时中耕、施肥、排灌、治虫。在进行田间操作时，应尽量保证同一试点材料间的一致。适时收获，成熟一个，收获一个。每一个材料要单脱粒、单晾晒，防止机械混杂。

六、调查记载项目

严格按调查项目和记载标准进行田间及室内考种项目的调查、记载，及时整理资料。

物候期调查表

品系							
时期							
播种期							
出苗期							
开花期							
结荚期							
成熟期							

品种性状调查表

品系							
性状							
株高							
结荚高度							
结荚习性							
分枝数							
单株荚数							
每荚粒数							
荚熟色							
千粒重							
小区产量							

七、试验年限

20××～20××年两年。

八、田间排列图

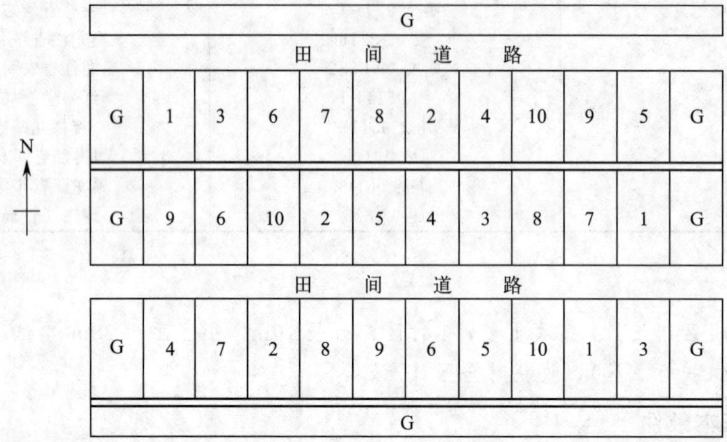

项目小结

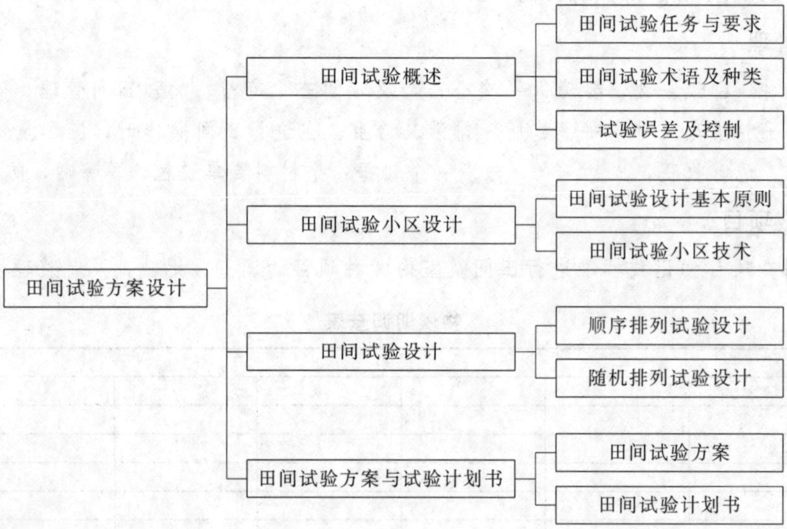

知识拓展

2022年国家普通玉米品种试验实施方案

根据《主要农作物品种审定办法》有关规定和2021年国家玉米品种试验评审会决议，为高效组织、按时完成2022年国家玉米品种试验任务，制订本试验方案。

一、试验目的

鉴定评价新育成玉米品种（组合，下同）的丰产性、稳产性、适应性、抗性、品质及其他重要特征特性表现，为国家玉米品种审定提供科学依据。

二、试验组别、主持单位及主持人

根据国家审定玉米品种同一适宜生态区，普通玉米品种试验设置12个区组，各试验区组、主持单位及主持人如下：

北方极早熟春玉米组、北方早熟春玉米组、东华北中早熟春玉米组：黑龙江省种业技术服务中心周××；

东华北中熟春玉米组：辽宁省种业发展中心李××；

东华北中晚熟春玉米组：吉林省种子管理总站栾×；

黄淮海夏玉米组、京津冀早熟夏玉米组：河北省种子总站李××；

西北春玉米组：内蒙古自治区农牧业技术推广中心李××；

西南春玉米（中低海拔）组、西南春玉米（中高海拔）组、热带亚热带玉米组：四川省农业科学院作物研究所唐××；

东南春玉米组：安徽省种子管理总站刘××。

北方早熟春玉米组国家统一试验暂不开展，绿色通道试验和联合体试验可以参照本方案规定的有关要求，分别备案和申请批复后自行开展。

三、参试品种及承试单位

本年度普通玉米品种试验区域试验24组、生产试验12组。参试品种404个次（不含对照），其中区试品种318个次，生产试验86个次。试验点452个次，其中区域试验试验点227个次，推荐生产试验试验点225个次。

四、试验设计

（一）区域试验

区域试验采用随机区组设计，3次重复，小区面积20m^2，5行区，实收中间3行（面积为12m^2）计产。试验周边应设置4行（含）以上的保护行。

机收品种区试的小区试验设计与普通区试相同。机收性状测试点试验设计3次重复，小区面积120m^2，12行区，实收中间8行（面积为80m^2）计产；试验周边应设置4行（含）以上的保护行；小区两端设置机械作业区，种植同一品种，试验收获前收获；机收性状测试采用田间机械收粒。

（二）生产试验

统一试验进入第二年区域试验的品种或进入生产试验的品种申请者可参照国家区试方案要求自行开展生产试验，申请者于3月2日前将加盖单位公章的自行开展生产试验申请和生产试验方案以扫描电子版形式报送全国农技中心品种区试处，同时发送至所在区组国家区试主持人、试点所在省区试组织管理部门玉米负责人邮箱，生产试验方案符合条件的方可开展试验，并纳入国家试验统一管理，申请者应承诺生产试验过程和试验数据的真实性、客观性，并承担相应责任。自行开展生产试验的试验点数不少于国家区试方案各区组设置的区试试验点数，且应当包括国家区试方案指定的一套3个生产试验点（北方早熟组为一套2个生产试验点），在生态区内均匀分布且不在同一个县级行政区域内。鼓励申请者委托国家区试方案中的生产试验点承担生产试验，并申请多设试点和增加试验面积，加强品种试验与推广销售的衔接。

生产试验采用间比法排列，不设重复，每4～5个品种设一个对照，同一排首、末小区必须是对照品种；每品种种植行数8～15行，面积≥300m^2，全区收获计产；试验周边设不少于4行的保护区。机收品种生产试验除周边设不少于4行的保护行外，试验小区两端设置机械作业区，种植同一品种，试验收获前收获；机收品种生产试验收获应全部采用田间机械收粒。

参加生产试验品种的密度由申请者确定，如无特殊规定，应按区域试验的密度。

（三）普通玉米对照品种

① 北方极早熟春玉米组对照品种为德美亚1号。

② 北方早熟春玉米组对照品种为德美亚3号。

③ 东华北中早熟春玉米组对照品种为东农264（供种单位为黑龙江××农业有限公司，联系人：张××，电话号码×××××××××××）。

④ 东华北中熟春玉米组对照品种为先玉335（供种单位为铁岭××种子研究有限公司，联系人：王××，电话号码×××××××××××）。

⑤ 东华北中晚熟春玉米组对照品种为郑单958（供种单位为××种业股份公司，联系人：张××，电话号码×××××××××××）。

⑥ 黄淮海夏玉米组对照品种为郑单958（供种单位为河南××种业科技股份有限公司，联系人：王××，电话号码×××××××××××）。

联合体试验、绿色通道试验对照品种为郑单958，除以上两家单位供种外，也可以由河南×××种业股份有限公司供种，联系人：陈×，电话号码×××××××××××。

⑦ 京津冀早熟夏玉米组对照品种为京单58。

⑧ 西北春玉米组对照品种为先玉335（供种单位为铁岭××种子研究有限公司，联系人：王××，电话号码×××××××××××）。

⑨ 西南春玉米（中低海拔）组、西南春玉米（中高海拔）组对照品种为中玉335。

⑩ 热带亚热带玉米组对照品种为桂单162。

⑪ 东南春玉米组对照品种为苏玉29。

对照品种种子由指定单位统一提供。为确保各渠道试验对照品种的一致性，自行开展的生产试验、联合体试验和绿色通道试验相应区组的对照种供种单位应当与国家区试方案的对照种供种单位一致。为规范各渠道试验管理，确保对照种质量，计划由指定单位对对照品种种子进行评测。

（四）区域试验密度和收获时间要求

① 北方极早熟春玉米组。密度6000株/亩（15亩=1公顷，余同）；对照品种德美亚1号成熟第2天同时收获。

② 北方早熟春玉米组。密度5000株/亩；对照品种德美亚3号成熟第2天同时收获。

③ 东华北中早熟春玉米组。密度4500株/亩；对照品种东农264成熟第2天同时收获。

④ 东华北中熟春玉米组。密度4500株/亩，对照品种先玉335密度为4000株/亩（内蒙古自治区试点先玉335密度为4500株/亩），联合体试验、绿色通道试验可以申请批复、备案后自行开展机收籽粒试验；对照品种先玉335成熟第2天同时收获。

⑤ 东华北中晚熟春玉米组。密度4500株/亩；对照品种郑单958成熟时所有品种全部收获。

⑥ 京津冀早熟夏玉米组。密度不低于4000株/亩，每一个梯度相差500株/亩，国家统一开展试验根据申报品种情况开展普通4500株/亩1组试验，联合体试验、绿色通道试验可以申请批复、备案后自行开展其他密度的试验；对照品种京单58成熟时所有品种全部收获。

⑦ 黄淮海夏玉米组。密度不低于4000株/亩，每一个梯度相差500株/亩，国家统一开展试验根据申报品种情况开设普通4500株/亩2组、普通5000株/亩2组和机收籽粒5000株/亩1组，联合体试验、绿色通道试验可以申请批复、备案后自行开展其他密度的试验；对照品种郑单958成熟时所有品种全部收获。

⑧ 西北春玉米组。密度5500株/亩（新疆维吾尔自治区试点6000株/亩）；对照品种先玉

335 成熟第 2 天同时收获，联合体试验、绿色通道试验可以申请批复、备案后自行开展机收籽粒试验。

⑨ 西南春玉米（中低海拔）组。密度 3000 株/亩。

⑩ 西南春玉米（中高海拔）组。密度 4000 株/亩

⑪ 热带亚热带玉米组。密度 3500 株/亩。

⑫ 东南春玉米组。密度 4000 株/亩。

（五）北方早熟春玉米组试验点布局

布局不少于 15 个试点，可布局在黑龙江省哈尔滨市的巴彦县、木兰县、方正县、依兰县、延寿县、尚志市、通河县，齐齐哈尔市的龙江县、甘南县、富裕县、讷河市、依安县、克山县、拜泉县，牡丹江市的海林市、宁安市、林口县、穆棱市，佳木斯市的桦南县、汤原县、桦川县、富锦市、同江市，大庆市的林甸县，绥化市的青冈县、望奎县、明水县、绥棱县、庆安县，鸡西市的鸡东县、密山市、虎林市，双鸭山市的宝清县、集贤县，七台河市的勃利县，鹤岗市的绥滨县；吉林省吉林市东南部的舒兰市、蛟河市，白山市西南部、中部，延边敦化市东北部、安图县东部、和龙市南部、汪清县中部和珲春市东部；内蒙古自治区呼伦贝尔市的扎兰屯市、阿荣旗、莫力达瓦达斡尔族自治旗，兴安盟的科右中旗、突泉县、科右前旗、扎赉特旗，赤峰市的巴林左旗、林西县、翁牛特旗、阿鲁科尔沁旗、克什克腾旗、巴林右旗，通辽市的扎鲁特旗，乌兰察布市的丰镇市、凉城县，呼和浩特市的和林县、清水河县，包头市的固阳县；河北省承德市的丰宁县、隆化县、围场县、平泉市、承德县、滦平县，张家口市的蔚县、阳原县、怀安县、涿鹿县、赤城县、万全区和下花园区等玉米主产区县。

五、试验供种

（一）供种时间

供种单位在规定时间内用送货上门的快递公司，将参试品种种子（含对照品种）保质保量寄送到指定的种子接收单位。具体日期要求：热带亚热带组应在 2 月 25 日前；西南春玉米组、东南春玉米组应在 3 月 2 日前；北方极早熟春玉米组、东华北中早熟春玉米组、东华北中熟春玉米组、东华北中晚熟春玉米组、西北春玉米组应在 3 月 20 日前；黄淮海夏玉米组、京津冀早熟夏玉米组应在 4 月 20 日前。

（二）供种数量

① 极早熟春玉米组。对照品种德美亚 1 号供种量 60kg；区域试验品种供种量 20kg。

② 东华北中早熟春玉米组。对照品种东农 264 供种量 50kg；区域试验品种供种量 15kg。

③ 东华北中熟春玉米组。对照品种先玉 335 供种量 60kg；区域试验品种供种量 20kg。

④ 东华北中晚熟春玉米组。对照品种郑单 958 供种量 100kg；区域试验品种供种量 25kg。

⑤ 京津冀早熟夏玉米组。对照品种京单 58 供种量 30kg；区域试验品种供种量 18kg。

⑥ 黄淮海夏玉米组。对照品种郑单 958 供种量 300kg；普通组区域试验品种供种量 35kg，机收组区域试验品种供种量 50kg。

⑦ 西北春玉米组。对照品种先玉 335 供种量 50kg；区域试验品种供种量 22kg。

⑧ 西南春玉米中低海拔组。对照品种中玉 335 供种量 40kg；区域试验品种供种量 25kg。

⑨ 西南春玉米中高海拔组。对照品种中玉 335 供种量 40kg；区域试验品种供种量 15kg。

⑩ 热带亚热带玉米组。对照品种桂单 162 供种量 40kg；区域试验品种供种量 18kg。

⑪ 东南春玉米组。对照品种苏玉 29 供种量 50kg；区域试验品种供种量 20kg。

（三）种子接收单位

① 北方极早熟春玉米组、东华北中早熟春玉米组、东华北中熟春玉米组、东华北中晚熟春

玉米组、西北春玉米组。参试品种种子统一寄到内蒙古国栋农业科学研究院，地址：呼和浩特市玉泉区昭君路22号内蒙古农牧业科学院院内，联系人：王××，电话号码：×××××××××××，邮箱：××××××××××××××××@163.com。

② 京津冀早熟夏玉米组、黄淮海夏玉米组、西南春玉米中低海拔组、西南春玉米中高海拔组、热带亚热带玉米组。参试品种种子统一寄到安徽省弘大科技种业有限公司，地址：安徽省宿州市埇桥区闵贤路413号，邮编：234000，联系人：陈××，电话号码：×××××××××××，电子信箱：×××××××××××@163.com。

③ 东南春玉米组。参试品种的种子统一寄到安徽省农科院玉米中心，地址：合肥市农科南路40号，邮编：230031，联系人：左××，电话号码：×××××××××××，邮箱：××××××@163.com。

区域试验参试品种（含对照）种子统一收齐后，不需密码编号，由种子接收单位将相应数量种子提供给各承试单位、抗病鉴定单位（1.0kg/品种）；提供给DNA指纹检测单位及区试样品保存单位北京市农林科学院玉米中心（第一年区域区试验品种2.0kg，其中1.0kg/品种用于DNA指纹检测和区试样品保存，1.0kg/品种转交转基因检测单位进行转基因成分检测；进入第二年区域试验的品种4.0kg/品种，其中1.0kg/品种用于DNA指纹检测和区试样品保存，1.0kg/品种转交转基因检测单位进行转基因成分检测，2.0kg/品种为标准样品）。

联合体试验第一年区域试验品种，由联合体试验牵头单位将每品种1.0公斤样品及品种清单，按后述DNA指纹检测样品提交时间统一提交至委托承担DNA指纹检测的单位，其中0.5kg样品用于DNA指纹检测，另外0.5kg样品及品种清单按规定时间统一转交北京市农林科学院玉米中心作为区试样品进行保存。联合体试验进入第二年区域试验的品种，由联合体试验牵头单位将每品种3.0kg样品及品种清单统一提交至委托承担DNA指纹检测单位，其中0.5kg样品用于DNA指纹检测，另外2.5kg样品及品种清单按规定时间统一转交北京市农林科学院玉米中心，0.5kg作为区试样品保存，2.0kg作为标准样品。

北京市农林科学院玉米中心收齐年度试验所有品种（含联合体试验品种）标准样品进行临时保存，于审定公告后1个月内将通过审定的品种每品种标准样品（含联合体试验品种）2.0kg及《审定品种标准样品提交清单》统一转交国家标准样品库。

（四）供种要求

供种单位按照各组要求的质量、数量、时间及时供种，不得进行药剂处理，不得进行分装，不得同时提供正反交种子，种子袋内外均要有标识，注明品种名称和参试组别等。大粒种子（百粒重40g以上）要适当增加供种量。

六、抗病鉴定

参加区域试验的品种同年进行抗病鉴定，每个区域安排2个接种抗病鉴定点；黄淮海夏玉米组在河南宝丰和陕西泾阳设2个田间茎腐病监测点。种子接收单位于3月10日前将每品种0.5公斤种子样品分别提供给每组指定的2个抗病鉴定单位。

病害鉴定单位要加大参试品种主要病害鉴定的田间接种群体，需调查病株率的病害一般不得少于2行、每行不得少于20株，密度同区试密度。如果有参试品种出现病害一票否决的鉴定结果，鉴定单位应当在记载的第二天将鉴定结果报给抗病鉴定牵头人河北省农科院植保所和全国农技中心品种区试处，同时保留图片等数据资料；如有必要，由抗病鉴定牵头人负责组织协调确认鉴定结果。

抗病鉴定由河北省农科院植保所石×牵头组织协调。各病害鉴定单位于11月1日前，将病害鉴定报告（包括绿色通道试验、联合体试验的鉴定报告）提供给河北省农科院植保所石×

（抄报全国农技中心品种区试处），由河北省农科院植保所统一汇总形成正式总结报告，并于11月10日前报全国农技中心品种区试处。

七、品质检测

进入生产试验的品种进行品质检测，由指定的生产试验点套袋40穗（包括自行开展生产试验和联合体生产试验的品种），统一试验中自行开展生产试验的品种收获脱粒充分混匀后取2.5kg的籽粒于10月31日前寄到指定单位。其中黄淮海夏玉米组、京津冀早熟夏玉米组、西北春玉米组、西南春玉米中低海拔组、西南春玉米中高海拔组、热带亚热带玉米组、东南春玉米组寄到中国农科院农业农村部谷物品质监督检验测试中心（北京），北方极早熟春玉米组、东华北中早熟春玉米组、东华北中熟春玉米组、东华北中晚熟春玉米组寄到农业农村部谷物及制品质量监督检验测试中心（哈尔滨）。品质检测单位于12月1日前将品质检测报告报全国农技中心品种区试处。绿色通道试验、联合体试验品种的品质由组织开展绿色通道试验育繁推一体化企业和联合体试验牵头单位自行确定的资质单位检测，试验实施方案中应当明确检测单位，联合体试验将相应区组的检测结果于11月20日前报送统一试验指定品质检测单位中国农科院农业农村部谷物品质监督检验测试中心（北京）和农业农村部谷物及制品质量监督检验测试中心（哈尔滨），由其分别统一汇总形成相应区组的品质检测结果总结报告，于12月1日前报全国农技中心品种区试处。

普通籽粒玉米除粗蛋白质含量（干基）、粗脂肪含量（干基）两项指标外，其他各项指标均达到审定标准的在试品种，可允许品种参试单位再在品质分析样品试点田间种植一年，按规定要求取样，将足量样品交至指定的玉米品种DNA指纹检测单位进行指纹一致性检测，由DNA指纹检测单位将品种品质分析样品交至品质检测单位进行粗蛋白质含量（干基）、粗脂肪含量（干基）检测。

高淀粉玉米品种，对于2021年已完成试验程序的参试品种，可允许品种参试单位再在品质分析样品试点田间种植一年，按规定要求取样，将足量样品交至指定的玉米品种DNA指纹检测单位进行指纹一致性检测，由DNA指纹检测单位将品种品质分析样品交至品质检测单位进行检测；对于2021年未完成试验程序的在试品种，结合下一年度区（生）试进行品质检测分析；对于今后新申报的参试品种，在参试申报时应注明是高淀粉玉米品种，每年区域试验应对品种进行品质检测分析。

自行开展生产试验和联合体生产试验的品种品质检测样品由自行开展生产试验的申请者和联合体试验牵头单位自行与统一供样点联系落实品质检测样品寄送事宜。

八、DNA指纹检测

参加区域试验的品种同年进行DNA指纹检测，由北京市农林科学院玉米研究所王××牵头组织协调，并负责所有组别参试品种的样品保存。各种子接收单位在规定时间（西南春玉米中低海拔组、西南春玉米中高海拔组、热带亚热带玉米组、东南春玉米组在3月15日前，北方极早熟春玉米组、东华北中早熟春玉米组、东华北中熟春玉米组、东华北中晚熟春玉米组、西北春玉米组在4月1日前，黄淮海夏玉米组、京津冀早熟夏玉米组在5月1日前）将每品种1.0公斤种子提供给DNA指纹检测单位进行DNA指纹检测和区试样品保存。

各检测单位于10月1日前，将DNA指纹检测结果（包括绿色通道试验、联合体试验的检测结果）报送给北京市农林科学院玉米研究所王××，由北京市农林科学院玉米研究所统一汇总形成正式总结报告，并于10月20日前报全国农技中心品种区试处。检测出同名有问题的品种和疑似品种，由北京市农林科学院玉米研究所将DNA指纹检测结果通知单和确认回执单于11月1

日前发送给相关单位。相关单位如有异议应于7个工作日内向全国农技中心品种区试处提交说明材料。

九、转基因成分检测

参加区域试验的品种同年由资质单位进行转基因成分检测，每品种1.0公斤检测样品由北京市农林科学院玉米中心于6月1日前转交至检测单位。

联合体试验牵头单位负责组织本联合体试验参试品种的转基因检测，并确保检测样品与参试样品的一致性。10月1日前，牵头单位将转基因检测结果报送给北京市农林科学院玉米研究所王××，由北京市农林科学院玉米研究所汇总转基因检测结果，并于10月20日前报全国农技中心品种区试处。

十、试验要求

（一）田间管理

承试单位要严格按方案指定的品种开展试验，不得随意增减品种；播种以当地适宜播期为准；应当选择有代表性的中上等肥力地块作试验地，施肥水平与当地生产水平相当，田间管理应略高于当地生产水平，每项田间管理技术措施要在同一天内完成，如遇特殊天气，同一重复必须在同一天内完成。

（二）观察记载

田间记载项目、标准和品种抗性评价，按照《农作物品种试验与信息化技术规程　玉米》（NY/T 1209—2020）的相关要求执行。所有区组全面应用国家农作物品种试验信息与运行管理平台进行数据上报和数据汇总统计，请相关区组主持人、试验承担人员和省级区试组织管理部门积极配合并支持，平台应用技术支持由北京农业信息技术研究中心负责。

机收性状测试点除完成正常的记载项目外，田间机械收粒时还应该对机收品种的籽粒含水量、破碎率、杂质率、果穗脱落率和籽粒脱落率进行调查记载。

（三）特殊情况报告

因灾申请作废的试验，承试单位应于灾害发生后3天内及时告知所在省区试组织管理部门、主持单位和全国农技中心品种区试处，并在国家农作物品种试验信息与运行管理平台上传保留图片等数据资料。承试单位对试验过程中抗病性出现一票否决或出现极值情况，如北方极早熟春玉米组、东华北中早熟春玉米组、东华北中熟春玉米组、东华北中晚熟春玉米组的品种高感大斑病、茎腐病、穗腐病，西北春玉米组的品种高感茎腐病、穗腐病，黄淮海夏玉米组、京津冀早熟夏玉米组的品种高感小斑病、茎腐病、穗腐病，西南春玉米中低海拔组、热带亚热带玉米组的品种高感纹枯病、茎腐病、大斑病、穗腐病，西南春玉米中高海拔组的品种高感灰斑病、大斑病、穗腐病、茎腐病，东南春玉米组有品种高感纹枯病、茎腐病、南方锈病、穗腐病，倒折倒伏之和＞50%等，应3天内告知本区主持单位、抗性鉴定牵头单位，以便核实、确认，并在国家农作物品种试验信息与运行管理平台上传保留相关图文等数据资料。产量增产幅度大于20%以上时，各试点应在总结报告中说明原因，否则本点试验结果报废。出现极值情况没有按时提交报告的，试验结果作废甚至取消该单位的承试资格。

（四）总结报告

① 承试单位要严格按照国家农作物品种试验信息与运行管理平台的有关要求进行数据上报，并于11月10日前（西南组于10月20日前）将从系统打印的年终报告寄给本区组主持人。

② 在国家统一开展区域试验的基础上，申请者自行开展生产试验的，于11月10日前（西南组于10月20日前）将加盖单位公章的生产试验总结报告寄给本区组主持人，同时报送电

子版。

③ 主持单位于12月10日前完成本区组的试验总结报告（包括申请者自行开展生产试验的品种），对品种进行综合评价并提出相应的意见建议（包括完成试验程序、继续试验、终止试验），总结报告电子版发送至指定邮箱。

2021年国家大豆品种试验实施方案

一、试验目的

《中华人民共和国种子法》和《主要农作物品种审定办法》的有关规定，为科学、公正、及时地审定大豆品种提供了依据，为筛选适合不同生态区种植的高产、优质、多抗、成熟期适当的大豆新品种，特制订本方案。

二、试验组别设置及主持单位

（一）北方春大豆品种试验

设超早熟组（A、B组）、极早熟组、早熟组（A、B组）、中早熟组（A、B组）、中熟组、中晚熟组和晚熟组共10组，主持单位为吉林省农科院大豆研究所。

（二）黄淮海夏大豆品种试验

设北片、中片和南片（A、B组）共4组，主持单位为中国农科院作物科学研究所。

（三）长江流域春夏大豆品种试验

设春大豆组、夏大豆早中熟组和晚熟组共3组，主持单位为中国农科院油料作物研究所。

（四）国家鲜食大豆品种试验

设春播组、夏播组和品质鉴定组共3组，主持单位为中国农科院油料作物研究所。

（五）热带亚热带地区大豆品种试验

设春大豆组和夏大豆组共2组，主持单位为华南农业大学。

如果参试品种表“备注”一栏中标注“区”表示该品种只安排区域试验，标注“生”表示该品种只安排生产试验，标注“区、生”表示该品种同时安排区域试验和生产试验。承试单位表“备注”一栏中如标注“区”表示该单位只承担区域试验任务，标注“生”表示该单位只承担生产试验任务，标注“区、生”表示该单位同时承担区域试验和生产试验任务。

三、试验要求

（一）区域试验田间设计

试验采用随机区组设计，3次重复，每次重复排列成同一排；试验重复与试验地肥力梯度或坡度垂直，试验地四周设置保护行不少于4行。各试验区组试验设计如下：

1. 北方春大豆组

小区面积不少于20m^2，不少于4行区，收获时去掉两端和边行，取中间行计产（计产面积10m^2），种植密度根据承试单位所在地生产实际并参考育种者提供的密度要求安排。

2. 黄淮海夏大豆组

(1) 北片　小区面积18m^2，6行区，行长6m，行距0.5m，密度1.5万株/亩，收获前割去边行边株，取中间4行计产（计产面积12m^2）。

(2) 中片和南片　小区面积16.8m^2，7行区，行长6m，行距0.4m，密度1.25万株/亩，收获前割去边行边株，取中间5行计产（计产面积12m^2）。

3. 长江流域春、夏大豆组

(1) 春大豆组 小区面积14.4m²，每小区12行，行长3.0m（或在保证计产面积前提下根据实际地形地块另行设计，不含沟），行距0.4m，早熟品种（标注*的品种）株距0.08m，密度2.08万株/亩，中晚熟品种株距0.1m，密度1.67万株/亩。收获前割去边行边株，收获中间10行计产，计产行长2.5m，实收计产面积10.0m²。

(2) 夏大豆早中熟组和晚熟组 小区面积15.0m²，每小区10行，行长3.0m（或在保证计产面积前提下根据实际地形地块另行设计，不含沟），行距0.5m，株距0.1m，密度1.33万株/亩。收获前割去边行边株，收获中间8行计产，计产行长2.5m，实收计产面积10.0m²。

4. 鲜食大豆春播和夏播组

(1) 春播组 小区面积12.0m²，每小区10行，行长3.0m（或在保证计产面积前提下根据实际地形地块另行设计，不含沟），行距0.4m，株距0.08m，密度2.08万株/亩。收获前割去边行边株，收获中间8行计产，计产行长2.08m，实收计产面积6.7m²。

(2) 夏播组 小区面积13.5m²，每小区9行，行长3.0m（或在保证计产面积前提下根据实际地形地块另行设计，不含沟），行距0.5m，株距：早熟品种（或标记*的品种）0.08m，密度1.67万株/亩；晚熟品种0.16m，密度0.83万株/亩。收获前割去边行边株，取中间5行计产，计产行长1.91m，实收计产面积6.7m²。

(3) 鲜食大豆品质鉴定组 不设重复，与区域试验同地块安排，每小区4行，行长3m，行距、株距与区域试验相同。所有品种分期播种，共分3期，在区域试验播种期前后各播种一次，每隔5天播种一期。

5. 热带亚热带地区春、夏大豆组

小区面积15.4m²，6行区，春大豆组行距0.4m，株距0.1m，密度1.4万～1.8万株/亩；夏大豆组行距0.5m，株距0.1m，密度1.2万～1.4万株/亩（或根据当地栽培习惯适当调整）。收获前割去边行边株，取中间4行计产，计产面积10m²。

如果以上提供的品种种植密度不合适，经主持单位同意，供种单位可提出不同的密度要求，并在供种时说明。试验承担单位也可以根据当地土壤水肥条件，参照当地生产中种植习惯适当调整种植密度。原则上密度调整时须保证行距与当地生产习惯一致，只调整株距。

（二）生产试验田间设计

试验采用随机排列，2次重复。种植密度根据区域试验密度、试点当地生产种植习惯并结合育种单位提供密度设置。田间管理措施同当地生产水平，试验地四周设不少于4行的保护行（区），全区收获计产。

长江流域、鲜食大豆和热带亚热带片区生产试验每个品种每重复面积不少于66.67m²，小区行数不少于8行，长宽比例不要过大，可通过合并小区等方式设计每次重复的合适的长宽比例。其余各试验组生产试验每个品种每次重复面积不少于150m²，全区收获计产。

（三）试验地选择

试验地应安排在地势平整、肥力较好、排灌方便、前茬一致的地块，最好选在两年以上没有种过大豆，远离树木、高秆作物或高大建筑物，无菟丝子和除草剂残留，无大豆胞囊线虫病等严重土传病害的地块。试验地土质和肥力应具有代表性，避免选择未种植过任何作物的新地块。

（四）供种要求

1. 供种量

(1) 区域试验 参试品种种子由供种单位直接邮寄至试验承担单位。每组试验选定1个指定试点（带★号的承担单位），区域试验第一年参试品种在该试点供种量至少为2.75kg（包括对照品种），第二年参试品种在该试点供种量至少为4.75kg；其他各试点供种量至少1.75kg。指定试点将区域试验第一年参试品种种子1.0kg（包括对照品种）、第二年参试品种种子3.0kg邮寄给主持单位用于相关检测分析和标准样品，由主持单位统一邮寄给相关检测单位和样品库。剩余1.75kg作为试验用种。

（2）生产试验　参试品种种子由供种单位直接邮寄至试验承担单位。长江流域、鲜食大豆和热带亚热带区试验每试点用种量至少3.0kg，其他区组试验每试点用种量至少3.25kg。只参加生产试验的品种需另外多邮寄2.7kg给带★号的承担单位作为检测用种，再由该试点邮寄给主持单位，最后由主持单位统一邮寄给相关检测单位。

（3）品质鉴定试验　鲜食型参试品种品质鉴定种子由供种单位直接邮寄至品质鉴定试验单位。每品种供种量至少为0.5kg。

2. 供种时间

供种截止时间如下：

① 北方春大豆：3月15日。

② 黄淮海夏大豆：5月10日。

③ 长江流域春大豆：3月10日；夏大豆：5月10日。

④ 鲜食大豆春播：2月20日；夏播：5月10日。

⑤ 热带亚热带地区春大豆：2月20日；夏大豆：5月10日。

各试验点到期如未收到试验种子，应及时与试验主持单位或供种单位联系。主持单位应主动与各省（区、市）种子管理部门、供种单位和试验承担单位联系，发现问题及时协调解决，若遇到不能解决的问题，应及时向全国农技中心品种区试处汇报。

（五）播种要求

根据当地生产及天气情况及时播种，播种期不要跨试验组别。播种方式、播种密度与当地生产习惯保持一致，且同一试点同一试验播种方式须相同。要求足墒播种，播种深浅一致，确保一次全苗，及时间苗、定苗。试验出现缺苗时，应及时移苗补栽，种子不足时应尽快联系主持单位或供种单位补寄种子。

各试验组播种时间分别为：

北方春大豆组：一般为4月上旬至5月上旬。

黄淮海夏大豆组：一般为6月中旬。

长江流域春、夏大豆组：春大豆组一般为3月下旬至4月上旬；夏大豆中早熟组一般为5月下旬至6月上旬；夏大豆晚熟组一般为6月下旬至7月上旬。

鲜食大豆组：春播组播种期与试点当地春大豆播期相一致；夏播组播种期与试点当地夏大豆播期相一致。

热带亚热带地区组：春大豆组一般为2月下旬至3月上旬；夏大豆组一般为6月中旬至7月上旬。

各试点应确保同一试验在同一天内完成播种工作。

（六）田间管理

田间管理与当地生产习惯保持一致，管理水平与当地中等生产水平相当，及时中耕、除草、施肥、排灌、治虫，但不防治病害，不使用影响大豆生长发育的植物生长调节剂等药物。在进行田间操作时，应保证同一试验、同一品种重复间的一致性。同一管理措施应在同一天内完成，若不能完成，至少完成同一个重复。在试验间苗、定苗时应严格按照方案要求进行，确保试验密度。试验过程中应注意采取有效措施防止人和动物等对试验的影响。

（七）观察记载

田间调查及室内考种项目依据《农作物品种试验技术规程　大豆》中“国家大豆品种试验记载本”进行，并严格按“国家大豆品种试验调查记载标准”进行观察、记载，不缺项、不漏项、不错项。

（八）收获

根据试验调查记载标准适时收获，成熟一个，收获一个。对于成熟期过晚且影响下茬作物播种或难以霜前成熟的品种，征得主持单位同意后可提前收获。籽粒型品种要单晾晒、单脱粒，防止机械混杂。鲜食型品种收获应选在晴天没有露水的上午进行，收获的单株避免长时间曝晒，收获后应及时采摘鲜荚，并于采收当天完成计产、口感品质评价等考种工作。

四、相关鉴定、检测与分析

（一）抗病鉴定

所有区域试验品种均应进行抗病鉴定。生产试验品种不再鉴定。

各试验组别需鉴定的病害类型为：

大豆花叶病毒病：所有组别；

大豆灰斑病：北方春大豆区超早熟组、极早熟组、早熟组、中早熟组；

大豆胞囊线虫病：北方春大豆区中早熟组、中熟组、中晚熟组、晚熟组，黄淮海夏大豆区；

大豆炭疽病：长江流域春大豆组、鲜食大豆春播组和夏播组，热带亚热带春大豆组。

分别委托吉林省农科院大豆研究所负责北方春大豆区大豆花叶病毒病、灰斑病和胞囊线虫病的抗病鉴定，南京农业大学国家大豆改良中心负责其余各区大豆花叶病毒病和大豆胞囊线虫病的抗病鉴定，福建省农科院植保所负责大豆炭疽病的抗病鉴定。每个试验组应指定一个试点供样（带★号的承担单位），供样试点应在播种前将参试品种样品寄至指定检测单位或主持单位，每个品种样品数量不少于300g。

（二） DNA 指纹检测

所有参加区域试验和生产试验的品种均应进行纯度和 DNA 指纹检测。委托中国农科院作物科学研究所进行品种纯度和 DNA 指纹检测。每个试验组应指定一个试点供样（带★号的承担单位），供样试点应于 5 月 31 日前将参试品种样品寄至检测单位或主持单位，每个品种应提供标准样品 200g。

（三）品质分析与鉴定

所有参加区域试验的籽粒型品种均应进行品质分析，生产试验品种无特殊要求不再分析。委托农业农村部谷物品质监督检验测试中心进行品质分析。每个试验组应指定 3 个试点供样，供样试点应在试验计产结束后 10 天内选择符合要求的种子寄至检测单位，每个品种提供标准样品数量不少于 500g。

鲜食大豆品种品质鉴定委托中国农科院油料作物研究所会同品质鉴定单位于鲜荚采收期组织有关专家在品质鉴定试点进行现场口感品质和鲜荚外观品质鉴定。各品质鉴定试验点区域试验相关考种、品质测定工作保持不变。

（四）转基因成分检测

统一委托有资质的检测机构对所有区试初试品种、续试品种和生产试验品种进行转基因成分检测，检测种子由试验主持单位统一提供，检测结果报送全国农技中心品种区试处。

（五）生育期组鉴定

所有参加区域试验和生产试验的品种均进行生育期组鉴定，区域试验与生产试验同步进行的品种只提供一份样品即可。供种单位应于3月10日前将参试品种种子寄至鉴定牵头单位中国农业科学院作物科学研究所，每个品种提供样品250g。种子包装袋内请放入打印标签，标签内容包括参试组别、品种名称、供种单位、联系人和电话等信息。

五、供种、供样包装要求

（一）供种单位

供种单位应在要求时间内及时供种。供试种子包装应使用纱网袋或纸袋外面包装纱网袋或塑料袋，避免邮寄时种子袋破损导致品种混杂。包装袋须内外附标牌标明品种名称、试验组别、供种单位、联系人及电话等，品种名称务必与方案一致，不要使用品系号。

供种单位邮寄给指定试验点（带★号承担单位）的试验用种和检测分析用种不要分开包装。第二年区试和只参加生产试验品种包装袋内请务必放入至少6个种子标签，每个标签内容包括：作物种类、品种名称、审定编号（已审定品种）、供种单位、联系人和电话等。种子标签须防水、防潮。

（二）指定供样试点（带★承试单位）

按要求从收到的试验种子中分装出检测及样品用种，整理后邮寄给主持单位或检测单位，同时附样品打印清单，清单需包括试验组别、品种名称、种子量、供样单位等。带★承试单位在邮寄检测及样品用种时，须包含供种单位提供的所有种子标签，要注意防止包装破损导致种子混杂。

（三）鉴定、检测、分析供样指定试点

鉴定、检测、分析试点由相关主持单位指定。指定试点根据相关鉴定、检测、分析工作要求，在规定时间内按要求种子量邮寄至相关单位。供试样品从试验用种中提取，供样时附样品打印清单（包括试验组别、品种名称、种子量、供样单位等），包装时同样要注意防止包装破损导致种子混杂。

六、苗情汇报

各承试单位应在7月31日前将试验前期执行和出苗情况及时报送给相关主持单位、省（区、市）种子管理部门和全国农技中心品种区试处。苗期照片上传至国家大豆品种试验数据管理平台，如有问题应及时进行异常报备。

七、试验检查

① 各省（区、市）种子管理部门应加强对辖区内试点的检查指导，并将辖区内各试点的试验质量情况于11月20日前反馈至全国农技中心品种区试处和相关主持单位。

② 试验主持单位在3月20日前将考察计划报全国农技中心品种区试处，并在大豆生育关键时期进行有针对性考察，考察结束后及时上报考察报告。

八、总结报告

① 各试点按不同时期进行试验调查，按时完成数据采集及整理，并将试验数据按要求及时上传至国家大豆品种试验数据管理平台，要求在11月20日前全部上传完毕。其中，长江流域春大豆组和鲜食大豆春播组应于9月10日前完成上传。12月31日前各试点由国家大豆品种试验数据管理平台下载总结报告，盖章后邮寄到全国农技中心品种区试处、相关主持单位和本省（区、市）种子管理部门。

② 试验主持单位应于12月31日前将区试汇总材料电子版发送至全国农技中心品种区试处陈××（通信地址：北京市朝阳区×××街××号楼×××房，邮政编码：××××××，单位电话：010-××××××××，单位传真：010-××××××××，电子信箱：××××××××××××@agri.gov.cn）。

③ 承担抗病鉴定和品质分析检测的单位应在11月25日前将鉴定和检测结果上传至国家大豆品种试验数据管理平台，并在年会前将每个品种的鉴定、分析、检测报告材料邮寄至相关主持单位。品种纯度及DNA指纹检测单位应在11月30日前将检测结果以电子邮件方式发送至全国农技中心品种区试处和各试验主持单位。

九、其他事项

① 试验中途因自然灾害或人为等因素造成试验失败的，请在受灾后15日内将受灾原因、受灾程度、受灾时品种所处生育时期等情况发送给全国农技中心品种区试处、所在省（区、市）种子管理部门和相关主持单位。

② 各试验点应关注参试品种的田间表现，在苗期、结荚鼓粒期和成熟期以及遇到极端气候、病虫害暴发等灾害时及时记载、拍照，记录参试品种3次重复的田间表现，特别是表现较好和较差的品种。试验完成后及时分析试验结果，当品种产量比对照增产或减产30%以上时，须说明原因并提供品种田间表现照片。当对照品种出现异常表现时，应及时报告主持单位并提供相关田间照片。

③ 各试验点小区测产后原样品须保存至国家区试年会召开后1个月，相互不能混杂，以备重新测产核查。

④ 为确保试验正常开展，育（供）种单位有关人员未经允许不得前往各试验点参观试验，不得向试验点查询品种表现和索取试验结果。

项目技能

技能训练　田间试验计划书的拟订

一、目的要求

本项目是田间试验全过程能否正确实施的前提和基础。通过实训，应掌握常用的田间试验设计技术，并能够绘制出小区田间布置图；熟悉试验计划的内容，能熟练地进行田间试验计划书的拟订。

二、材料用具

直尺、铅笔、绘图纸、计算器及必要的参考资料。

三、方法步骤

各院校可结合本校的试验课题，或在教师的指导下根据有关资料或本地生产中存在的问题由学生自己立题进行试验设计和拟订试验计划。

1. 田间试验设计

将学生分为若干组，每组3～5人，可参考有关资料或教师提供资料进行设计，绘制出小区田间布置图。要求做到：设计要符合试验设计的基本原则和田间小区技术的要求；图形中的长度与实际长度要符合比例；用绘图铅笔绘制，绘制清晰，并力求整洁、美观，也可用计算机绘图。

2. 拟定田间试验计划书

田间试验计划书包括的主要内容有：

① 试验名称。

② 试验目的及其依据，包括现有的科研成果、发展趋势以及预期的试验结果。

③ 试验年限和地点。

④ 试验地的土壤、地势等基本情况和轮作方式及前作状况。

⑤ 试验处理方案。

⑥ 试验设计和小区技术。

⑦ 整地播种施肥及田间管理措施。

⑧ 田间观察记载和室内考种、分析测定项目及方法。

⑨ 试验资料的统计分析方法和要求。

⑩ 收获计产方法。

⑪ 试验的土地面积、需要经费、人力及主要仪器设备。

⑫ 项目负责人、执行人。

⑬ 附田间试验布置图及各种记载表。

教师可根据本校科研课题或有关资料示范一份已经拟订好的试验计划书以供参考。将学生分为若干组，每组 3～5 人，可提供相关资料或由学生自己选题，拟订一份试验计划书。要求内容完整、符合实际、设计合理。

四、作业

① 根据有关参考资料或教师提供的资料，按要求绘制田间试验设计平面图。注明试验地位置、小区的长和宽、占地面积和土壤肥力、小气候等环境条件的变化特点等，并简要说明设计的依据。

② 根据有关资料或本地生产中存在的问题自己选题，拟订一份试验计划书。

思考与练习

1. 为什么要进行田间试验？田间试验有何特点。
2. 田间试验的基本要求有哪些？
3. 什么是试验误差？有何特点。
4. 田间试验设计的原则是什么？
5. 如何确定小区面积？
6. 在田间设计中设置对照和保护区有何意义？
7. 试验误差的来源有哪些？应采取哪些措施降低试验误差？
8. 试验计划书包括哪些内容？

项目一思考题
参考答案

项目二

田间试验实施

项目目标

了解品种比较试验设计的基本要求，掌握品种比较种植任务书的内容和写作方法，并能根据品种比较种植任务书的要求，进行小区播种量计算、种子分装和编号；掌握试验地区划技术要求和试验地播种方法，能依据试验方案对试验地进行区划，并能正确进行播种作业；掌握田间取样技术，学会田间调查、收获与计产的方法，具备田间试验区划与实施的能力。

任务一　田间试验准备

【知识目标】 了解田间试验的布置与管理特点；学习田间试验计划的内容和编写方法；了解试验地选择的基本要求、播前准备的内容和方法。

【技能目标】 具备制订田间试验计划书的能力，能够独立准确进行田间试验项目的观察记载与测定工作；具备田间试验区划与实施的能力。

【素质目标】 培养学农、爱农的职业理念和服务“三农”的职业理想、职业态度、职业责任；具备爱岗敬业、踏实肯干、客观公正的职业道德和高度的社会责任感，以及主动学习的职业作风。

一、试验地准备

试验地在进行区划前，应做好充分准备，以保证各处理有较为一致的环境条件。试验地应按试验要求施用基肥，最好采用分格分量方法施用，以达到均匀施肥。

1. 匀地播种

为减少土壤肥力差异对试验的影响，试验前应匀地播种。试验地经过一次试验后还要进行合理的轮作换茬。

2. 整地和施肥

一般试验地在试验前需进行整地和施肥。整地要耕深一致、耙匀耙平；整地方向应与小区的长边垂直，使每一区组内各小区的整地质量基本相同；整地区域可延伸出试验区边界1～2m；整地要求在一天内完成。整地时结合施肥，基肥施用数量应相同，并且施用必须均匀一致，尽量在较短时间内施完。试验地切忌堆放肥料，以免造成新的土壤肥力差异。在病虫害比较严重的地方需进行土壤消毒处理，处理措施要一致并于当日完成。

二、田间区划

试验地准备工作初步完成后，即可按田间试验计划进行试验地区划。田间区划就是根据田间试验布置图在田间实际“放大样”（按比例放大到试验地上）。区划时用测绳取直线，要特别注意防止偏斜。田间区划可分为如下步骤：

1. 阅读田间试验布置图

首先弄清比例和小区、区组的布置，换算好有关长度数据，记录在图纸反面。然后实际勘察试验地地势地貌，确定田间实际布置朝向。

2. 拉标准线

标准线应与试验地的长边平行，并离田边至少要有 2m，以供设置走道和保护行之用。图 2-1 所示标准线位于试验地南端，东西走向。

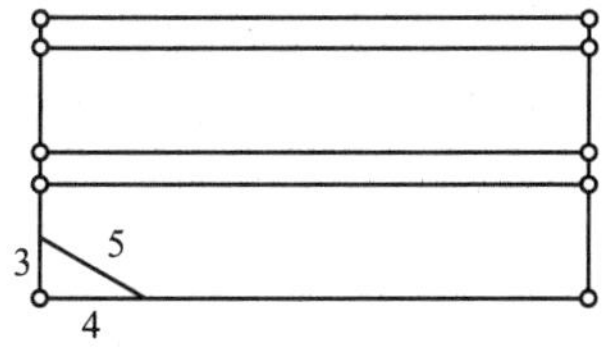

图 2-1　田间区划示意图

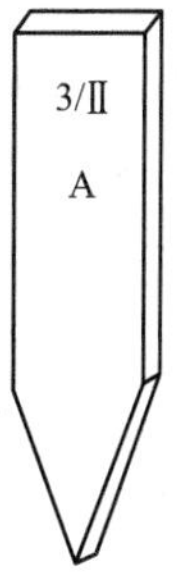

图 2-2　标牌

3. 以标准线为基准，在两端定点处按照勾股定理各作一条垂直线的标准线

垂直标准线一般为以后试验小区的起始行（或终止行）的位置，亦应距离田边 2m 以上。

4. 打桩定点

根据试验设计的小区长度和走道宽度，以垂直标准线与标准线的交点为起点，沿着垂直标准线丈量过去，打桩定点。

5. 确定整个试验区域内的区组位置

将两条垂直标准线上的对应木桩系绳拉直，确定区组、走道和保护行的位置。图 2-1 所示为试验地标准线、垂直标准线和区组、走道的确定。

6. 确定小区位置和面积

若旱作试验，在区组内和保护行带内按规定行距划行，确定小区位置和面积；若水田试验，则按小区长宽尺寸确定小区位置和面积，并在每个小区的第一行前插上标牌。一般在标牌上写明区组号（常用罗马数字表示）、小区号和处理名称（或代号）。如图 2-2 的标牌表示为第二区组第 3 个小区，处理的名称或代号为 A。标牌在播种（或移栽）前插下，直到收获，一直保留于田间。标牌必须字迹清楚、位置准确。

三、田间试验实施步骤

（一）田间试验准备

1. 写、插标牌

试验前必须将整个试验所需的标牌写好，一般一个小区需插一个标牌。在标牌上按试验计划的小区或行号用油性笔写上代号，对于一个处理在一个重复内只种 1 行或一个小区，可以每 5 行或 10 行写一个标牌。标牌的正反两面都应写上，以便两个方向走来都可以观察。播种前应根据计划将标牌全部插好并校对一次。

2. 种子准备

作为供试材料的种子或幼苗，必须是同一来源、质量优良的种子或幼苗。种子材料在播种前一个月左右应进行粒选（大粒种）或筛选（小粒种）。在试验前，须事先测定各品种种子的千粒重、发芽率和净度。各小区（或各行）的可发芽种子数和种子大小应基本相同，以免造成人为误差。育种试验初期，材料较多，而每一材料的种子数较少，不可能进行发芽试验，则应要求每小区（或各行）播种粒数相同，移栽作物的秧苗也应按大小和数量一致的原则来安排。按照种植计划的顺序准备种子，避免发生差错。根据计算好的各小区（或各行）播种量，称量或数出种子，每小区（或每行）的种子装入一个纸袋，袋面上写明小区号码（或行号）。水稻种子的准备，可把每小区（或每行）的种子装入尼龙丝网袋里，挂上编号标牌，以便进行浸种催芽。需要药剂拌种的，应在准备种子时做好拌种。准备好当年播种材料同时，须留同样材料按次序存放在仓库，以便遇到灾害后补种时备用。

计算小区播种量的公式如下：

$$X=\frac{ABC}{10000\times1000\times uv(1-w)} \tag{2-1}$$

式中 X——小区播种量，g；

A——每公顷计划株数；

B——千粒重，g；

C——小区面积，m^2；

u——发芽率；

v——种子净度；

w——田间损失率。

如某一大豆试验计划种植密度为每公顷 26 万株基本苗，测定千粒重为 200g，发芽率为 95%，种子净度为 98%，田间损失率为 10%，小区面积为 $26m^2$。试求小区播种量。

根据题意得：

$$X=\frac{260000\times200\times26}{10000\times1000\times0.95\times0.98\times(1-0.1)}=161(g)$$

若每小区种 4 行，则每行的播种量为：161/4=40(g)。用粗天平称出各行的播种量，分别装入小种子袋，袋内小标牌（纸）上写明区组号、小区号和处理名称或代号；再将同一小区各行的小种子袋合并在一起，装入大种子袋内，按照田间试验布置图的区组和小区的排列顺序，将大种子袋装在种子箱内，以备播种。

品种比较试验由于不同品种的种子在千粒重、发芽率和净度等各方面存在差异，不能采用同一播种量，而应分品种测出千粒重、发芽率和净度，计算出每一品种的播种量。

密度低的大株作物，常用穴播，可根据每行穴数和每穴粒数，直接算出每行粒数。如每行 20 穴，每穴 2 粒，即每行准备 40 粒种子。

（二）播种或移栽

播种或移栽是做好田间试验的重要环节，应做到准确无误，切忌发生差错。一旦出现差错，将会使试验失败重做。

如果人工操作（这是当前田间试验基本采用的方法），播种前须按预定行距开好播种沟，并根据田间种植计划的区划插上区号（或行号）标牌，经查对无误后才按区号（或行号）分发种子袋；再将区号（或行号）与种子袋上号码核对一次，保证标牌号（区号）、种子袋上区号（行号）与记载本上区号（行号）三者一致，核对无误后再开始播种。播种时应力求种子均匀，深浅一致，尤其要注意各处理同时播种，播完一区（行），种子袋仍放在小区（行）的一端，播后须逐行检查，如有错漏，应立即纠正，然后覆土。整个试验区播完后再复查小区，如发现错误，应在记载本上做相应改正并注明。对于移栽作物，在移栽之前，小区和区组位置要标志清楚，每小区栽植的穴数、行株距都要准确，栽插的深浅、秧苗的健壮程度也要一致。此外，在每小区边上，应多插部分预备苗，以便在发生缺苗时补栽。一个试验最好同一天播完，至少同一区组要在一天内播完，全试验播种时间不能超过两天。

如用播种机播种，小区形状要符合机械播种的要求。先要按规定的播种量调节好播种机，在播种以后，还需核定每区的实际播种量（放入箱中的种子量减去剩下的种子量），并记录下来。播种机的速度要均匀一致，而且种子必须播在一条直线上。无论人工还是机械播种后，必须做全面检查，检查有无露籽，并作及时覆盖。

整个试验区播种或移栽完毕后，应立即播种或移栽保护行。根据实际播种情况，按一定比例在田间记载本上绘出田间种植图，图上应详细记下重复的位置、小区面积和形状、每条田块上的起止行号、走道与保护行设置等，以便日后查对。

出苗后要及时检查所有小区的出苗情况，如有小部分漏播或过密，必须及时设法补救；如大量缺苗，则应详细记载缺苗面积，以便以后计算产量时扣除，但仍需补苗。如要进行移栽，取苗时要力求挑选大小均匀的秧苗，以减少试验材料的不一致。如果秧苗不能完全一致，则可分等级按比例等量分配于各小区中，以减少差异。移栽须按预定的株行距，保证一定的密度，务必使所有秧苗保持相等营养面积。移栽后多余的秧苗可留栽在行（区）一端，以备必要时进行补栽。

（三）田间管理

试验区栽培管理措施可按当地丰产田的标准进行，在执行各项管理措施时除了试验设计所规定的处理间差异外，其他管理措施应保持一致，使对各小区的影响尽可能没有差别。要求同一措施能在同一天完成，如遇到特殊情况不能一天完成，则应坚持完成一个重复。田间管理的措施主要包括中耕除草、施追肥、防治病虫害、补种或补栽等，各有其技术操作特点，要尽量做到一致，从而最大限度地减少试验误差。

1. 施追肥

除专门的肥料试验外，用肥种类、用肥量、施用时间等都要一致，且要全田匀施。若用农家肥更要强调肥料的均一性。

2. 补种或补栽

出苗后仔细检查试验田内的出苗情况，发现断垄缺苗，应当及时补种或补栽；补种或补栽的地段应标记清楚，不作以后计产和其他农艺性状考察的样株。

3. 防治病虫害

病虫危害是增大试验误差的重要因素，这是因为除了严重的流行性危害外，通常病虫的损害都呈斑块状，使小区间和小区内的变异增加。因此，要做好防治工作，把病虫危害减至最小。防治病虫害总的要求是及时、彻底，各处理间一致，要在尚未达到影响产量以前防治。喷药防治病虫害时，各小区用药量、水量要相同，要防止喷到邻区去。

4. 中耕除草

由于田间试验性质的不同，试验田除草的方法也不一样。在轮作、耕作试验中，要经常计算杂草的数目，应根据试验设计进行除草工作。在不计算杂草数目的一些试验中，如肥料试验、品种试验，田间杂草会影响所研究的技术方法，因此需经常进行除草工作。整个试验各小区的中耕除草次数、深度和质量等应力求一致。如中耕除草作业能在一天内完成的必须争取在一天内完成；一个人能在一天内完成任务者，就让一个人来进行；若一个人不能完成，可以一个人完成一个区组。总之，其目的在于使外界环境所造成的差异降低到最低程度。

（四）收获及脱粒

田间试验的收获要及时、细致、准确，决不能发生差错，否则就得不到完整的试验结果，影响试验的总结，甚至前功尽弃。

收获前须先准备好收获、脱粒用的材料和工具，如绳索、标牌、布袋、纸袋、脱粒机、晾晒工具等。收获试验小区之前，如保护行已成熟，可先行收割；如为了减少边际效应与生长竞争，设计时预定要割去小区边行及两端一定长度的，则亦应按照计划先收割。查对无误后，将以上两项收割物先运走。然后在小区中按计划采取随机方法取样作考种或作其他测定所用，挂上标牌，并进行校对，以免运输脱粒时发生差错。运入贮藏室后，按类别或不同处理分别挂好标牌，不能混杂堆放。暂不脱粒的计产材料须常翻动，以免霉变。如各小区的成熟期不同，则应先熟先收，未成熟小区以后再收（边行、两端也要在以后割）。

脱粒时应严格按小区分区脱粒，分别晒干后称重，还要把取作样本的那部分产量加到各有关小区，以求得小区实际产量。为使小区产量能相互比较或与类似试验的产量比较，最好能将小区产量折算成标准湿度下的产量。折算公式如下：

$$\text{标准湿度的产量}=\frac{\text{小区实际产量}\times(100-\text{收获的湿度})}{100-\text{标准湿度}} \tag{2-2}$$

如为品种试验，则每一品种脱粒完毕后，必须仔细清扫脱粒机及容器，避免品种间的机械混杂。脱粒后把秸秆捆上的标牌转到种子袋上，内外各挂一块，以备查对。在晾晒时须注意避免混杂和搞错。

为使收获工作顺利进行，避免发生差错，在收获、运输、脱粒、晾晒、贮藏等工作中，必须专人负责，建立验收制度，随时检查核对。

任务二　试验观察、记载与收获计产

【知识目标】掌握播种及栽培管理的方法和要求；掌握田间调查的取样方法和观察记载的主要内容及要求；掌握收获和产量计算的方法。

【技能目标】学会田间试验结果、数据资料的收集与获得的基本技能；掌握田间调查和取样的方法、去除面积和收获计产面积的确定、主要农作物的考种方法；具备完成试验区管理、调查及试验区收获工作的能力。

【素质目标】通过课上分组教学加强实践动手能力，培养团队协作精神，能够胜任田间试验实施，在实践中逐渐提升综合素质。

一、观察记载项目

田间试验观察记载的内容因试验的目的和内容不同而不同，但一般都有以下几个方面的内容。

（一）气候条件的观察记载

气候条件与农作物的生长发育有着密切的联系，气候条件的任何变化都会对农作物生长发育产生相应的影响。因此，正确记载气候条件，注意作物的生长动态，研究两者之间的关系，就可以进一步探明原因，得出正确的结论。一般观察记载的气候资料有：

1. 温度资料

包括日平均气温、月平均气温、活动积温、有效积温、最高和最低气温等。

2. 光照资料

包括日照时数、晴天日数、辐射等。

3. 降水资料

包括降水量及其分布、雨天日数、蒸发量等。

4. 风资料

包括风速、风向、持续时间等。

5. 灾害性天气

包括旱、涝、风、雹、雪、冰等。

气候资料可在试验田内定点观测，也可以利用当地气象部门的观测结果进行分析。对于特殊的灾害性天气，则需要试验人员及时观察记载，供日后分析试验结果时参考。

（二）试验地情况和田间作业情况的观察记载

试验地土壤和田间作业情况与作物的生长发育也有密切的关系，应及时进行观察记载，供试验总结时参考。试验地的土壤情况，要记载土壤类型、地势、土壤肥力和均匀程度、排灌条件、前茬作物、土壤养分含量等内容。试验地的一切田间作业，都要详细记载作业的时间、工具、方法和作业质量等内容。

（三）作物生长发育状况的观察记载和测定

作物的生长发育状况是分析作物增产规律的重要依据，是田间试验观察记载的主要内容。进行田间试验时，要根据试验目的和内容确定详细的调查记载项目，在整个作物生长发育期间进行记载，作为分析试验结果的重要依据。观察记载的主要内容一般有以下几个方面：

1. 作物的生育期

如播种期、出苗期、开花期、成熟期等。各种作物都有各自相应的调查标准。

2. 作物的经济性状

经济性状是指与产量和产品品质密切相关的性状。如单位面积株数、分蘖数、穗粒数、粒重；蛋白质、油分、糖分的含量等。

3. 不良环境条件和病虫害情况

如旱、涝、雹、低温以及各种病虫危害的情况。

4. 作物的生长发育状况

为了观察不同处理对作物生长发育的影响，经常定期调查作物株高、鲜重、干物重、叶面积等，了解作物的生长发育规律。

5. 作物的形态特征

育种试验经常调查不同品种和材料的形态特征，作为识别品种和材料的依据。

（四）室内考种

对于作物的某些性状，不便于在田间调查和记载，可于收获后在室内进行测定。因为室内鉴定的内容一般属籽粒性状，因此称为室内考种。

室内考种的材料要在作物成熟后收获前采取。室内考种的项目根据试验目的和内容而不同，主要有两个：一个是作物经济性状，这是室内考种的主要内容；另一个是作物的形态特征。

为了使观察记载能够全面准确地反映作物生长发育的实际情况，进行田间试验观察记载时应注意以下事项：

① 观察记载的样本要有代表性，一般采用随机的方法进行抽样。

② 田间观察记载必须及时进行，很多项目错过了时机就无从调查。

③ 各个项目的调查方法和评定标准应按统一规定进行，便于试验总结和交流。

④ 田间观察记载应有专人负责，同一试验的同一调查项目应由同一个人来完成，以免评定标准不一致，产生误差。

⑤ 田间调查记载要用铅笔进行记录，防止调查时被雨淋湿后字迹模糊，数据丢失。调查记载的数据要及时进行备份。

二、田间取样方法

田间调查记载有些是以小区为单位进行观察记载的，如果将整个小区的所有植株都进行调查，时间和人力都是不允许的，必须采用取样的方法，调查小区中有代表性的植株，这些植株称为样本，采取样本的地点称为取样点。确定取样点的方法很多，一般用典型取样法、机械取样法和随机取样法。

（一）典型取样法（代表性取样法）

按调查研究目的从试验小区内选取一定数量有代表性的地段作为取样点，可以选一点，也可以选几点。选几个取样点和每个取样点取样数目根据调查的项目来确定。

（二）机械取样法（顺序取样法）

每间隔一定的距离随机确定一个取样点，常用的方法有以下几种：

1. 一点式取样

一般采用预先确定在小区的第几行第几株开始连续调查若干株。

2. 对角线式取样

沿小区的一条或两条对角线，间隔一定的距离随机确定一个取样点。一般一条对角线取3点，两条对角线取5点。

3. 棋盘式取样

沿两条平行线，间隔一定的距离随机确定一个取样点。这种方法多用于面积较大的调查地块。

另外还有分行式取样、平行线式取样与Z字形式取样多种取样方法（图2-3）。

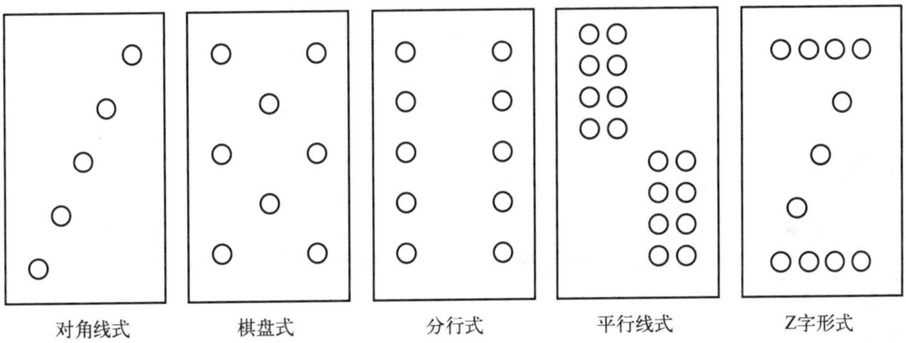

图2-3　常用的机械取样方法

（三）随机取样法（等概率取样法）

在取样时，群体内的各个个体应该均有同等机会。随机取样要遵循一定的随机方法，如以小麦田为例，随机决定测框位置时，可先步测田块的长宽，然后由随机数字法决定各点的方位。某田块长300m，宽170m，取五点，各点的长、宽位置分别随机决定为（125，88）、（169，24）、（38，53）、（80，94）、（238，120）等，然后逐点布设测框调查。

三、收获计产

收获后的作物严格按小区分区脱粒，然后计算产量。小区脱粒后的籽粒重是小区计产面积的产量，另外还要将考种取样部分及边行面积的产量加到小区的产量中，求得小区的实际产量。因为不同小区计产面积不一致，所以一般要换算成公顷产量进行比较和分析。以下举例说明产量计算过程。

例如：大豆品种比较试验的小区为10行，行长10m，行距0.65m，边上2行和两端0.5m作为不计产部分，小区计产面积的籽粒产量是26kg，计算其产量。

小区面积=10×10×0.65=65(m^2)

小区不计产部分面积=2×10×0.65+2×8×0.65×0.5=18.2(m^2)

小区计产面积=65−18.2=46.8(m^2)

平方米产量=计产面积产量/计产面积=26/46.8=0.556(kg)

小区产量=平方米产量×小区面积=0.556×65=36.14(kg)

公顷产量=平方米产量×公顷面积=0.556×10000=5560(kg)

田间试验通过观察记载、收获、脱粒、计产等一系列步骤，取得了大量试验资料。试验人员下一步就要将这些资料进行整理、分析，对试验作出科学的结论。

项目小结

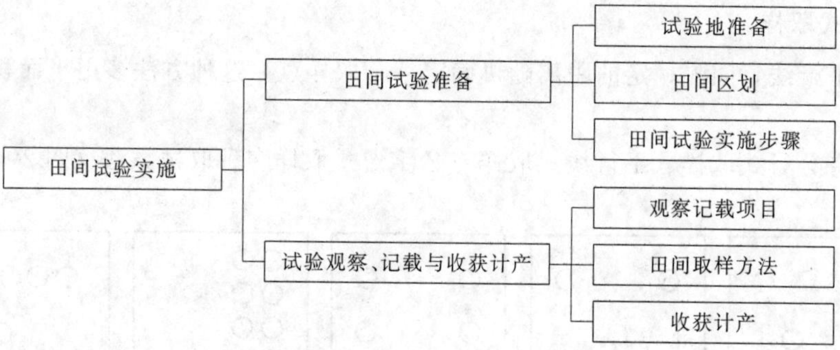

知识拓展

主要农作物品种区域试验田间调查项目及标准

一、试验目的

掌握小麦、水稻、玉米、大豆等作物田间调查的项目、标准及方法，为全面评价试验材料提供第一手资料。

二、试验材料

卷尺、扩大镜、记录本、标牌、铅笔、计算器等。

三、试验内容

（一）调查方法及项目

1. 调查方法

田间调查是获取试验数据的基本手段，调查方法的不同直接影响到数据的准确程度。由于试验内容不同、调查项目不同，其调查方法也不一样，有全面调查法和抽样调查法。大多数都是采用抽样调查法。抽样调查法又有典型取样法和机械取样法两种，其中常用的是机械取样法。机械取样法又分为对角线式取样法、棋盘式取样法、Z字形式取样法、平行线式取样法等。因为机械取样法能避免人为主观影响，减少人为误差，且方法简单、试验结果更加可靠，因此常被采用。取样点的设定有临时和固定两种。

2. 调查项目

一般试验田间调查项目可分为三类。

(1) 气象条件的调查记载 正确记载气象条件，注意作物生长动态，研究两者之间的关系。气象观察可在试验所在地进行，也可引用附近气象台（站）的资料。有关试验地的小气候，则必须由试验人员观察记载。对于特殊气象条件，如冷、热、风、雨、霜、雪、雹等灾害性天气以及由此而引起的作物生长发育的变化，应及时观察并记载下来，为试验结果分析提供参考。

(2) 田间农事操作的调查记载 任何田间管理和其他农事操作都在不同程度上改变作物生长发育的外界条件，因而会引起作物的相应变化。因此，详细记载整个试验过程中的农事操作，如整地、施肥、播种、中耕除草、防治病虫害等，将每一项操作的日期、数量、方法等记录下来，有助于正确分析试验结果。

(3) 作物生育动态的调查记载 这是田间调查记载的主要内容。在整个试验过程中，要观察记载作物的各个物候期（或称生育时期）、形态特征、特性、生长动态、抗逆性、经济性状等。

（二）调查项目标准

不同作物田间调查项目略有不同，下面是小麦、水稻、玉米、大豆试验田间调查项目及标准。

1. 小麦

(1) 播种期 记载播种日期。

(2) 出苗期 全区50%的幼苗第一片叶出土2cm的日期。

(3) 出苗率 田间取样调查，每点$1m^2$，查清出苗数，计算出苗率。

$$出苗率=\frac{实际出苗数}{理论出苗数}\times 100\%$$

(4) 分蘖期 全区50%的植株第一分蘖露出叶鞘1cm的日期。

(5) 分蘖数 田间取样调查，查清样点内的分蘖数，除以基本苗数，即为单株分蘖数。

(6) 拔节期 全区50%的植株第一茎节露出地面1cm的日期。

(7) 抽穗期 全区50%的植株主茎穗顶端（不计芒）露出旗叶叶鞘2cm的日期。

(8) 成熟期 全株变黄，籽粒大小、形状和色泽均已接近品种固有特征，用指甲划动无痕，但腹沟尚软的日期，相当于蜡熟末期。

(9) 收获期 记载收获日期。

(10) 抗锈性 以发病率和严重率表示。在小麦生育期内调查2～3次。记载开始发病时间，发病后2～3周进行第一次调查，开花到乳熟进行第二次调查，叶片干枯前进行第三次调查。

(11) 赤霉病 大面积发病时用发病率与严重率合并计算病情指数。局部发病只计算发病率。

(12) 黑穗病 抽穗后调查发病率。

(13) 抗倒伏性 用倒伏程度和倒伏面积表示。倒伏程度根据植株倾斜角度分为4级：0级直立不倒；1级倾斜不超过15°；2级倾斜15°～45°；3级倾斜超过45°。倒伏面积以实际面积表示，也可用倒伏面积占全区面积的百分数表示。

2. 水稻

(1) 播种期 秧田播种的日期。

(2) 出苗期 秧田50%幼苗第一片完全叶出土2cm的日期。

(3) 苗情 分好、中、差3级。

(4) 移栽期 移栽的日期。

(5) 返青期 秧田50%秧苗返青的日期。

(6) 分蘖始期　全区10%植株第一分蘖露出叶鞘1cm的日期。

(7) 分蘖盛期　全区80%植株出现第一分蘖的日期。

(8) 分蘖末期　也称出叶转换期，是营养生长与生殖生长的分界线。全区50%植株叶鞘由扁变圆，中筋消失，下部节间开始伸长的日期。

(9) 始穗期　全区10%植株穗顶露出叶鞘的日期。

(10) 齐穗期　全区80%植株开始抽穗的日期。

(11) 有效分蘖数　能抽穗结实的分蘖称为有效分蘖，取样调查单株有效分蘖数。

(12) 稻瘟病　主要调查叶瘟和穗茎瘟，以发病率和病情指数表示。

(13) 抗倒伏性　倒伏程度分为直立、倾斜、倒伏3级。确定倒伏级别，并记载倒伏的时期和倒伏的面积。

(14) 成熟期　稻穗中部小穗颖壳变黄，米粒变硬，出现该品种种子固有特征的日期。

(15) 收获期　记载收获的日期。

3. 玉米

(1) 播种期　记载播种日期。

(2) 出苗期　全区50%的幼苗第一片叶出土2cm的日期。

(3) 苗期长势　分好、中、差3级。

(4) 拔节期　全区50%的植株开始拔节的日期。

(5) 抽雄期　全区50%的植株雄穗顶端露出叶鞘的日期。

(6) 吐丝期　全区50%的植株雌穗吐出花丝的日期。

(7) 成熟期　全区90%的植株籽粒硬化，苞叶呈现成熟时固有颜色的日期。

(8) 收获期　记载收获日期。

(9) 倒伏程度　抽雄后因各种自然灾害，植株倾斜度大于45°即为倒伏。倒伏程度分3级：倒伏1/3以上为轻度；倒伏1/3～2/3为中度；倒伏2/3以上为重度。

(10) 倒折率　抽穗后果穗以下部位折断的植株所占的百分比。

(11) 空秆率　成熟时无穗（包括有穗无粒和少于10粒）植株所占的百分比。

(12) 双穗率　成熟时双穗及多穗植株占全部结实植株的百分比。

(13) 株高　乳熟期地面至雄穗顶端的高度，以cm表示。

(14) 穗位高　乳熟期地面至最下部果穗着生节位的高度，以cm表示。

(15) 茎粗　乳熟期基部第三个节间中部的直径，以cm表示。

(16) 叶斑病　包括大斑病和小斑病两种病害。在乳熟期目测，分4级记载。无：全株叶片无病斑。轻：植株下部有部分叶片枯死，中部叶片有病斑，病斑面积占总面积的25%以下。中：植株下部有较多叶片枯死，中部叶片有病斑，病斑面积占总面积的50%以下。重：植株下部叶片全部枯死，中部叶片部分枯死，上部叶片有病斑，病斑面积占总面积的50%以上。

(17) 青枯病　乳熟期调查病株数，以发病百分比表示。

(18) 黑穗病　乳熟期调查病株数，以发病百分比表示。

4. 大豆

(1) 播种期　记载播种日期。

(2) 出苗期　全区50%的幼苗子叶出土的日期。

(3) 出苗率　实际出苗数占理论苗数的百分比。在幼苗对生单叶展开时取样调查，计算平均值。

(4) 始花期　全区有10%植株开花的日期。

(5) 开花期　全区有50%植株开花的日期。

(6) 终花期　全部植株开完花的日期。

(7) 花色　分白色和紫色。

(8) 植株整齐度　目测植株整齐度，分整齐、中等、不整齐3级。

(9) 抗倒伏性　包括倒伏面积、倒伏程度和倒伏时间。测量倒伏面积，记录倒伏时间。目测倒伏程度，分5级。1级：全区植株直立不倒。2级：全区仅有少数植株倒伏或倾斜。3级：全部植株略倾斜或25%～50%植株倒下。4级：全部植株倾斜或50%～80%植株倒下。5级：全部植株严重倒伏。

(10) 结荚习性　在成熟期观察，分为无限结荚习性、亚有限结荚习性和有限结荚习性3种类型。

(11) 株高　从子叶节至植株顶端的高度，在成熟期测量。

(12) 结荚高度　从子叶节到基部第一个荚所在节的高度。

(13) 节数　即主茎的节数。

(14) 分枝数　即主茎上2个以上节结荚的分枝数（只有1个节结荚及分枝上的分枝不计算）。

(15) 成熟期　籽粒完全成熟，粒形、粒色已达品种固有特征的日期。

(16) 收获期　记载收获日期。

(17) 发病率　调查根腐病、灰斑病等病害的病株数，以发病百分比表示。

项目技能

技能训练一　田间试验区划与播种

一、目的要求

本项目是田间试验的基本技能。通过技能训练，能准确进行田间区划，正确计算播种量，掌握播种技术要点，使试验结果更加精确可靠。

二、材料用具

标牌、天平、纸袋、铅笔、计算器、皮尺、测绳、木桩、细绳、铁锹、锄头、镐、划印器、种子、秧苗、肥料等。

三、方法步骤

（一）播前准备

1. 写、插标牌

试验前必须将整个试验所需的标牌写好。一般一个小区需插一个标牌，在标牌上写明区组号（常用罗马数字表示）、小区号和处理名称（或代号）。播种前应根据试验计划将标牌全部插好，并校对有无错误。

2. 种子准备

播种前要进行种子准备工作，要求种子质量均匀一致，必须是同一来源的并且是优质的种子，播种用的种子必须经过千粒重、发芽率、净度等的测定。按下列公式计算每一小区的播种量。

$$小区播种量(g)=\frac{保苗数/10000m^2\times千粒重(g)\times小区面积(m^2)}{10000\times1000\times净度\times发芽率\times(1-田间损失率)}$$

若计算每一行的播种量，将上式除以每小区的行数即可。

密度低的大株作物，常用穴播。可根据每行穴数和每穴粒数，直接算出每行粒数。

移栽作物（如水稻等）的秧田播种量，也应根据上述公式来推算。

品种比较试验由于品种不同，在千粒重、净度、发芽率等方面存在差异，播种量不能采用同一播种量，而应分品种测出千粒重、发芽率和净度，计算出每一品种的播种量。育种试验初期阶段，材料较多，而每一材料的种子数较少，不可能进行发芽试验，则应要求每小区（或每行）的播种粒数相同。

按照种植计划书（即田间记载本等）的顺序准备种子，避免发生差错。根据计算好的各小区（或各行）播种量，称量或数出种子，每小区（或每行）的种子装入一个纸袋，袋面上写明小区号码（或行号）。水稻种子的准备，可把每小区（或每行）的种子装入穿有小孔的尼龙丝网袋里，挂上编号小竹牌或塑料牌，以便进行浸种催芽。

需要药剂拌种以防治苗期病虫害的，应在准备种子时做好拌种，以防止苗期病虫害所致的缺苗断垄。

准备好当年播种材料的同时，须留同样材料按次序存放仓库，以便遇到灾害后补种时应用。

（二）田间区划

田间区划就是把试验设计的田间种植图，具体地在田间进行实际放大样。准确的田间区划可以使试验有秩序地进行，并降低试验误差。区划时试验区四周的四个直角采用勾股定理来确定。

1. 确定整个试验区的位置

在选好的地块上先量出试验区的一个长边的总长度（包括小区长度、过道宽度、两端保护区宽度等），并在两端定上木桩作为标记。以这个固定边作为基本线，于一端拉一条与基本线垂直的线，定为宽度基本线。采用勾股定理确定直角，即先在长边的基本线上量 3m 为 AB 边，以 B 为基点再拐向宽边量出 4m 长的一段为 BC 边，用一段 5m 的长度连接成 AC 边作为三角形的斜边。如果斜边的长度恰好是 5m，证明是直角，如果不是 5m 说明区划不够准确，应重新测量直到准确为止。然后沿着确定的直角线将宽边延长到需要的长度，在终点处作出标记。采用同样的方法确定其他三个直角，并把另一长边与宽边都区划出来，这样试验区总的位置及轮廓就确定了。

2. 确定各区组

沿着试验区的长边将保护区、过道、小区行长的长度区划出来。要求在两个长边上同时进行，钉上木桩，用细绳将两端连接起来，并使过道平直，用铁锹在垄上作出标记。

3. 确定小区宽边

沿着每个区组的长边将小区的宽度区划出来，按田间种植图将各小区标牌插在每个小区第一行的顶端处。如果是起好垄的地块，则宽度直接按小区行数数出来即可，在边上一条垄插上标牌。

（三）播种

1. 人工播种

人工播种是当前育种试验主要的播种方法。首先查看育种试验地区划的小区标牌是否完整，经核对无误后按区号分发种子袋，再将区号与种子袋上号码核对一次，使标牌区号、种子袋上区号与小区田间排列图上区号三者一致。

播种前须按规定的行距开好播种沟，要求播种沟直、深浅一致。播种时应力求种子分布均匀，播深一致。为了保证种子均匀分布，可将播种尺放在沟内，在每一刻度处点上规定粒数的种子。尤其要注意各处理同时播种，播完一个小区后，种子袋仍放在小区的一端，用土块压上，播后须逐个小区检查，如有错漏，应立即纠正，然后覆土、镇压。整个试验区播完后再复查一次，无误后将种子袋收回；如果发现错误，应在小区田间排列图上改正，并在记录本上注明。

2. 机械播种

播种前对照小区田间排列图认真核对区号、种子袋号。小区形状要符合机械播种的要求。先检查播种机的工作状态，按规定的播种量调节好播种机；在播种以后还须核定每区的实际播种量，并做记录；播种机的速度要均匀一致，而且种子必须播在一条直线上，播深一致，及时镇压。播完一个品种后，须彻底清理播种机内的种子，再播下一个品种，防止混杂。

无论人工播种还是机械播种，播种后必须进行全面检查，如有露籽，应及时覆盖。出苗后要及时检查所有小区的出苗情况，如有小部分漏播或过密，必须及时设法补救。如大量缺苗，则应详细记载缺苗面积，以便计算产量时扣除，但仍须补苗，以免空旷对邻近植株发生影响。

3. 移栽

如需进行移栽，育苗时按技术要求作业，取苗时要挑选大小均匀的秧苗，以降低试验材料的误差。如果秧苗不能完全一致，则可分等级按比例等量分配于各小区中，以减少小区间差异。运苗中要防止发生差错，最好用塑料牌或其他标志物标明试验处理或品种代号，随秧苗分送到各小区，经过核对后再行移栽。移栽时要按照预定的行距和穴距进行，保证达到规定的密度，使所有秧苗保持相等的营养面积。移栽后多余的秧苗可留在行小区的一端，以备补栽。

整个试验区或一个试验圃应在一天内播种或移栽完，以降低因播期不同带来的试验误差。试验区播种或移栽完毕后，应立即播种或移栽保护行。将实际播种情况，按一定比例在田间记录本上绘出田间种植图，图上应详细标记各重复的位置、小区面积和形状以及每个小区的起止行号、步道、保护行设置等，便于调查及管理。

四、作业

① 根据本校的试验课题，将学生分成若干组，每组按照试验要求准备好标牌和种子。

② 根据本校的试验课题，将学生分成若干组，每组按照田间种植图，依据区划的方法与要求在试验地进行区划。

③ 根据本校的试验课题，将学生分成若干组，每组按照试验要求完成播种任务。

技能训练二　田间试验调查

一、目的要求

本项目是田间试验数据资料收集与获得的基本技能，与试验结果是否真实可靠关系密切。经过技能训练，能较熟练地掌握田间取样的方法、调查的方法、去除面积和收获计产面积确定的方法及主要作物的考种方法，为获得正确的试验结果奠定基础。

二、材料用具

记录本、铅笔、计算器、细绳、标牌、镰刀、卷尺、天平（感量0.01g）、数粒板等。

三、方法步骤

1. 田间调查

（1）取样调查　按试验计划设计的调查项目、取样方法，及时到田间进行调查。

（2）测量、记载　按调查项目及时填写调查日记或调查表，记载要清楚、准确、简明易懂。

（3）田间调查结果备份　将田间调查记载的结果带回室内，把记载的数据或资料再重新抄写到另一个记录本上作为副本以备用，或及时录入电子文档中。

2. 收获计产

（1）田间收获　在收获前先随机抽样，收取考种样品。收获时首先确定计产面积，先收获保护行及去除部分，然后再收获计产面积的部分。各小区依成熟先后逐个收获，用细绳将收获的植株两端捆好，并挂上标牌，标牌上写明品种名称、处理代号、重复号、小区号、收获日期等。

（2）及时运输、晾晒、脱粒、贮藏。

（3）产量计算　脱粒时应严格按小区分区脱粒，分别晒干后称重，小区脱粒后的籽粒重是小区计产面积的产量，还要把取作样本的那部分产量加到各有关小区，以求得小区实际产量。为使小区产量能相互比较或与类似试验的产量比较，最好能将小区产量折算成标准湿度下的产量，折算公式如下：

$$\text{标准湿度的产量}=\frac{\text{小区实际产量}\times(100-\text{收获的湿度})}{100-\text{标准湿度}}$$

因为不同小区计产面积不一致，所以一般还要换算成相同面积下的产量（如公顷产量）进行比较和分析。

3. 考种

① 将考种样品摆放在桌子上，打开捆绑的绳子，取下标牌，在调查项目表上记下该标牌上的处理代号、重复号、小区号等内容。

② 按考种项目逐项进行，每一项目按测定标准进行，并及时准确记载。

四、作业

根据本校的试验课题，将学生分成若干组，每组按照试验要求到试验地完成相应的田间调查、收获计产和考种任务。

思考与练习

1. 怎样选择试验地？

2. 如某一大豆试验计划密度为每公顷26万株基本苗，测定百粒重为20克，发芽率95%，种子净度为98%，田间损失率为10%，小区面积$26m^2$。试求小区播种量。

项目二思考题参考答案

3. 田间试验取样方法有哪几种？

4. 什么叫室内考种？室内考种项目有哪些？

5. 简述田间试验收获与计产方法？

6. 大豆品种比较试验的小区为5行，行长10m，行距0.65m，边上2行和两端0.5m作为保护行，小区计产面积的籽粒产量是5.69kg，试计算其产量。

项目三

田间试验统计分析基础

项目目标

了解田间试验经过严格的设计和实施后，在实施过程中或实施结束后会得到一系列数据，这些经过调查和记载得到生物体各种性状的大量数据称为资料。掌握如何对得到的资料进行整理、统计和分析。

任务一　基本特征数

【知识目标】了解基本特征数的概念；掌握试验资料的整理方法及平均数与变异数的计算方法。

【技能目标】具备利用 Excel 进行数据整理与图表制作及基本特征数计算的能力；能够独立完成试验材料整理、数据计算分析、图表制作等工作。

【素质目标】培养熟练运用信息技术的职业素养；培养科学严谨细致的工作态度；培养科学运用统计学的思维和正确表达差异性的职业能力。

一、基本特征数

（一）资料、变数与观察值

1. 资料

经过严格的试验设计和实施后，在实施过程中或实施结束后得到一系列数据，这些经过调查和记载得到的生物体各种性状的大量数据称为资料。一般可分为数量性状资料和质量性状资料。

2. 变数

同一群体和各个个体的性状、特性是有变异的，如大豆合丰 25 的株高，即使在栽培水平一致的条件下，由于受许多偶然因素的影响，它的植株高度也彼此不一，这些有变异的数据称为变数。由于个体间属性相同，但受随机影响而造成表现上的变异，所以变数又称为随机变数。

3. 观察值

每一个个体的某一性状、特性的测定数值叫作观察值。如一株大豆测得的株高值。

（二）总体与样本

1. 总体

具有共同性质的个体所组成的团体称为总体。组成总体的每一个个体叫总体单元。总体所包含的单元数叫总体含量，常用字母 N 来表示。

总体往往是抽象的，它所包含的个体数目是无穷多个的。总体又分成有限总体和无限总体。有限总体指所包含的个体是有限的，能一一数清，如某一块地大豆品种垦豆 89 的株数，一袋大豆种子，虽然多但是可数，这样的总体称为有限总体；无限总体指所包含的个体无法一一数清，其个体数可以无穷，而且往往是设想的总体，如大豆品种垦豆 89 的总体，指的是垦豆 89 这一品种在多年多地的种植中的所有个体，它是无法计数的，这一总体称为无限总体。总体可以是过去的、现在乃至将来的，所有这一地区的所有品种的株数都要调查，事实上这是无法全部了解的。

2. 样本

总体所包含的个体往往太多，不能逐一加以测定或观察。因而，一般只能从总体中抽取若干个个体来研究。从总体中抽取一部分用来分析研究的个体称为样本。它作为总体的代表，用来估计总体一般特性。如测定 2021 年某大豆示范区某品种单株生产力，可以随机抽取若干个单株进行调查，这若干个单株组成的群体就是样本。组成样本的各个个体叫样本单元，样本所包含的单元数叫样本容量，也叫样本含量，用字母 n 来表示。在农业生物学实验中，样本容量 $n \geqslant 30$ 的样本叫大样本，样本容量 $n<30$ 的样本叫小样本。只有随机从总体中抽取的样本，才能无偏地估计总体。

（三）特征数、参数与统计数

1. 特征数

同一总体的各个体间在性状或特性表现上有差异，因而总体内的个体间呈现不同或者说呈现变异。例如在栽培条件相对一致的试验地种植同一品种的玉米，由于受到许多偶然因素的影响，它们的植株高度不会完全一致。可以抽出 100 株玉米测量其植株的株高，进而算出这 100 株玉米的平均株高。这种每一个个体的某一性状、特性的测定数值叫作观测值（也称观察值）。由观测值算得的说明总体或样本特征的数值称为特征数，如平均数、标准差、方差等。

2. 参数与统计数

由总体的全部观察值计算得到的总体特征数称为参数。参数是恒定不变的常量，常用希腊字母表示，如总体平均数 μ、总体标准差 σ。参数是反映事物总体规律性的数值，科学研究的目的就在于求得对总体参数的了解。但在实际试验和科学研究的过程中，由于总体所包含的个体太大，取得总体的全部观察值过于麻烦，因而常用样本观测值来代表总体的观测值。由样本观察值计算得到的样本特征数为统计数。统计数是估计值，根据样本不同而不同，常用小写拉丁字母表示，如样本平均数（$\bar{x}$）、样本标准差（s）。

二、试验资料的类别与整理

（一）试验资料的类别

试验资料因所反映的研究性状不同而有不同的性质，一般可分为数量性状资料和质量性状资料两大类。

1. 数量性状资料

又可分为连续性变数资料和间断性变数资料。

（1）连续性变数资料　又称计量资料，是指通过称量、度量、测量、分析化验等方法所得的数据。如面积、长度、高度、重量、产量、硬度以及养分含量等数据。其特点是各个观测值不限于整数，即在两个数值之间可以有微量差异的其他数值存在。而表示这种差异的小数点位数，则因测量工具的精度不同而不同。

（2）间断性变数资料　又称计数资料，是指通过计数的方法所得的数据。如果实数、花朵数、叶片数、病斑数、死亡株数等。其特点是各个观测值只能是整数，相邻数值间不可能有带小数点的数存在。

2. 质量性状资料

是指只能通过观察、分类和文字描述等获得而不能测量的性状资料。如根、茎、叶、花、果实等植物器官的颜色或有无茸毛、针刺等特征，以及抗病、抗逆能力等性状。为了获得这类性状资料的直观信息，需将其转变成数字资料。常用方法有两种：

（1）分组统计数字法　简称分组法。即按属性性状将其分成两组或多组，然后分别统计各组的次数。如种子发芽试验，供试验种子 1000 粒，得发芽数为 890 粒，未发芽数为 110 粒，可知其发芽率为 89%，从而对这类资料的信息了解更直观。

（2）分级统计数字法　简称分级法。即将某种属性性状按其差异程度分成若干级别，并给某一级别一个适当的代表数值，然后分别统计各级别出现的次数。例如，鉴定黄瓜对黄瓜细菌性角斑病的抗性，在田间调查时可按病叶多少、病斑大小分成四个等级，其代表数值依次为 0、1、2、3。即不发病为 0 级；只有少数叶上有病斑的为 1 级；部分叶有小斑或中斑，病叶数不超过全株叶片数 1/2 的为 2 级；病叶数超过全株叶片数 1/2 的为 3 级。

以上两种方法所获得的质量性状数据，都属于间断性变数资料。

（二）试验资料的整理

从试验观测记载所获得的原始资料一般是杂乱无章的，必须加以整理才能看出规律，通常做成次数分布表或分布图，不同性状资料的整理方法不同。

1. 数量性状资料的整理

（1）连续性变数资料的整理　一般采用组限式分组法。即将全部观测值按大小分成若干组，列成次数分布表。

【例 3-1】 调查小区水稻产量，所得资料见表 3-1。

表 3-1　100 个小区水稻产量记载表（小区面积 1m²）　　单位：10g

55.5	54.0	58.5	54.0	51.0	52.5	49.5	46.5	57.0	51.0
69.0	52.5	58.5	49.5	61.5	49.5	48.0	51.0	61.5	48.0
57.0	57.0	63.0	49.5	58.5	58.5	45.0	57.0	58.5	49.5
57.0	51.0	49.5	52.5	61.5	46.5	51.0	52.5	58.5	45.0
58.5	52.5	54.0	51.0	54.0	52.5	55.5	52.5	54.0	48.0
52.5	55.5	54.0	42.0	52.5	52.5	54.0	49.5	57.0	41.5
52.5	55.5	57.0	45.0	42.0	54.0	55.5	52.5	49.5	45.0
52.5	54.0	52.5	52.5	52.5	51.0	52.5	45.0	54.0	45.0
54.0	52.5	57.0	54.0	46.5	49.5	48.0	49.5	52.5	51.0
49.5	48.0	51.0	49.5	51.0	55.5	54.0	48.0	51.0	48.0

表 3-2　100 个小区水稻产量的依次表（小区面积 $1m^2$）　　单位：10g

41.5	46.5	49.5	49.5	51.0	52.5	52.5	54.0	57.0	58.5
42.0	46.5	49.5	51.0	51.0	52.5	54.0	54.0	57.0	58.5
42.0	48.0	49.5	51.0	52.5	52.5	54.0	54.0	57.0	58.5
45.0	48.0	49.5	51.0	52.5	52.5	54.0	54.0	57.0	58.5
45.0	48.0	49.5	51.0	52.5	52.5	54.0	55.5	57.0	58.5
45.0	48.0	49.5	51.0	52.5	52.5	54.0	55.5	57.0	61.5
45.0	48.0	49.5	51.0	52.5	52.5	54.0	55.5	57.0	61.5
45.0	48.0	49.5	51.0	52.5	52.5	54.0	55.5	57.0	61.5
45.0	48.0	49.5	51.0	52.5	52.5	54.0	55.5	58.5	65.5
46.5	49.5	49.5	51.0	52.5	52.5	54.0	55.5	58.5	69.0

具体步骤如下：

第一步：整列。将表中数据从小到大排列，做成依次表（表 3-2）。

第二步：求极差（R）。R＝最大值－最小值。本例 $R=69-41.5=27.5$

第三步：分组。

① 确定组数　分组要恰当才能充分揭示其集中和变异的特点。分组过多，组内观测值的差距过小，各组的代表值——组中值仍然很分散，看不出数据分布的特点，也达不到简化计算的目的；分组过少，组内观测值差距过大，则组中值的代表性较差，据此算得的统计数也就不准确。一般按表 3-3 来确定。

表 3-3　不同样本容量适宜分组数

样本容量(n)	分组数
40～60	6～8
60～100	7～9
100～200	8～12
200～500	12～17
500 以上	17～20

本例为 $n=100$，故取 7 组。

② 确定组距（i）　$i=R/$组数。为便于计算，组距最好取整数。本例应 $i=27.5/7=3.93$，取组距为 4。

③ 确定组限和组中值　组限是各组数值的起止范围，分为上限（U），组内最大值；下限（L），组内最小值。组中值（m）为上限与下限的和除以 2，即 $m=(U+L)/2$。

首先，确定第一组的组中值和组限。组中值最好取整数或末位为 5 的小数，以便于计算。第一组的组中值以稍大于或等于全资料的最小值为好。本例为 41.5。第二组的组中值为第一组的组中值加上组距，以此类推。然后上限 $U=m+\frac{1}{2}$组距，下限 $L=m-\frac{1}{2}$组距。这里需注意：组限的数值应比变量多一位小数，以便于归组。本例第一组的 $U=41.5+4/2=43.5$，取 43.55，$L=41.5-4/2=39.5$，取 39.55。

第四步：列次数分布表，如表 3-4 所示，统计各组变量出现的次数、频率和累积频率。

表 3-4　100 个小区水稻产量的次数分布表（小区面积 $1m^2$）　　单位：10g

组限	组中值	次数 f	频率/%	累积频率/%
39.55～43.55	41.5	3	3	3
43.55～47.55	45.5	9	9	12

续表

组限	组中值	次数 f	频率/%	累积频率/%
47.55～51.55	49.5	30	30	42
51.55～55.55	53.5	38	38	80
55.55～59.55	57.5	15	15	95
59.55～63.55	61.5	3	3	98
63.55～67.55	65.5	1	1	99
67.55～71.55	69.5	1	1	100

从表中可以得到如下信息：

① 该地小区水稻产量的变异范围在41.5～69.0之间。

② 该地小区水稻产量大部分在47.5～55.5之间，占68%，其中尤以51.5～55.5为最多。

(2) 间断性变数资料的整理　间断性变数资料（计数资料）的整理因观测值多少和变异幅度（离散程度）不同而分两种情况：

① 组限式分组法　观测值较多、变异幅度较大时，用组限式分组法。但有两点与连续性变数资料有区别：第一，各组组限必须用整数；第二，前一组的上限与后一组的下限数值不能相等，以免归类统计时发生混乱。

【例3-2】 某年某品种大豆结荚性试验，调查其100株大豆结荚数，并按组限法将数据分组整理如表3-5所示。(本例 $n=100$，故分7组。$R=96-62=34$，故 $i=34\div7=4.85\approx5$)

表3-5　某年某大豆品种100株结荚数次数分布

组限	组中值 m	次数 f	频率/%	累积频率/%
62～66	64	2	2	2
67～71	69	5	5	7
72～76	74	9	9	16
77～81	79	50	50	66
82～86	84	26	26	92
87～91	89	7	7	99
92～96	94	1	1	100

② 单项分组法　观测值较多、变异幅度较小时，用单项分组法。

【例3-3】 研究国光苹果每花序花朵数，调查500个花序，得数据整理如表3-6所示。

表3-6　国光苹果500个花序花朵数的次数分布

每花序花朵数(组中值 m)	花序数 f	频率/%	累积频率/%
3	10	2	2
4	65	13	15
5	190	38	53
6	180	36	89
7	55	11	100

由表3-6资料可以看出：国光苹果每花序花朵数一般为4～7朵（占98%），多数为5～6朵（占74%）。

2. 质量性状资料的整理

一般采用单项分组法。即将资料按属性分组，然后分别统计各组出现的次数，做成次数分布表。

【例 3-4】有人在施磷肥和喷了 B_9 后调查红星苹果果实着色状况。按着色面积大小分为五级：1 级——不着色；2 级——果面 1/3 以下着色；3 级——果面 1/3～2/3 着色；4 级——果面 2/3 以上着色；5 级——全面着色。随机抽样调查 207 个果实，将所得数据整理为表 3-7。

表 3-7　施磷、喷 B_9 处理下不同着色级别红星苹果果实的次数分布

着色级别	次数 f	频率/%	累积频率/%
1	7	3.38	3.38
2	53	25.61	28.99
3	97	46.86	75.85
4	36	17.39	93.24
5	14	6.76	100.0

由表 3-7 可知，本试验在施磷肥和喷 B_9 处理下，红星苹果果实着色多数为 3 级（占 46.86%）和 2 级（占 25.61%）。

3. 统计表的制作

科研资料的搜集和整理离不开统计表。科学的统计表可以提高调查统计工作效率，准确、简明地说明试验结果。常用的统计表大致可分为三类。

第一类：调查记载表，用于记载原始数据，即按调查项目逐个记载观测值。如表 3-1。

第二类：整理计算表，用于整理观测值和计算统计数。如前面的次数分布表和以后要介绍的各类统计数的计算表。

第三类：汇总分析表，用于对各项试验资料进行归纳、检验分析和比较，以说明试验研究的结论。如表 3-8。

一张完整的统计表包括表题、表头、表身和注释 4 个部分。

① 表题　表题要简明概括，若转引他人试验材料，应在表题下用括号标明作者、年份和地点。计量单位可视需要在表的右上角或表头栏目中分别标明。

② 表头　包括纵表头和横表头，纵表头分列试验处理或研究性状，横表头分列处理效果或性状表现的各种指标。

③ 表身　表身指除表头以外的各行、各列，用于填写各类数据。注意数据的小数点位数应一致，表身不应有空格，如缺失数据，应在相应的格内画一横线。

④ 注释　表内加注的常见形式是在表的右端或下端设“备注”栏。表外加注释时用“注：”或“①”标在表题最后一字的右上角（表示对表身的内容加注）或栏目名称的右上角（表示对该栏目内容加注），然后在表的封底线下方标出“注：”或阳码①、②，并写明注释文字。

表 3-8　不同施肥方式对玉米产量构成因素的影响①（杨丽坤等，2022 年，保山市）

不同施肥方式处理	株高/cm	穗位高/cm	有效穗/hm^2	穗长/cm	穗粗/cm	秃尖/cm	穗行数	行粒数	穗粒数	千粒重/g
1	227.0bA	90.3cA	59475a	16.7a	4.91a	0.17dD	16.9a	39.1abA	660.8abA	280.3a
2	235.8aA	96.2abA	60135a	16.7a	4.91a	0.17dD	17.6a	37.9abA	667.0aA	283.1a
3	241.1aA	99.4aA	60240a	16.6a	4.82a	0.24cC	17.1a	38.7abA	661.8aA	278.4a
4	230.5aA	90.9cA	60465a	16.4a	4.82a	0.35aA	16.7a	37.5bA	626.3bA	271.7a
5	235.6aA	92.8bcA	60135a	17.1a	4.90a	0.25cC	17.1a	39.0abA	666.9aA	282.0a
6	232.7aA	91.2bcA	60690a	17.0a	4.88a	0.29bB	16.7a	39.8aA	664.7aA	274.2a
7	232.8aA	90.6cA	60255a	16.9a	4.82a	0.30bB	16.7a	38.8abA	648.0abA	272.1a

① 小写字母表示新复极差检验 5%显著性，大写字母表示新复极差检验 1%显著性。

4. 次数分布图

试验资料除用次数分布表表示外，还可以用次数分布图表示。用来表示资料的分布情况的图形叫次数分布图。次数分布图可以直观、形象地显示资料的数量特征。常用的次数分布图有柱形图、折线图、条形图和圆形图等。连续性变数资料一般用柱形图或折线图，间断性变数资料用条形图，而圆形图则适用于百分数资料。目前，次数分布图可以手工完成，也可借助计算机完成，可以完成次数分布图的软件有 Excel、DPS 等。

（1）折线图　例如，将表 3-4 资料绘成次数分布折线图（图 3-1）。若在一幅图上同时表示几个次数分布，宜用折线图。绘制要点是：

① 横轴 x 以组中值划分，纵轴 y 仍以次数划分，连接各坐标点即可。

② 多边形折线左边第一组延长半个组距与横轴相交，右边最后一组延长半个组距与横轴相交。

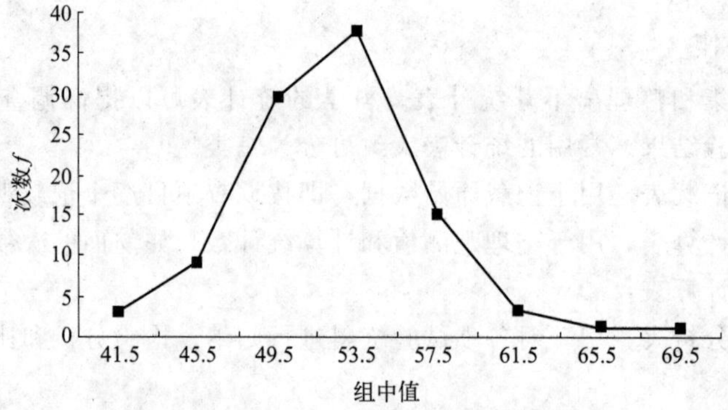

图 3-1　100 个小区水稻产量次数分布折线图

（2）条形图　例如，将表 3-4 资料绘成次数分布条形图（图 3-2）。绘制要点是：

① 以组中值或属性级别划分横轴，仍以次数作纵轴。

② 按属性级别排列，分组时不用折断号（如本例）。

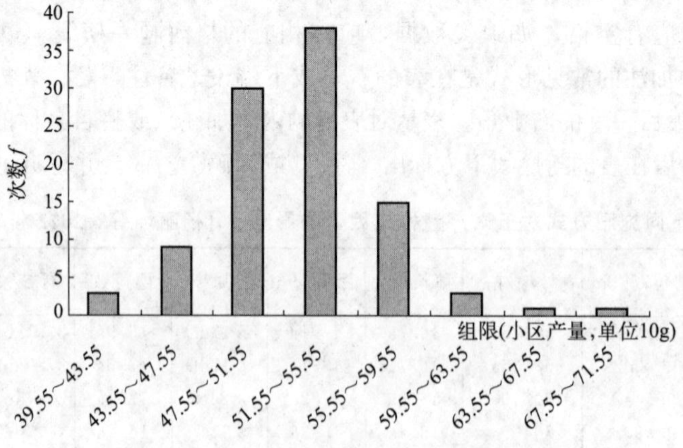

图 3-2　100 个小区水稻产量次数条形图

（3）饼图　绘制要点是：

① 将各项数据换算成百分率。

② 将百分率再换算成圆心角（表 3-9）。

③ 作饼形图时以大小不同圆心角去表示不同大小的百分率。例如，表 3-5 资料也可绘成饼图（图 3-3）。

表 3-9　表 3-5 资料百分率圆心角的换算

序号	组中值 m	次数 f	百分率/%	圆心角/(°)
1	64	2	2	7.2
2	69	5	5	18
3	74	9	9	32.4
4	79	50	50	180
5	84	26	26	93.6
6	89	7	7	25.2
7	94	1	1	3.6

三、平均数和变异数

在试验过程中会发现，尽管严格按照试验原理和操作规程进行，但试验数据并不完全相同。仔细分析会发现这些变量都具有趋中性和离中性这两个既对立又统一的基本特征。趋中性说明变数有以某一数值为中心分布的趋势，而离中性说明变数同时又具有背离中心数值而分布的倾向。对一个具体的变数来说，趋中性强时，离中性就弱；反之，离中性强时，趋中性就弱。这两个性质对试验结论有至关重要的作用，生物统计中用平均数和变异数来反映一个变数的这两种特征。

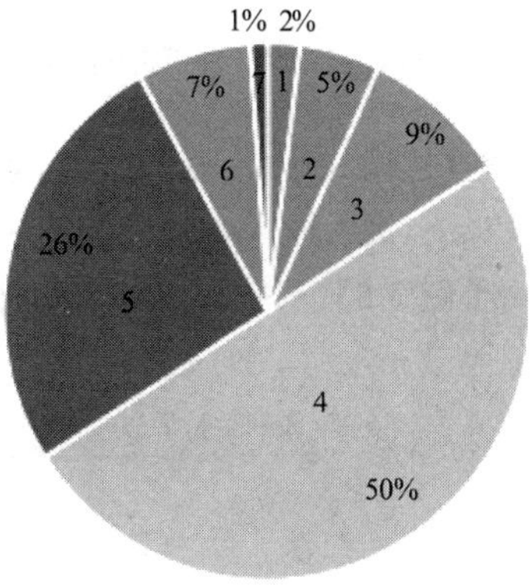

图 3-3　表 3-9 百分比饼图

（一）平均数

反映变数趋中性的特征数称为平均数，是一组资料的代表值，并且可作为资料的代表与另一组资料相比较，借以明确两者之间相差的情况。

1. 平均数的种类和意义

平均数的种类较多，其中主要有算术平均数、中位数、众数与几何平均数等。

(1) 算术平均数　一个数量资料中各个观察值之和除以变量的个数所得的商为算术平均数，用 $\bar{x}$ 来表示，其数值大小与变数中每个变量数值的大小有关。换句话说，它能反映变数中各个变量的变异信息，所以是最为理想的代表数，在统计中应用最广。因此，常简称平均数或均数。

(2) 中位数　经过整列的变数内处于中间位置的数称为中位数，用 M_d 表示。如变量的数目是偶数，则中位数为处于中间位置的两个变量的平均值。例如，变数内有 5、7、10、12、13 五个变量时的中位数为 10，而有 5、7、10、11、12、14 六个变量时，则其中位数为 1/2(10+11)=11.5。中位数的特点是，数值大小只与处于中间位置的变量的数值有关，所以代表性一般较差。只有当变量的差异范围小时，才有较好的代表性。

(3) 众数　一组资料中出现最多的一个观察值或次数最多一组的组中值称为众数，常用

M_0 表示。由于其数值大小也与其他数值无关，所以也不是变数理想的代表值。

(4) 几何平均数　如有 n 个观察值，其相乘积开 n 次方，即为几何平均数，用 G 表示。

$$G=\sqrt[n]{x_1x_2x_3\cdots x_n}$$

2. 算术平均数的计算方法

算术平均数的计算可视样本大小及分组情况而采用不同的方法。如果样本较小，即资料包含的观察值个数不多，直接计算算术平均数；若样本较大，且已进行了分组，可采用加权法计算算术平均数

(1) 直接法　小样本或容量小的有限总体资料用此法计算。

$$\bar{x}=\frac{x_1+x_2+x_3+\cdots+x_n}{n}=\frac{\sum_{i=1}^{n}x_i}{n}=\frac{\sum x}{n} \tag{3-1}$$

$$\mu=\frac{x_1+x_2+x_3+\cdots+x_N}{N}=\frac{\sum_{i=1}^{N}x_i}{N}=\frac{\sum x}{N} \tag{3-2}$$

上述两式中，x 代表变量或观测值；$\bar{x}$ 代表平均数，是对参数 μ 的估计值；μ 代表总体平均数；n 为样本含量；N 为总体含量。

【例 3-5】从一批苹果中随机抽取 10 个苹果，测验可溶性固形物含量（%），得数据：12.3、13.7、13.6、12.8、11.9、10.8、11.7、13.4、11.0、13.8，求平均数。

$$\bar{x}=\frac{12.3+13.7+13.6+12.8+11.9+10.8+11.7+13.4+11.0+13.8}{10}=12.5$$

(2) 加权法　大样本或容量很大的有限总体，其数据已整理成次数分布表的，用此法计算。该方法是用各组的组中值乘以该组的次数，所得的积累加，再除以总次数。

$$\bar{x}=\frac{f_1x_1+f_2x_2+\cdots+f_px_p}{f_1+f_2+\cdots+f_p}=\frac{\sum_{1}^{p}fx}{\sum_{1}^{p}f}=\frac{\sum fx}{n} \tag{3-3}$$

$$\mu=\frac{f_1x_1+f_2x_2+\cdots+f_Px_P}{f_1+f_2+\cdots+f_P}=\frac{\sum_{1}^{P}fx}{\sum_{1}^{P}f}=\frac{\sum fx}{N} \tag{3-4}$$

以表 3-4 资料为例，用加权法计算平均数，结果如表 3-10 所示。

表 3-10　对表 3-4 资料平均数的计算

组限	组中值	次数 f	fx
39.55～43.55	41.5	3	124.5
43.55～47.55	45.5	9	409.5
47.55～51.55	49.5	30	1485
51.55～55.55	53.5	38	2033
55.55～59.55	57.5	15	862.5
59.55～63.55	61.5	3	184.5
63.55～67.55	65.5	1	65.5
67.55～71.55	69.5	1	69.5

$$\bar{x}=\frac{\sum fx}{n}=\frac{124.5+409.5+1485+2033+862.5+184.5+65.5+69.5}{3+9+30+38+15+3+1+1}$$
$$=\frac{5234}{100}=52.34$$

3. 算术平均数的性质

① 各个观察值与平均数的差数的总和等于零，即离均差代数和等于零。

$$\sum_{i=1}^{n}(x_i-\bar{x})=\sum(x_i-\bar{x})=0$$

② 样本各观察值与其平均数的差数平方的总和，较各个观察值与任意其他数值的差数平方的总和小，即离均差的平方总和最小。

$$\sum(x-a)^2>\sum(x-\bar{x})^2$$

（二）变异数

平均数的代表性如何，取决于观察值的变异程度。表示变异程度的数称为变异数，变异数较多，主要有极差、方差、标准差、变异系数等。

1. 极差

资料中的最大值 $x_{\max}$ 与最小值 $x_{\min}$ 的差数为极差，也叫作全距，用 R 表示。

$$R=x_{\max}-x_{\min} \tag{3-5}$$

【例 3-6】 测定 A、B 两大豆品种的脂肪含量，结果如表 3-11 所示。

表 3-11　A、B 两大豆品种的脂肪含量　　单位：%

品种	脂肪含量										总和	平均数	极差
A	20.7	20.1	19.3	19.7	20.8	19.5	20.6	19.7	19.5	19.9	199.8	19.98	1.5
B	18.9	20.1	19.3	19.7	21.4	19.4	20.6	19.7	20.6	20.1	199.8	19.98	2.5

A、B 两个品种脂肪含量均为 19.98%，但 A 品种极差小，为 1.5%，B 品种极差大，为 2.5%，也就是在变异上 B 品种大于 A 品种。

极差对变异程度有所说明，但是它只利用两个极端值，没利用全部观察值，所以说它是有缺陷的。所以用极差只能粗略地估计变数的离散度，要准确说明变数的离散度，应该用方差和标准差这样的特征数。

2. 方差

要正确反映资料的变异度，比较理想的方法是根据全部观察值来度量资料的变异度。平均数是样本的代表值，用它来作为标准比较合理。对含有 n 个观察值的样本，其各个观察值为 x_1、x_2、x_3……x_n，将每个观察值与 $\bar{x}$ 相减，即可得离均差。如果各离均差相加，其总和等于零，则不能反映变异度的大小。如果把各个离均差平方相加得离均差的平方和，就解决了这个问题，简称平方和，用 SS 表示。公式如下：

$$\text{样本 } SS=\sum(x-\bar{x})^2 \tag{3-6}$$

$$\text{总体 } SS=\sum(x-\mu)^2 \tag{3-7}$$

式中，x 为观察值；$\bar{x}$ 为平均数。在利用平方和表示资料的变异度时，也有缺点，受观察值的个数影响。如果将平方和除以观察值的个数，就不受观察值的个数的影响，而成为平均平方和，简称方差或均方。样本方差用s^2表示，总体方差用σ^2表示。其定义为：

$$s^2=\frac{\sum(x-\bar{x})^2}{n-1} \tag{3-8}$$

$$\sigma^2=\frac{\sum(x-\mu)^2}{N} \tag{3-9}$$

$n-1$为自由度。自由度是观察值的独立值的数目，或者说是能够自由活动的观察值的数目。样本标准差不以样本容量n作为除数，而以$n-1$作为除数，这是因为，虽然研究的是总体，但总体一般不知道，用样本去估计总体，但是$\mu\neq\bar{x}$。根据算术平均数的性质$\sum(x-\bar{x})^2=$最小，所以$\sum(x-\bar{x})^2<\sum(x-\mu)^2$。如果用样本的标准差估计总体的标准差，则数据偏低。若以$n-1$去除，则数值变大，纠正了偏差。从自由度的定义看，对于一个有n个观察值的样本，在每一个x与$\bar{x}$比较时，受$\sum(x-\bar{x})=0$的限制，其样本观察值只能有$n-1$个是自由的。例如，有5个观察值，样本平均数$\bar{x}$为5，假定已知4个数值为6、4、3、7，那么第五个值只能是2，这样才符合离均差总和等于零的特性。因此，$\nu=n-1=5-1=4$。如果样本资料所含变量有n个，而计算其样本方差（或其他变异数）时所用的平均数有k个，则其自由度的数值就将是$\nu=n-k$。总之，自由度的数值等于样本或资料内变量个数减去制约其自由取值统计数（如平均数等）的个数。

3. 标准差

在计算方差时，由于离均差取了平方值，因而它的量值和单位与原始变量是不一致的，将其开方，则恢复到原来的单位，此时叫作标准差。所以标准差是方差的算术平方根值。

$$s=\sqrt{\frac{\sum(x-\bar{x})^2}{n-1}} \tag{3-10}$$

$$\sigma=\sqrt{\frac{\sum(x-\mu)^2}{N}} \tag{3-11}$$

式(3-10)和式(3-11)中，s表示样本标准差；$\bar{x}$为样本平均数；$(n-1)$为自由度或记为$\nu=n-1$；σ为总体标准差；μ为总体平均数；N为有限总体所包含的个体数。

标准差的计算分小样本和大样本

① 小样本未分组资料计算标准差的方法：直接法、矫正数法

$$s=\sqrt{\frac{\sum(x-\bar{x})^2}{n-1}} \tag{3-12}$$

也可以转化得：

$$s=\sqrt{\frac{\sum x^2-\frac{(\sum x)^2}{n}}{n-1}} \tag{3-13}$$

式中，$\frac{(\sum x)^2}{n}$为矫正数，记作C。故也称矫正数法。

【例 3-7】 测得10个元帅苹果可溶性固形物（%）如下：14.0、12.0、13.6、13.6、14.0、13.0、14.0、13.6、15.0、13.2，求标准差。

根据已有数据计算平均值、离均差平方和，结果见表3-12。

表 3-12　标准差计算表

x	$x-\overline{x}$	$(x-\overline{x})^2$	x^2
14.0	0.4	0.16	196.0
12.0	−1.6	2.56	144.0
13.6	0	0	184.96
13.6	0	0	184.96
14.0	0.4	0.16	196.0
13.0	−0.6	0.36	169.0
14.0	0.4	0.16	196.0
13.6	0	0	184.96
15.0	1.4	1.96	225.0
13.2	−0.4	0.16	174.24
$\overline{x}=13.6$	0	$\sum(x-\overline{x})^2=5.52$	$\sum x^2=1855.12$

由表 3-12 数值代入式(3-12) 和式(3-13) 得：

$$s=\sqrt{\frac{\sum(x-\overline{x})^2}{n-1}}=\sqrt{\frac{5.52}{10-1}}=0.78(\%)$$

$$s=\sqrt{\frac{\sum x^2-\frac{(\sum x)^2}{n}}{n-1}}=\sqrt{\frac{1855.12-\frac{136^2}{10}}{10-1}}=\sqrt{\frac{5.52}{9}}=0.78(\%)$$

② 大样本分组资料计算标准差方法：

$$s=\sqrt{\frac{\sum f(x-\overline{x})^2}{n-1}} \tag{3-14}$$

$$s=\sqrt{\frac{\sum fx^2-\frac{(\sum fx)^2}{n}}{n-1}} \tag{3-15}$$

标准差计算结果见表 3-13。

表 3-13　标准差计算表

组中值 x	次数 f	fx	$x-\overline{x}$	$(x-\overline{x})^2$	$f(x-\overline{x})^2$	fx^2
22	8	176	−17.55	308.00	2464.00	3872
27	11	297	−12.55	157.50	1732.50	8019
32	13	416	−7.55	57.00	741.00	13312
37	17	629	−2.55	6.50	110.50	23273
42	19	798	2.45	6.00	114.00	33516
47	15	705	7.45	55.50	832.50	33135
52	10	520	12.45	155.00	1550.00	27040
57	4	228	17.45	304.50	1218.00	12996
62	3	186	22.45	504.00	1512.00	11532
总和	100	3955			10274.50	166695

将表 3-13 数值代入式(3-12) 和式(3-13) 得：

$$s=\sqrt{\frac{\sum f(x-\overline{x})^2}{n-1}}=\sqrt{\frac{10274.50}{100-1}}=10.19(\text{cm})$$

$$s=\sqrt{\frac{\sum fx^2-\frac{(\sum fx)^2}{n}}{n-1}}=\sqrt{\frac{166695-\frac{(3955)^2}{100}}{100-1}}=10.19(\text{cm})$$

4. 变异系数

要比较不同资料间的离中变异程度，常不能直接用标准差。首先是由于标准差具有一定的度量单位，这样度量单位不同的资料间就不能用标准差直接比较。其次，标准差是个绝对数，其大小取决于平均数的大小，因此平均数大小不同的资料也不能用标准差进行比较。为此，需要有一个既能表示离中变异程度又不带单位的特征数，这就是变异系数，用 CV 表示。变异系数是标准差在平均数中所占的百分率，表示资料内各变量的相对离中变异量。公式为：

$$CV=\frac{s}{\bar{x}}\times 100\% \tag{3-16}$$

【例 3-8】 某大豆脂肪含量 $\bar{x}_1 \pm s_1=21\% \pm 0.5\%$，百粒重 $\bar{x}_2 \pm s_2=22\text{g} \pm 1.0\text{g}$，试比较这两个样本资料的变异度。

解：由于脂肪含量和百粒重这两个样本的度量单位不同，不能以标准差作比较，应计算变异系数再作比较

脂肪含量样本：$CV=\frac{s}{\bar{x}}\times 100\%=\frac{0.5}{21}\times 100\%=2.38\%$

百粒重样本：$CV=\frac{s}{\bar{x}}\times 100\%=\frac{1}{22}\times 100\%=4.54\%$

计算结果：4.54%>2.38%，百粒重的变异度大于油分含量的变异度。

【例 3-9】 葡萄某品种果穗上有许多性状如表 3-14 所示，其平均数、标准差及单位各不相同，用变异系数表示其大小。

表 3-14 葡萄某品种果穗的性状变异

性状	平均数	标准差	变异系数 CV/%
每穗小穗数	18 穗	2 穗	11.1
每穗颗粒数	42 粒	8 粒	19.0
每穗颗粒重	6.8g	2.0g	29.4
全穗重	340g	130.0g	38.2

从表 3-14 可以看出，变异程度最大为全穗重，变异程度最小为每穗小穗数。

任务二 理论分布和抽样分布

【知识目标】 了解随机事件、统计概率等基本概念；了解二项分布、正态分布的概念及概率计算，理解正态分布曲线特点；理解小概率实际不可能性原理及其应用。

【技能目标】 具备计算二项分布、正态分布概率的能力，能够独立（或协作）完成标准正态分布表及几个主要函数的使用。

【素质目标】 培养学生的感性认识与理性认识及理论联系实际的职业素养，培养学生实事求是的学风和分析问题、解决问题的基本能力。

研究样本，不仅是要了解样本本身的特征，更重要的是要通过样本的结果（统计数）来推断总体的特征（参数）。变数的总体分布规律称为理论分布。理论分布主要有二项分布、正态分布等，它是以概率来描述的。

一、事件与概率

1. 事件

某一事物的每一个现象，或某项试验的每一结果为事件。客观事物中，有些现象或试验结果在一定条件下一定发生，这种事件叫必然事件。例如，在适宜的温度和湿度下正常的种子一定发芽；在标准大气压下，水加热到100℃一定沸腾。相反，有些现象或结果，如没有生活力的种子播种后一定不发芽等，这种在一定条件下一定不发生的事件叫不可能事件。必然事件和不可能事件都是事前可预言其结果的。还有些现象或结果，如调查1000粒玉米种子在适宜条件下的田间出苗情况，则有的出苗，有的不出苗；掷一枚质地均匀的硬币，可能币值一面朝上，也可能币值一面朝下，事前并不能确定。这种在一定条件下可能发生也可能不发生的事件叫随机事件或偶然事件。

不同事件间存在着一定的关系，了解事件间的相互关系，有助于认识较为复杂的事件。

（1）和事件　事件A与事件B至少有一个发生，这一新事件称为事件A与事件B的和，记作“A+B”。例如，每穴播2粒玉米种子，一粒出苗称事件A，两粒出苗称事件B，则事件A与事件B的和事件就是出苗（包括一粒出苗或两粒出苗）。

（2）积事件　事件A与事件B同时发生，这一新事件称为事件A与事件B的积，记作“AB”。例如，棉花生产中，高产为事件A，优质为事件B，则二者的积事件就是高产优质。

（3）互斥事件　如果事件A与事件B不能同时发生，则称事件A和事件B为互斥事件或不相容事件。如一个黑色袋子里装有红、黄两种颜色的球，每次从中摸一个球，所摸的球要么红球，要么黄球，因此红球和黄球事件为互斥事件。

以上三种事件可以推广到n个事件。

（4）对立事件　如果事件A和事件B必发生其一，但又不能同时发生，则事件A和事件B为对立事件。即“A+B”是必然事件，“AB”是互斥事件。如一粒种子的出苗与不出苗；还有上例中一个黑色袋子里装有红、黄两种不同颜色的球，每次从中摸一个球，所摸的球要么红球，要么黄球，红球和黄球也是对立事件。

（5）独立事件　若事件A发生与否不影响事件B发生的可能性，事件B发生与否也不影响事件A发生的可能性，则二者为独立事件。玉米直播，每穴播3粒，每粒种子出苗与否并不影响其他几粒的出苗情况。

（6）完全事件系　若A1、A2……An互为互斥事件，但必发生其一，则称A_1、A_2……An为完全事件系。如从5种颜色的球中每次抽取一种颜色的球作为一个事件，就可能有5种不同的事件，而这5种不同事件不可能同时出现，但必发生其一，这5种事件称为完全事件系。

2. 频率与概率

对于随机事件，在一次试验中其发生与否带有很大的偶然性，要研究其发生的规律性，就必须进行大量的重复观察或试验。若随机事件A在n次试验中发生了m次，则比值m/n叫作n次试验中随机事件A发生的频率。

【例 3-10】 为了解一批水稻种子的发芽情况，若分别抽取 10 粒、50 粒、200 粒、500 粒、1000 粒种子，在相同的条件下进行发芽试验，统计结果见表 3-15。

表 3-15　水稻种子发芽试验统计结果

发芽试验总粒数 n	5	50	100	200	500	1000
种子发芽粒数 a	5	46	94	185	480	939
种子发芽的频率 a/n	1.000	0.92	0.94	0.925	0.96	0.939

由表 3-15 可以看出，在不同粒数的种子发芽试验中，每次发芽的粒数是随机的，但随着试验种子数的不断增加，发芽的频率越来越接近于 0.94。因此，用 0.94 表示这批水稻种子发芽的可能性是比较适宜的。即此批水稻种子发芽的概率是 0.94。这种通过大量试验而得到的度量随机事件出现的可能性的量，叫统计概率或概率。由此，概率可定义为：在相似条件下，重复进行同一类试验，事件 A 发生的频率 m/n 随着试验总次数 n 的逐渐增加，愈来愈稳定于一个定值 p，这个定值 p 称为事件 A 的概率，记为：

$$P(\mathrm{A})=p\approx m/n$$

概率是描述随机事件发生可能性大小的数量指标，对随机事件 A，有 $0<P(\mathrm{A})<1$。

3. 小概率事件实际不可能性原理

概率表示随机事件在一次试验中发生的可能性大小。若事件 A 发生的概率很小，如小于 0.05 或 0.01，则称事件 A 为小概率事件。小概率事件不是不可能事件，但在一次试验中发生的可能性很小，以至于人们将它看作是不可能事件。这种把小概率事件在一次试验中人为地看作是不可能事件，称为小概率事件实际不可能性原理。该原理是统计假设检验的基本原理，下一节将详细叙述该原理的具体应用。多大概率可以认为是小概率呢？小概率在不同的实际问题中有不同的标准，在农业生产和科学研究中多采用 0.05 和 0.01 这两个标准。

二、二项分布

（一）二项分布的概念

在农业科学研究中，经常会遇到种子出苗或不出苗、害虫的死或活、品种抗病或感病等非此即彼、二者必居其一的对立事件，即可以将总体中的全部个体区分为两类，这种由两类事件构成的总体叫二项总体。

在二项总体中，若“此事件”的概率记为 p，则“彼事件”的概率记为 $1-p$。

从二项总体中随机抽取 n 个个体，若属于“此事件”的个体为 x 个，则属于“彼事件”的个体为 $n-x$ 个，在每一次抽样中，随机变数 X 的取值范围为 0、1、2……n，共 $n+1$ 种，X 的这 $n+1$ 种取值各有其概率，这些概率的分布称为二项分布。

在农业科学试验中，存在着大量的非此即彼的事件，其规律性多数都可以用二项分布来描述，所以二项分布是最常见的离散性随机变量的概率分布。

要描述一个总体，其总体平均数和标准差（或方差）是最重要的参数。

（二）二项分布的概率函数及计算

在二项总体中，如果在一次试验中事件 A 发生的概率为 p，那么在 n 次独立重复试验中事件 A 恰好发生 x 次的概率为：

$$f(x)=C_n^x p^x(1-p)^{n-x} \tag{3-17}$$

这是二项分布的概率密度函数式，

式中，$f(x)$为n次试验中事件A发生x次的概率，$x=0$、1、2……n；p为事件A发生的概率；C_n^x是系数，$C_n^k=\frac{n!}{k!\ (n-k)!}$。　(3-18)

【例 3-11】 抛7枚硬币于地面，试计算出现不同正面数（0、1、2、3、4、5、6、7）的概率：

（1）每种情况的概率。

（2）至少有一枚正面的概率。

解：若x表示硬币正面的事件，则正面数x有0、1、2、3、4、5、6、7共8种情况。

（1）每种正面数的概率分别为：

$f(x=7)=C_7^7\times0.5^7\times0.5^0=1\times0.5^7\times0.5^0=0.008$

$f(x=6)=C_7^6\times0.5^6\times0.5^1=\frac{7!}{6!\ (7-6)!}\times0.5^6\times0.5^1=0.055$

$f(x=5)=C_7^5\times0.5^5\times0.5^2=\frac{7!}{5!\ (7-5)!}\times0.5^5\times0.5^2=0.164$

$f(x=4)=C_7^4\times0.5^4\times0.5^3=\frac{7!}{4!\ (7-4)!}\times0.5^4\times0.5^3=0.273$

$f(x=3)=C_7^3\times0.5^3\times0.5^4=\frac{7!}{3!\ (7-3)!}\times0.5^3\times0.5^4=0.273$

$f(x=2)=C_7^2\times0.5^2\times0.5^5=\frac{7!}{2!\ (7-2)!}\times0.5^2\times0.5^5=0.164$

$f(x=1)=C_7^1\times0.5^1\times0.5^6=\frac{7!}{1!\ (7-1)!}\times0.5^1\times0.5^6=0.055$

$f(x=0)=C_7^0\times0.5^0\times0.5^7=\frac{7!}{0!\ (7-0)!}\times0.5^0\times0.5^7=0.008$

（2）至少有一枚正面的概率：

$p=f(x=1)+f(x=2)+f(x=3)+f(x=4)+f(x=5)+f(x=6)+f(x=7)$

$\quad=0.008+0.055+0.164+0.273+0.273+0.164+0.055=0.992$

或 $p=1-f(x=0)=1-0.008=0.992$

三、正态分布

正态分布是连续性变数的一种理论分布，许多生物学领域的随机变量都服从正态分布，因此，它是生物统计的重要基础。

与二项分布一样，正态分布也有其概率密度函数：

$$f(x)=\frac{1}{\sigma\sqrt{2\pi}}e^{-\frac{(x-\mu)^2}{2\sigma^2}} \tag{3-19}$$

正态分布概率密度函数的图像称作正态分布曲线或正态概率曲线，如图3-4所示。

（一）正态分布曲线的特征

由正态分布曲线图可以看出它有以下特征：

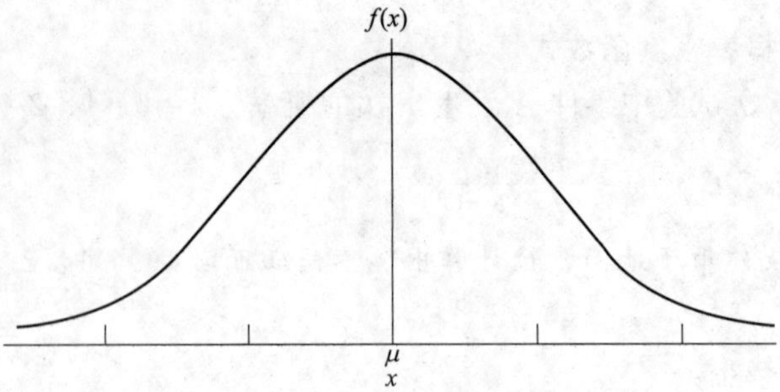

图 3-4　正态分布曲线

① 正态分布曲线是以算术平均数 μ 为中心，左右两侧对称分布的钟形曲线。

② 曲线关于直线 $x=\mu$ 对称，且在 $x=\mu$ 处 $f(x)$ 具有最大值，所以正态分布曲线的算术平均数、中数、众数三者相等。

③ 曲线在 x 轴上方，即概率密度函数 $f(x)$ 是非负函数，以 x 轴为渐近线，向左右无限延伸。

④ 曲线在 $x=\mu\pm\sigma$ 处各有一拐点，即曲线在 $(-\infty, \mu-\sigma)$ 和 $(\mu+\sigma, +\infty)$ 区间内是下凸的，在 $(\mu-\sigma, \mu+\sigma)$ 区间同是上凸的。

⑤ 曲线与 x 轴围成的总面积即概率等于 1。所以在曲线下 x 轴的任何两个定值之间 $(x_1 \sim x_2)$ 的面积等于介于这两个定值间面积占总面积的比例，或者说等于 x 落于这个区间的概率。

⑥ 曲线由 μ 和 σ 确定，其中 μ 决定曲线在 x 轴上的位置，σ 决定曲线的形状，即陡峭程度，σ 大时，曲线显得矮而宽，σ 小时，曲线显得高而窄，如图 3-5、图 3-6 所示，因此正态分布可用符号 $N(\mu, \sigma^2)$ 表示。不同的 μ 和 σ，则有不同的曲线，因此正态分布曲线是一系列的曲线。

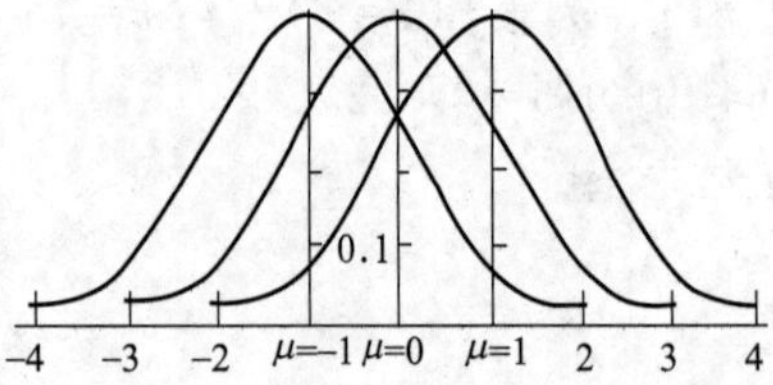

图 3-5　σ 相同，μ 不同时的三条正态分布曲线

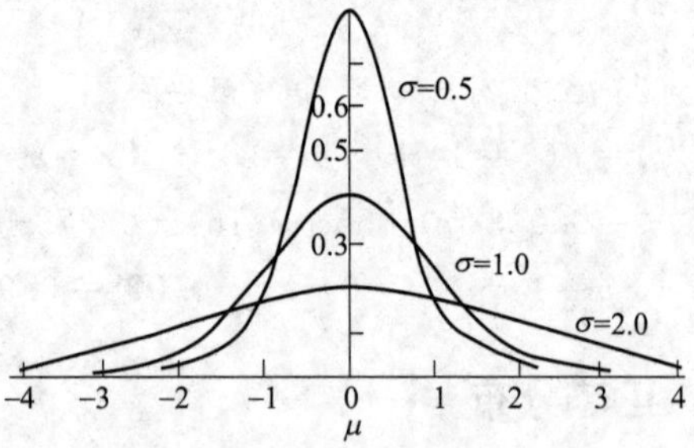

图 3-6　σ 不同，μ 相同时的三条正态分布曲线

（二）正态分布的标准化

正态分布的标准化是将观测值 x 的离均差 $(x-\mu)$ 以标准差 σ 为单位进行度量，所得的随机变数为 u，即：

$$u=\frac{x-\mu}{\sigma} \tag{3-20}$$

随机变数 u 也服从正态分布，且平均数 $\mu=0$、标准差 $\sigma=1$。统计学上把 $\mu=0$、$\sigma=1$ 的正态分布称为标准正态分布，记作 $N(0, 1)$。标准正态分布只有一条曲线，如图 3-7 所示。

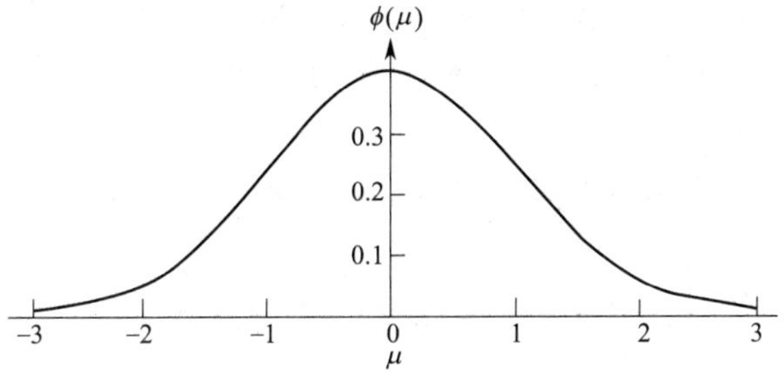

图 3-7　标准正态分布图

（三）正态分布的概率计算

正态分布在某个区间上的概率在统计上经常用到，可利用该随机变量的概率密度函数在该区间上的积分（即函数分布曲线下某个区间的面积）来求得。而正态分布的概率密度函数较为复杂，积分的计算又较为困难，这里介绍正态分布概率计算的两种简便方法。

1. 利用计算机软件来计算

本书项目技能部分介绍了用 Excel 所提供的粘贴函数进行计算。

2. 利用标准正态分布累积函数值表

附录 2 列出了标准正态分布函数 F_N（u）在（$-\infty$，u）区间内取值的概率，要计算标准正态分布某区间的概率，直接查表即可。

【例 3-12】 随机变数 u 服从标准正态分布 N（0，1），试计算

（1）P（$u \leqslant 0.21$）；

（2）P（$u \geqslant 1.52$）；

（3）P（$0.35 \leqslant u \leqslant 1.26$）。

解：附录 2 列出了标准正态分布函数 F_N（u）在（$-\infty$，u）区间内取值的概率，对于 P（$u \leqslant 0.21$），直接查表得：

P（$u \leqslant 0.21$）$=0.5832$

对于 P（$u \geqslant 1.52$）不能直接查表，根据正态分布的对称性，P（$u \geqslant 1.52$）与 $1-P$（$u \leqslant 1.52$）是相等的，而 $P(u \leqslant 1.52)=0.9357$，所以有：

$P(u \geqslant 1.52)=1-P(u \leqslant 1.52)=1-0.9357=0.0643$

根据图 3-8，$P(0.21 \leqslant u \leqslant 1.52)=P(u \leqslant 1.52)-P(u \leqslant 0.21)=0.9357-0.5832=0.3525$

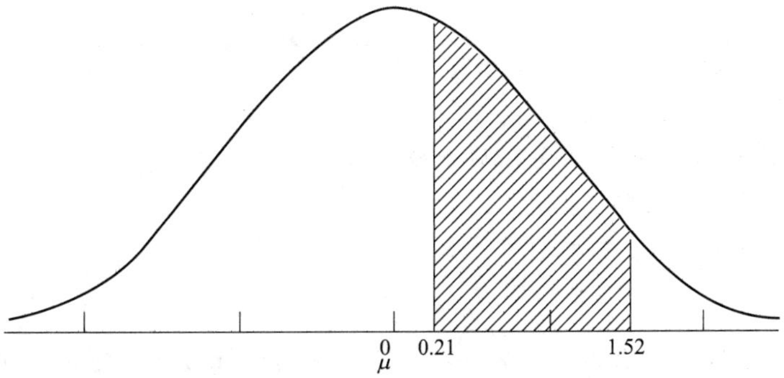

图 3-8　$P(0.21 \leqslant u \leqslant 1.52)$ 的概率

对于一般正态分布 $N(\mu, \sigma^2)$ 的随机变量 x，要计算其在某个区间上的概率，需先将它化为标准正态分布 $N(0, 1)$ 的随机变量 u，然后利用标准正态分布累积函数表查出结果。

【例 3-13】 有一玉米果穗长度的正态总体，其平均数 $\mu=20\text{cm}$，标准差 $\sigma=3.4\text{cm}$，试计算以下区间的概率。

(1) $x_1 \geqslant 25\text{cm}$；(2) $x_2 \leqslant 13\text{cm}$；(3) $13\text{cm} \leqslant x_3 \leqslant 25\text{cm}$。

解：首先将 x 值换算成 u 值：

$$u_1=\frac{x_1-\mu}{\sigma}=\frac{25-20}{3.4}=1.47$$

$$u_2=\frac{x_2-\mu}{\sigma}=\frac{13-20}{3.4}=-2.06$$

查附录 2，$P(u_1 \leqslant 1.47)=0.9292$

$P(u_2 \leqslant -2.06)=0.0197$

$P(x_1 \geqslant 25)=P(u_1 \geqslant 1.47)=1-P(u_1 \leqslant 1.47)=1-0.9292=0.0708$

$P(x_2 \leqslant 13)=P(u_2 \leqslant -2.06)=0.0197$

$P(13 \leqslant x_3 \leqslant 25)=P(-2.06 \leqslant u \leqslant 1.47)=P(u_1 \leqslant 1.47)-P(u_2 \leqslant -2.06)$

$=0.9292-0.0197=0.9095$

【例 3-14】 计算标准正态分布中，

(1) 中间概率为 0.95 时的 u 值；

(2) $|u| \geqslant 1.96$ 的概率。

解：如图 3-9 所示，当中间概率为 0.95 时，两侧概率通常又称两尾概率总和为 0.05，则左尾概率为 0.025，查附录 2 得，$u \leqslant -1.96$，则右尾概率为 0.025 时的临界 u 值为 $+1.96$，所以，中间概率为 0.95 时的 u 值为：$|u| \leqslant 1.96$

上述结果可写作：$P(|u| \leqslant 1.96)=0.95$

此题也可以直接利用附录 3 进行计算，计算过程为：

(1) 如图 3-9 所示，当中间概率为 0.95 时，两尾概率总和为 0.05，直接查附录 3 得，$|u|=1.959964 \approx 1.96$，即中间概率为 0.95 时 u 的临界值为：$|u|=1.96$。

(2) $|u| \geqslant 1.96$，包括两个部分：一是从 $-\infty$ 到 -1.96 的左尾，另一部分是从 1.96 到 $+\infty$ 的右尾。

即 $P(|u| \geqslant 1.96)=P(u \leqslant -1.96)+P(u \geqslant 1.96)=0.05$

等号右边的前一项为左尾概率，后一项为右尾概率，其和为两尾概率。

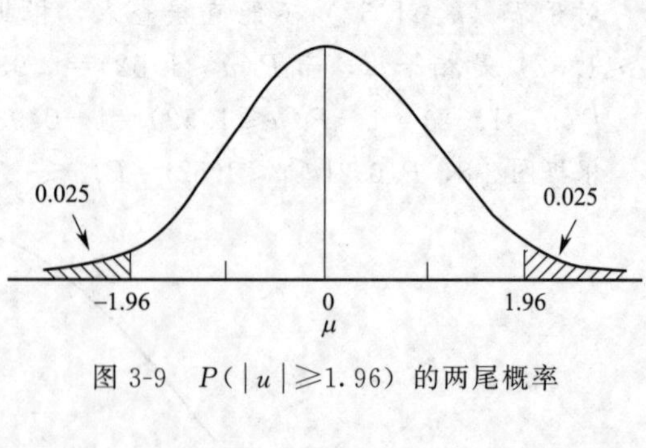

图 3-9 $P(|u| \geqslant 1.96)$ 的两尾概率

四、抽样分布

研究总体和从总体中抽出的样本两者之间的关系是统计方法学中的一个最主要的问题。二者之间的关系能够从两个方向来研究。第一个方向是从总体到样本方向，即从一般到特殊方向。研究此关系的目的是要从了解总体到了解从它抽取的样本变异特点如何。要知道这个关系必须从总体抽取无数或所有样本，研究其样本分布有关形状及统计数。第二个方向是从样本到总体方向，即从特殊到一般方向。研究这个关系就是从一个样本或一系列样本所得试验结果去推断其原有总体结果，即统计推断问题。任务三将就这一问题详加讨论。抽样分布是统计推断的基础。

从总体进行随机抽样可分复置抽样和不复置抽样两种。前者指每次抽出一个个体后，该个体应复返原总体；后者指每次抽出一个个体后，该个体不再复返原总体。从无限总体抽样可不必考虑复置与不复置问题，所得样本都是随机性的。但从有限性总体抽样，如果是复置的，则可当它具有无限性总体抽样一样性质；如果是不复置的，那么，所获样本则不再是随机样本了。但是一个样本如果能够用于推断，则必须用随机方法从总体抽取，这样的样本称随机样本。“随机”是指在这个总体内各个个体都有均等机会而且独立地被抽取的意思。样本之所以必须随机抽取，是因为只有是随机样本才有可能计算其推断误差的概率。抽样分布考虑的是复置抽样方法。

（一）样本平均数的抽样分布

某一总体，其总体平均数为 μ、总体标准差为 σ，从这一总体中以相同的样本容量 n 无数次抽样，可得到无数个样本，分别计算出各样本的平均数 $\overline{x}_1$、$\overline{x}_2$、$\overline{x}_3 \cdots \overline{x}_n$。由于存在抽样误差，样本平均数是随机变数，各样本平均数将表现出不同程度的差异，无数个样本平均数又构成一个总体，称为样本平均数总体，样本平均数的分布称为样本平均数的抽样分布。

样本平均数的分布具有以下特征：

① 样本平均数的总体平均数与原总体平均数相等，即 $\mu_{\overline{x}}=\mu$。

② 样本平均数的总体方差等于原总体方差除以样本容量，即 $\sigma_{\overline{x}}^2=\dfrac{\sigma^2}{n}$。

于是，样本平均数的总体标准差等于原总体标准差除以样本容量的平方根，即 $\sigma_{\overline{x}}=\dfrac{\sigma}{\sqrt{n}}$。

③ 若从正态分布总体中随机抽取样本，无论样本容量大小，其样本平均数的分布服从正态分布，即 $N(\mu_{\overline{x}}, \sigma_{\overline{x}}^2)$。若从非正态分布总体中随机抽取样本，只要样本容量较大（$n \geqslant 30$），其样本平均数也服从正态分布，这就是中心极限定理。

④ 由于总体标准差一般是不易求得的，因而以样本标准差进行计算，即 $s_{\overline{x}}=\dfrac{s}{\sqrt{n}}$，其中 $s_{\overline{x}}$ 称为平均数的标准误。

如果知道了平均数的抽样分布及其参数，那么，要计算任何一个从样本所得的平均数 $\overline{x}$ 出现的概率，只是把 $\overline{x}$ 先进行标准化转换，即 $u=\dfrac{\overline{x}-\mu_{\overline{x}}}{\sigma_{\overline{x}}}=\dfrac{\overline{x}-\mu}{\sigma/\sqrt{n}}$

如果平均数服从正态分布 $N(\mu_{\overline{x}}, \sigma_{\overline{x}}^2)$，那么，随机变数 u 服从 $N(0, 1)$，通过查附录 2 即可得到概率。

【例 3-15】 在北方某品种大豆地块调查花叶病毒病感病情况，以 $1m^2$ 为单位，调查了 $1000m^2$ 得 $\mu=4.1$ 株，$\sigma=2$ 株。现随机抽取该地区一块该品种大豆 $25m^2$，问平均每平方米少于 3 株的概率是多少？

样本容量较大 $n \geqslant 30$，可视为符合正态分布，则

$$u=\frac{\overline{x}-\mu_{\overline{x}}}{\sigma_{\overline{x}}}=\frac{\overline{x}-\mu}{\sigma/\sqrt{n}}=\frac{3-4.1}{2/\sqrt{25}}=-2.75$$

查附录 2 $F_N(-2.75)=0.00298$，即 $P(x<3)=0.00298$，也就是说，随机抽取一块 $25m^2$ 的某品种豆田，平均每平方米花叶病毒病感病株少于 3 株的概率是 0.00298（即 0.298%）。

（二）样本平均数差数的抽样分布

假定有两个总体，分别具有平均数和标准差 μ_1、σ_1 与 μ_2、σ_2。现在在第一个总体中按样本容量 n_1 抽一系列样本，并计算各样本平均数，分别记为 $\overline{x}_{11}$、$\overline{x}_{12}$、$\overline{x}_{13}\cdots$；然后以样本容量 n_2 抽得一系列样本，并计算各样本平均数，记作 $\overline{x}_{21}$、$\overline{x}_{22}$、$\overline{x}_{23}\cdots$。n_1 与 n_2 不一定相等。将来自第一个总体的样本平均数和来自第二个总体的样本平均数相减，得到一组样本平均数差数，即 $\overline{x}_1-\overline{x}_2$。由于存在抽样误差，样本平均数差数也是随机变数，各样本平均数差数也将表现出不同程度的差异，这些样本平均数差数又构成一个总体，称作样本平均数差数总体，样本平均数差数的分布称为样本平均数差数的抽样分布。

样本平均数差数的分布具有以下特性：

① 样本平均数差数的总体平均数等于两总体平均数之差，即 $\mu_{(\overline{x}_1-\overline{x}_2)}=\mu_1-\mu_2$。

② 样本平均数差数的总体方差等于两总体的样本平均数的总体方差之和。即 $\sigma^2_{(\overline{x}_1-\overline{x}_2)}=\sigma^2_{\overline{x}_1}+\sigma^2_{\overline{x}_2}=\frac{\sigma_1^2}{n_1}+\frac{\sigma_2^2}{n_2}$，于是就有 $\sigma_{(\overline{x}_1-\overline{x}_2)}=\sqrt{\frac{\sigma_1^2}{n_1}+\frac{\sigma_2^2}{n_2}}$。

③ 若两个总体各呈正态分布，则其样本平均数的差数分布也呈正态分布，记作 $N(\mu_{(\overline{x}_1-\overline{x}_2)},\sigma^2_{(\overline{x}_1-\overline{x}_2)})$。

④ 由于总体方差是很难求得的，故用样本方差来估计总体方差进行计算，则有 $s_{(\overline{x}_1-\overline{x}_2)}=\sqrt{\frac{s_1^2}{n_1}+\frac{s_2^2}{n_2}}$，其中 $s_{(\overline{x}_1-\overline{x}_2)}$ 称为样本平均数差数的样本标准差。

假使平均数差数服从正态分布，若要求任何一个平均数差数出现的概率，可先通过标准化转换，即 $u=\frac{(\overline{x}_1-\overline{x}_2)-\mu_{(\overline{x}_1-\overline{x}_2)}}{\sigma_{(\overline{x}_1-\overline{x}_2)}}=\frac{(\overline{x}_1-\overline{x}_2)-(\mu_1-\mu_2)}{\sqrt{\frac{\sigma_1^2}{n_1}+\frac{\sigma_2^2}{n_2}}}$，得到 u 值后，查附录 2 可求出概率。

（三）二项总体的抽样分布

正态二项总体 $N(\mu,\sigma^2)$，其中 μ 为二项总体平均数，σ^2 为方差，如果已知总体中各样本情况，可以直接求得，见例 3-16。

【例 3-16】 假定在北方某豆田调查灰斑病感病情况，以 6 株为一个总体，受害株以 $x=1$ 表示，未受害株以 $x=0$ 表示，总体内 6 个观察值为：0、1、1、0、1、0，符合二项总体抽样分布，求其发生的概率。

$\mu=(0+1+1+0+1+0)/6=0.5$

$\sigma^2=[(0-0.5)^2+(1-0.5)^2+(1-0.5)^2+(0-0.5)^2+(1-0.5)^2+(0-0.5)^2]/6=0.25$

$\sigma=\sqrt{0.25}=0.5$

此种情况 $\mu=p$，$\sigma^2=p(1-p)=pq$，标准差为 $\sigma=\sqrt{p(1-p)}=\sqrt{pq}$

如果为成数（百分数）抽样分布，则其抽样分布的参数即平均数、方差（标准差）依次

为 $\mu_{\bar{p}}=\mu=p$，$\sigma_{\bar{p}}^2=\sigma^2/n=(pq)/n$ 见例 3-17。

【例 3-17】 一批种子，样本容量为 6 粒，发芽率为 0.8，求其样本平均数及方差或标准差。

$$\mu_{\bar{p}}=p=0.8$$

$$\sigma_{\bar{p}}^2=(0.8\times0.2)/6=0.0267$$

$$\sigma_{\bar{p}}=\sqrt{(0.8\times0.2)/6}=0.16$$

对于二项次数抽样分布，如果从二项总体中以样本容量 n 抽样，按具有某种性状在样本中出现的次数进行统计抽样，就是次数抽样，此时抽样分布的参数即平均数、方差（标准差）依次为 $\mu_{np}=np$，$\sigma_{np}^2=npq$，$\sigma_{np}=\sqrt{npq}$。

如例 3-17 若用次数表示其参数，得到的结果如下：

$\mu_{np}=np=6\times0.8=4.8$(即每 6 粒种子发芽 4.8 粒)

$$\sigma_{np}=\sqrt{npq}=\sqrt{6\times0.8\times0.2}=0.98$$

任务三 统计假设检验

【知识目标】 了解统计假设检验的意义；理解统计假设检验的基本原理；掌握平均数统计假设检验的方法。

【技能目标】 能够利用 Excel 进行统计假设检验。

【素质目标】 培养学生严谨认真的工作态度和自主学习的职业能力；树立爱岗敬业、忠于职守、认真负责、实事求是、勤奋好学、精益求精、遵纪守法、诚信为本、规范操作、注意安全的职业意识。

一、统计假设检验的基本原理

（一）统计假设检验基本概念

进行田间试验的目的是用所获得的样本资料来推断总体特征，但由于存在抽样误差，试验研究的结论不能直接从样本统计数得出。例如，某地区的当地大豆品种经测产一般 667m^2 产 165kg，引进一个新品种经多点试验，经测产其平均 667m^2 产量 185kg，显然不能直接得出新品种比当地品种产量高的结论。因为 185－165＝20kg 只是试验的表面差异，既可能是两品种总体产量的真实差异，也可能是由抽样误差所造成的。如何才能正确地证实其结果的真实性与否，最准确的方法是研究全体样本，但这往往是不可能进行的。因此，不得不采用另一种方法，即研究样本。例如，可以将这一新品种种植 1～2 年，每年种植若干个小区，取得其平均产量，然后由之推断原来的假设是否正确（或错误）的过程，称为一个假设正确性（或不正确性）的统计证明，也就是这一假设的检验。用样本统计数来推断总体的特征，必须运用统计假设检验方法。

统计假设检验就是试验者根据试验目的，先作处理无效的假设，再设定一概率标准，根据样本的实际结果，经过计算作出在概率的意义上接受或否定该假设的统计分析方法。例如，上例中首先假设新品种 667m^2 平均产量与地方品种一样，即实得差异是由误差造成的，这个假设称为无效假设，再根据试验取得的样本平均产量进行检验，如果假设符合试验结果的可能性大，则接受假设；反之，如果假设符合试验结果的可能性小，该假设就被否定，从而确定新品种的产量是否优于当地品种，为新品种的推广提供理论依据。

（二）统计假设检验基本方法

1. 提出假设

统计假设检验首先要对研究总体提出假设。假设一般有两种，一种是无效假设，记作 H_0；另一种是备择假设，记作 H_A。无效假设是设处理效应为零，试验结果所得的差异乃误差所致；备择假设是和无效假设相反的一种假设，即认为试验结果所得的差异是由于真实处理效应所引起。

(1) 单个平均数的假设　假设一个样本平均数 $\overline{x}$ 是从一个已知总体（总体平均数为 μ_0）中随机抽出的，记作 H_0：$\mu=\mu_0$，对 H_A：$\mu\neq\mu_0$。

例如，有一个小麦品种产量总体是正态分布的，总体平均 $667m^2$ 产量 μ_0 为 360kg，标准差 σ 为 40kg。但此品种经多年种植后出现退化，必须对其进行改良，改良的品种种植 16 个小区，得其平均 $667m^2$ 产量 $\overline{x}$ 为 380kg。试问这个改良品种在产量性状上是否和原品种相同。

此乃单个平均数的假设检验，是要检验改良品种的总体平均 $667m^2$ 产量 μ 是否还是 360kg。记为 H_0：$\mu=\mu_0$ (360kg)，H_A：$\mu\neq\mu_0$。

(2) 两个平均数相比较的假设　假设两个样本平均数 $\overline{x}_1$ 和 $\overline{x}_2$ 是从两个平均数相等的总体中随机抽出的，记为 H_0：$\mu_1=\mu_2$，H_A：$\mu_1\neq\mu_2$。

例如，要检验两个小麦品种的总体平均产量是否相等，两种农药的杀虫效果是否一样等等。这些情况无效假设认为它们是相同的，两个样本的平均数差 $\overline{x}_1-\overline{x}_2$ 是由随机误差引起的；备择假设则认为两个总体平均数不相同，$\overline{x}_1-\overline{x}_2$ 除随机误差外，还包含真实差异。

此外，百分数、变异数以及多个平均数的假设检验，也应根据试验目的提出无效假设和备择假设，这里不再一一列举。

2. 规定显著水平

接受或否定 H_0 的概率标准叫显著水平，记作 α。α 是人为规定的小概率的数量界限，在生物研究中常取 $\alpha=0.05$ 和 $\alpha=0.01$ 两个等级，这两个等级是专门为推断 H_0 正确与否而设立的。

3. 计算概率

在无效假设正确的前提下，计算差异属于误差造成的概率。

在上述例中，H_0：$\mu=\mu_0$ 的假设下，就有了一个平均数 $\mu=\mu_0=360$kg，标准误 $\sigma_{\overline{x}}=\frac{\sigma}{\sqrt{n}}=\frac{40}{\sqrt{16}}=10$kg 的正态分布总体，而样本平均数 $\overline{x}=380$kg 则是此分布总体中的一个随机变量。据此，就可以根据正态分布求概率的方法算出在平均数 $\mu_0=360$kg 的总体中，抽到一个样本平均数 $\overline{x}$ 和 μ_0 的差≥20kg 的概率。

$$u=\frac{\overline{x}-\mu_0}{\sigma_{\overline{x}}}=\frac{380-360}{10}=2$$

查附录 2，$P(|u|\geqslant 2)=P(|\overline{x}-\mu_0|\geqslant 20)=2\times 0.0228=0.0456$。

4. 统计推断

据“小概率原理”作出接受或否定 H_0 的结论。假设检验中若计算的概率小于 0.05 或 0.01，就可以认为是概率很小的事件，在正常情况下一次试验实际上不会发生，而现在依然发生了，这就使我们对原来作的假设产生怀疑，认为这个假设是不可信的，应该否定。反之，如果计算的概率大于 0.05 或 0.01，则认为不是小概率事件，在一次试验中很容易发生，H_0 的假设可能是正确的，应该接受。

上例，计算出在 $\mu_0=360$kg 这样一个总体中，得到一个样本平均数 $\bar{x}$ 和 μ 相差超过 20kg 的概率是 0.0456，小于显著水平 $\alpha=0.05$，可以推断改良后的品种在产量性状上已不同于原品种，否定 H_0：$\mu=\mu_0$（360kg）的假设。

在实际测验时，计算概率可以简化，因为在标准正态 u 分布下 $P(|u|>1.96)=0.05$，$P(|u|>2.58)=0.01$。因此，在用 u 分布作检验时，实际算得的 $|u|>1.96$，表明概率 $P<0.05$，可在 0.05 水平上否定 H_0；实际算得的 $|u|>2.58$，表明概率 $P<0.01$，可在 0.01 水平上否定 H_0。反之，若实际算得的 $|u|<1.96$，表示 $P>0.05$，可接受 H_0，不必再计算实际的概率。

综上所述，假设检验可分为四个步骤：

① 对样本所属总体提出无效假设和备择假设。

② 规定检验的显著水平 α 值。

③ 在无效假设正确的前提下，根据统计数的分布规律，算出实得差异由误差造成的概率。

④ 根据差异由误差造成的概率大小来推断差异是否显著。

值得注意的是，利用小概率原理进行推断，并不是百分之百地肯定不发生错误。一般而论，假设检验可能会出现两类错误：如果假设是正确的，但通过试验结果的检验后却否定了它，这就造成所谓第一类错误，即 α 错误；反之，如果假设是错误的，而通过试验结果的检验后却接受了它，这就造成所谓第二类错误，即 β 错误。

（三）接受区间和否定区间及双尾检验和单尾检验

1. 接受区间和否定区间

假设检验这种方法从本质上说是把统计数的分布划分为接受区间和否定区间。所谓接受区间就是接受 H_0 的区间，统计数落到这个区间就接受 H_0；否定区间则为否定 H_0 的区间，统计数落到这个区间就否定 H_0。对于平均数 $\bar{x}$ 的分布，当取 α 为 0.05 时，可划出接受区间（$\mu-1.96\sigma_{\bar{x}}$，$\mu+1.96\sigma_{\bar{x}}$），$\bar{x}$ 落入这个区间的概率是 95%。而（$-\infty$，$\mu-1.96\sigma_{\bar{x}}$）和（$\mu+1.96\sigma_{\bar{x}}$，∞）为两个对称的否定区间，$\bar{x}$ 落入此区间的概率为 5%（图 3-10）。同理，当取 $\alpha=0.01$ 时，可划出否定区间为（$-\infty$，$\mu-2.58\sigma_{\bar{x}}$）和（$\mu+2.58\sigma_{\bar{x}}$，∞），$\bar{x}$ 落入此区间的概率为 1%。一般将接受区间和否定区间的两个临界值写成 $\mu\pm u_\alpha\sigma_{\bar{x}}$。以上述小麦改良品种为例，在 H_0：$\mu_{\bar{x}}=360$kg 的假设下，以 $n=16$ 抽样，样本平均数 $\bar{x}$ 是一个具有 $\mu_{\bar{x}}=360$kg，$\sigma_{\bar{x}}=10$kg 的均数正态分布。当 $\alpha=0.05$ 为显著水平时，接受区间下限为 $360-1.96\times10=340.4$kg，上限为 $360+1.96\times10=379.6$kg，它的两个否定区间为 $\bar{x}<340.4$kg 和 $\bar{x}>379.6$kg（图 3-10）。在这个例子中，实际得到的 $\bar{x}=380$kg 已落入否定区间。所以，可以冒 5%的风险否定 H_0。

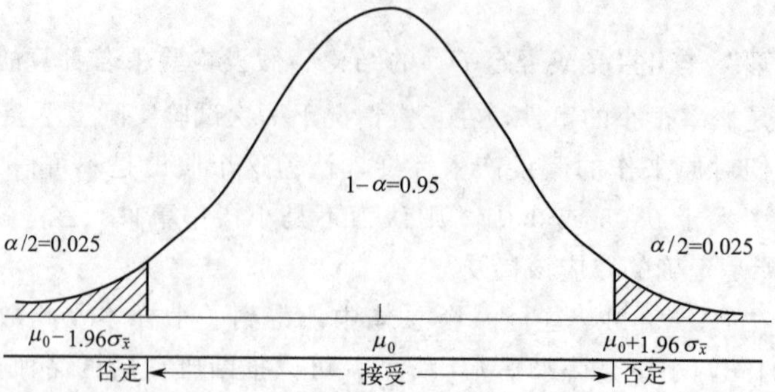

图 3-10　0.05 显著水平接受区间和否定区间

2. 双尾检验和单尾检验

假设检验时考虑的概率标准为左右两尾之和，称双尾检验，具有左尾和右尾两个否定区间。这类检验考虑的问题是 μ 可能大于 μ_0，也可能小于 μ_0，检验的关键是 μ 和 μ_0 是否相等，无效假设的形式是 H_0：$\mu=\mu_0$，对 H_A：$\mu \neq \mu_0$。在 μ 不等于 μ_0 的情况下，μ 可以小于 μ_0，样本平均数 $\bar{x}$ 就落入左尾否定区；μ 也可大于 μ_0，$\bar{x}$ 就落入右尾否定区，这两种情况都属于 $\mu \neq \mu_0$ 的情况。在假设中考虑的概率标准为左尾或右尾的概率称为单尾检验，它只有一个否定区。一般其 H_0 假设形式为 H_0：$\mu=\mu_0$，对 H_A 有 H_A：$\mu<\mu_0$ 或 H_A：$\mu>\mu_0$。在生产和科研当中，有些情况下双尾检验不一定符合实际需要，此时应当采用单尾检验。

单尾检验与双尾检验的推理方法是相同的，只是在具体检验时，单尾检验的显著水平 α 取 0.05 时，其临界 u（t）值就是双尾检验 α 取 0.1 所对应的临界 u（t）值。因此，单尾检验比双尾检验更容易否定 H_0。如当 $\alpha=0.05$ 时，双尾检验临界 u 的 $|u|=1.96$，而单尾检验 $|u|=1.645$。所以，在利用单尾检验时，应有足够的依据。

二、平均数的假设检验

（一） t 分布

从一个平均数为 μ，方差为 σ^2 的正态总体中抽样或者在一个非正态总体中抽样，只要样本容量 n 足够大，则得到一系列样本平均数 $\bar{x}$ 的分布必然服从正态分布，并且有：

$$u=\frac{\bar{x}-\mu}{\sigma_{\bar{x}}}$$

由试验结果算得 u 值后，便可从附录 2 查得其相应概率，检验 H_0：$\mu=\mu_0$，上节讲到的改良品种一例就是 u 检验的一个实例。但在实际工作中往往碰到 σ^2 未知，又是小样本的情况，这时往往以 s^2 估计 σ^2，$\bar{x}$ 转换的标准化离差 $\frac{\bar{x}-\mu}{\sigma_{\bar{x}}}$ 的分布不呈正态分布，而作 t 分布，具有自由度 $\nu=n-1$。

$$t=\frac{\bar{x}-\mu}{s_{\bar{x}}} \tag{3-21}$$

t 分布首先于 1908 年由 W. S. Gosset 提出，它具有一个单独的参数 ν，以确定其特定分布，ν 为自由度。

t 分布概率的密度函数为：

$$f_{\nu}(t)=\frac{[(\nu-1)/2]!}{\sqrt{\pi\nu}\,[(\nu-2)/2]!}\left(1+\frac{t^2}{\nu}\right)^{-\frac{\nu+1}{2}} \tag{3-22}$$

t 分布曲线有如下特点：

① t 分布曲线受自由度（$\nu=n-1$）的制约，每一个自由度都有一条 t 分布曲线。

② t 分布曲线以 $t=0$ 为中心，左右对称分布。

③ 与标准正态分布相比，t 分布曲线顶峰略低，两尾则略高，自由度越小，这种趋势越明显（图 3-11）；自由度越大，t 分布越趋近于标准正态分布。当 $n>30$ 时，t 分布与标准正态分布区别很小；$n\to\infty$ 时，t 分布与标准正态分布完全一致。由于 t 分布受自由度制约，所以 t 值与其相应的概率也随自由度而不同，它是小样本假设检验的理论基础。为了便于应用，已将各种自由度的 t 分布按照各种常用的概率水平制成附录 4（t 值两尾概率表）。

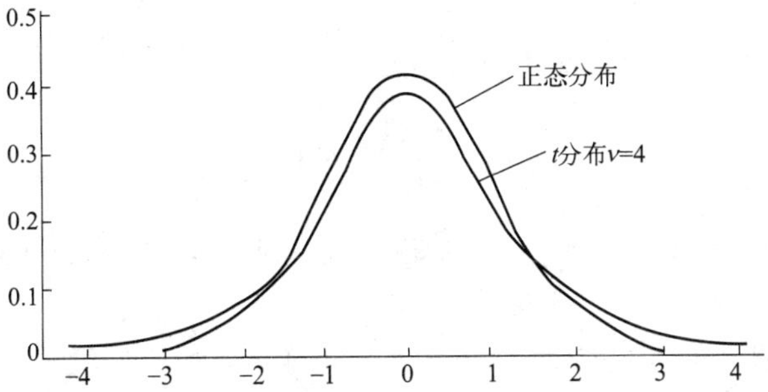

图 3-11　标准正态分布与 t 分布的比较

（二）单个平均数的假设检验

单个平均数的假设检验是检验 $\overline{x}$ 所属的总体平均数 μ 是否和某一指定的总体平均数 μ_0 相同。其检验方法有 u 检验和 t 检验两种。

（1）u 检验法　当总体方差 σ^2 已知或未知但大样本情况，采用 u 检验法。

u 值的计算公式为：

$$u=\frac{\overline{x}-\mu}{\sigma_{\overline{x}}}$$

其中平均数标准误为：

$$\sigma_{\overline{x}}=\frac{\sigma}{\sqrt{n}}$$

由于假设 H_0：$\mu=\mu_0$

故

$$u=\frac{\overline{x}-\mu_0}{\sigma_{\overline{x}}}$$

由于总体标准差不易求得，若为大样本，可以用样本标准差估计总体标准差，则样本平均数的标准误及 u 值为：

$$s_{\overline{x}}=\frac{s}{\sqrt{n}}$$

$$u=\frac{\overline{x}-\mu_0}{s_{\overline{x}}} \tag{3-23}$$

如果实得$|u|\geqslant u_\alpha$，则否定H_0，接受H_A；当$|u|<u_\alpha$时，接受H_0。

【例 3-18】 某玉米品种平均单穗重$\mu_0=298$g，现从一引进新品种中随机调查100个果穗，测得其平均单穗重$\overline{x}=315$g，标准差$s=55$g，试问新引进品种的单穗重与当地品种有无显著差异？

这里总体方差σ^2未知但为大样本，且新引进品种的单穗重可能高于也可能低于原品种，故采用双尾u检验。其步骤如下：

① 提出假设　H_0：$\mu=\mu_0=298$g，即新品种单穗重与原品种相同。对H_A：$\mu\neq\mu_0$，即新品种单穗重与原品种不同。

② 规定显著水平　$\alpha=0.01$。

③ 检验计算

$$s_{\overline{x}}=\frac{s}{\sqrt{n}}=\frac{55}{\sqrt{100}}=5.5(\text{g})$$

$$u=\frac{\overline{x}-\mu}{s_{\overline{x}}}=\frac{315-298}{5.5}=3.091$$

④ 推断　实得$|u|=3.091>u_{0.01}$（2.58），$P<0.01$，故否定H_0，认为新引进品种的单穗重与当地品种差异极显著。

（2）t检验法　如果总体方差σ^2未知，又是小样本，用t检验法。

若为小样本而σ^2为未知时，如以样本方差s^2估计总体方差σ^2，则其标准化离差$\frac{\overline{x}-\mu}{s_{\overline{x}}}$的分布不呈正态，而作$t$分布，具有自由度$\nu=n-1$。

$$t=\frac{\overline{x}-\mu}{s_{\overline{x}}}$$

式中，$s_{\overline{x}}=\frac{s}{\sqrt{n}}$为样本平均数的标准误，是$\sigma_{\overline{x}}$的估计值；$s$为样本标准差；$n$为样本容量。

由于检验时假设H_0：$\mu=\mu_0$

故

$$t=\frac{\overline{x}-\mu_0}{s_{\overline{x}}}$$

查附录4，当$\nu=n-1$时的t_α值，如果实得$|t|\geqslant t_\alpha$，则否定H_0，接受H_A；当$|t|<t_\alpha$时，接受H_0。

【例 3-19】 已知某大豆品种的百粒重为16g，现对该品种进行滴灌试验，17个小区的百粒重分别为（g）：19.0、17.3、18.2、19.5、20.0、18.8、17.7、16.9、18.2、17.5、18.7、18.0、17.9、19.0、17.6、16.8、16.4。试问滴灌是否对大豆的百粒重有明显的影响？

本例总体方差为未知，又是小样本，所以要用t检验法。又因为滴灌对百粒重的影响可能是提高，也可能是降低，目的是检验滴灌对百粒重是否有影响，故采用双尾检验。

① 假设　H_0：$\mu=\mu_0$（16g），对H_A：$\mu\neq\mu_0$（16g）。

② 规定显著水平　$\alpha=0.05$。

③ 检验计算

$$\bar{x}=\frac{\sum x_i}{n}=\frac{1}{17}(19.0+17.3+18.2+\cdots+16.4)=\frac{1}{17}\times 307.5=18.09\ (\mathrm{g})$$

$$s=\sqrt{\frac{\sum x^2-\frac{(\sum x)^2}{n}}{n-1}}=\sqrt{\frac{19.0^2+17.3^2+\cdots+16.4^2-\frac{307.5^2}{17}}{17-1}}=0.99$$

$$s_{\bar{x}}=\frac{s}{\sqrt{n}}=\frac{0.99}{\sqrt{17}}=0.24$$

$$t=\frac{\bar{x}-\mu}{s_{\bar{x}}}=\frac{18.09-16}{0.24}=8.71$$

④ 推断　查附录4，当 $\nu=17-1=16$ 时，两尾概率 α 为 0.05 的临界值 $t_{0.05}=2.12$，实得 $t=8.71$，故实得 $|t|>t_{0.05}$，否定 H_0，接受 H_A。因此，推断滴灌对大豆的百粒重有显著影响。

如果本例问滴灌对大豆的百粒重是否有明显的提高作用，则可采用单尾检验。因为从试验结果可以推测，滴灌对百粒重只有提高，而没有降低的可能，且试验者所关心的是滴灌是否有显著的提高作用，降低和相等的情况都是试验者所不希望的。检验的步骤基本同上。

① 假设　H_0：$\mu=16\mathrm{g}$，对 H_A：$\mu>16\mathrm{g}$。

② 规定显著水平　$\alpha=0.05$。

③ 检验计算　$\bar{x}=18.09\mathrm{g}$，$s=0.99\mathrm{g}$，$s_{\bar{x}}=0.24\mathrm{g}$，$t=8.71$。

查 t 值表，当 $\nu=17-1=16$ 时，一尾概率 $\alpha=0.05$ 时，$t_{0.05}$（两尾 $t_{0.1}$）$=1.746$，结果实得 $|t|>t_{0.05}$，否定 H_0，接受 H_A。

④ 推断　滴灌对百粒重有显著提高作用。

（三）两个样本平均数的假设检验

两个样本平均数的假设检验是检验两个样本平均数 $\bar{x}_1$ 和 $\bar{x}_2$ 所属的总体平均数 μ_1 和 μ_2 是否相等，经常应用于比较不同处理效应的差异显著性。例如，两种施肥方法对产量的效应，两个品种的生产能力，两种饲料配方对动物生长发育的作用等。这些必须从所涉及的两个总体中取得样本，利用样本平均数之间的差异来推断总体平均数之间的差异。具体检验方法可根据资料的来源不同，分为成组数据的比较和成对数据的比较。

1. 成组数据比较的假设检验

成组数据资料的特点是两个样本的各个观察值是从各自总体中抽取的，两个样本是彼此独立的，样本间的观察值没有任何关联。这种情况下，无论两样本的容量是否相同，所得数据皆称为成组数据。它是以组平均数作为相互比较的标准检验差异显著性。

① 在两个样本总体方差 σ_1^2 和 σ_2^2 已知或未知，但两个样本都是大样本（$n_1\geqslant 30$，$n_2\geqslant 30$）时，用 u 检验。

一般情况下，两个样本总体的方差 σ_1^2 和 σ_2^2 未知，因此这里着重讨论两个大样本的比较。

由抽样分布公式可知

$$s_{\overline{x}_1-\overline{x}_2}=\sqrt{\frac{s_1^2}{n_1}+\frac{s_2^2}{n_2}}$$

故而
$$u=\frac{(\overline{x}_1-\overline{x}_2)-(\mu_1-\mu_2)}{s_{\overline{x}_1-\overline{x}_2}} \tag{3-24}$$

由于假设 H_0：$\mu_1=\mu_2$，对 H_A：$\mu_1\neq\mu_2$。

故
$$u=\frac{\overline{x}_1-\overline{x}_2}{s_{\overline{x}_1-\overline{x}_2}} \tag{3-25}$$

如果实得 $|u|\geqslant u_\alpha$，否定 H_0，接受 H_A；当 $|u|<u_\alpha$ 时，接受 H_0。

【例 3-20】 调查甲乙两葡萄品种的含糖量，甲品种测定 150 个果穗得到平均含糖量（%）$\overline{x}_1=15$，标准差（%）$s_1=5.5$；乙品种测定 100 个果穗得到平均含糖量（%）$\overline{x}_2=13$，标准差（%）$s_2=5.2$。试分析这两个品种含糖量的差异显著性。

两个样本均为大样本，虽然两个样本所属总体的方差未知，但可用样本的方差 s_1^2 和 s_2^2 去分别估计其总体的方差 ${\sigma_1}^2$ 和 ${\sigma_2}^2$，直接进行 u 检验。由于并不知道甲乙两品种含糖量哪个高哪个低，故用双尾检验。

① 提出假设　H_0：$\mu_1=\mu_2$，即甲乙两葡萄品种含糖量相同；对 H_A：$\mu_1\neq\mu_2$，即甲乙两葡萄品种含糖量不同。

② 规定显著水平　$\alpha=0.01$。

③ 检验计算

$$s_{\overline{x}_1-\overline{x}_2}=\sqrt{\frac{s_1^2}{n_1}+\frac{s_2^2}{n_2}}=\sqrt{\frac{5.5^2}{150}+\frac{5.2^2}{100}}=0.687$$

$$u=\frac{\overline{x}_1-\overline{x}_2}{s_{\overline{x}_1-\overline{x}_2}}=\frac{15-13}{0.687}=2.911$$

④ 推断　由于 $|u|>u_{0.01}=2.58$，$P<0.01$，故否定 H_0，即两品种含糖量差异极显著。

② 在两个样本总体方差 σ_1^2 和 σ_2^2 已知，又是小样本时，可假定 $\sigma_1^2=\sigma_2^2=\sigma^2$，用 t 检验。

$$t=\frac{(\overline{x}_1-\overline{x}_2)-(\mu_1-\mu_2)}{s_{\overline{x}_1-\overline{x}_2}} \tag{3-26}$$

由于 $\mu_1=\mu_2$，故上式为：
$$t=\frac{\overline{x}_1-\overline{x}_2}{s_{\overline{x}_1-\overline{x}_2}} \tag{3-27}$$

由于假定 $\sigma_1^2=\sigma_2^2=\sigma^2$，而 s_1^2 和 s_2^2 都是用来作为 σ^2 的无偏估计值的，所以，用两个方差 s_1^2 和 s_2^2 的加权来估计 σ^2。

$$s_e^2=\frac{s_1^2(n_1-1)+s_2^2(n_2-1)}{(n_1-1)+(n_2-1)}=\frac{\sum(x_1-\overline{x}_1)^2+\sum(x_2-\overline{x}_2)^2}{(n_1-1)+(n_2-1)} \tag{3-28}$$

式中，s_e^2 为合并均方；$\sum(x_1-\overline{x}_1)^2$ 与 $\sum(x_2-\overline{x}_2)^2$ 分别为两个样本的平方和。求得 s_e^2 后其两个样本平均数标准误为：

$$s_{\overline{x}_1-\overline{x}_2}=\sqrt{s_e^2(\frac{1}{n_1}+\frac{1}{n_2})}=\sqrt{\frac{\sum(x_1-\overline{x}_1)^2+\sum(x_2-\overline{x}_2)^2}{n_1+n_2-2}(\frac{1}{n_1}+\frac{1}{n_2})}$$

$$\nu=n_1+n_2-2$$

当 $n_1=n_2=n$ 时

$$s_{\overline{x}_1-\overline{x}_2}=\sqrt{\frac{2s_e^2}{n}}$$

【例 3-21】 为比较水稻田两种氮肥浅施的效果，用完全随机排列进行试验，产量结果列于表 3-16。试检验两种氮肥对水稻产量的差异显著性。

表 3-16　硝酸铵和氯化铵浅施水稻的产量　　单位：kg/667m²

x_1（浅施硝酸铵）	x_2（浅施氯化铵）
239.50	248.15
240.60	255.85
247.50	261.20
232.50	257.40
237.50	255.40

① 假设　H_0：$\mu_1=\mu_2$，对 H_A：$\mu_1\neq\mu_2$；

② 规定显著水平　$\alpha=0.01$，双尾检验；

③ 检验计算

$$\overline{x}_1=\frac{1}{5}\times(239.5+240.6+\cdots+237.5)=239.5(\mathrm{kg})$$

$$\overline{x}_2=\frac{1}{5}\times(248.15+255.85+\cdots+255.4)=255.6(\mathrm{kg})$$

$$\sum(x_1-\overline{x}_1)^2=(239.5^2+240.6^2+\cdots+237.5^2)-\frac{(239.5+240.6+\cdots+237.5)^2}{5}=118.21$$

$$\sum(x_2-\overline{x}_2)^2=(248.15^2+255.85^2+\cdots+255.4^2)-\frac{(248.15+255.85+\cdots+255.4)^2}{5}=90.205$$

$$s_e^2=\frac{s_1^2(n_1-1)+s_2^2(n_2-1)}{(n_1-1)+(n_2-1)}=\frac{\sum(x_1-\overline{x})^2+\sum(x_2-\overline{x}_2)^2}{(n_1-1)+(n_2-1)}=\frac{118.21+90.205}{(5-1)+(5-1)}=26.052$$

$$s_{\overline{x}_1-\overline{x}_2}=\sqrt{\frac{2s_e^2}{n}}=\sqrt{\frac{2\times26.052}{5}}=3.23$$

$$t=\frac{\overline{x}_1-\overline{x}_2}{s_{\overline{x}_1-\overline{x}_2}}=\frac{239.5-255.6}{3.23}=-4.98$$

查附录 4，当 $\nu=5+5-2=8$ 时，$t_{0.05}=2.306$。

④ 推断　实得 $|t|=4.98$，所以 $|t|>t_{0.05}$，否定 H_0，即水田浅施氯化铵与浅施硝酸铵水稻产量有显著差异。

2. 成对数据比较的假设检验

在比较两个样本平均数差异显著性时，如果试验单位差异较大，可以利用局部控制原则，采用配对设计，以消除试验单位不一致对试验结果造成的影响，提高试验精确度。配对设计的特点是将条件相同的两个供试单位配成一对，并设有多个配对，然后对每一配对的两个供试单位分别随机地给予不同处理，以这种设计方法获得的数据称为成对数据。例如，在试验设计时将条件最为近似的两个小区或同一植株（或器官）的对称部位随机进行两种不同处理，并设若干重复；或在同一供试单位上进行处理前和处理后的对比，并设若干重复，等等，所获得的数据均为成对数据。

在成对数据中，由于同一配对内两个供试单位的试验条件很接近，而不同配对间的条件差异又可通过各个配对差数予以消除，因而可以控制试验误差，具有较高的精确度。

设两个样本的观察值分别为 x_1 和 x_2 共配成 n 对，各个配对的差数为 $d=x_1-x_2$，差数的平均数为 $\bar{d}=\bar{x}_1-\bar{x}_2$，差数标准差为：

$$s_d=\sqrt{\frac{\sum(d-\bar{d})^2}{n-1}}=\sqrt{\frac{\sum d^2-\frac{(\sum d)^2}{n}}{n-1}}$$

差数平均数的标准误为：

$$s_{\bar{d}}=\frac{s_d}{\sqrt{n}}=\sqrt{\frac{\sum(d-\bar{d})^2}{n(n-1)}}=\sqrt{\frac{\sum d^2-\frac{(\sum d)^2}{n}}{n(n-1)}}$$

因而
$$t=\frac{\bar{d}-\mu_d}{s_{\bar{d}}}$$

服从 $\nu=n-1$ 的 t 分布。

由于假设 H_0：$\mu_d=0$，上式可改写成：

$$t=\frac{\bar{d}}{s_{\bar{d}}}$$

因此，当实际得到的 $|t|\geqslant t_{0.05}$，可否定 H_0，接受 H_A：$\mu_d\neq0$，两个样本平均数差异显著。

【例 3-22】 选面积相同的玉米小区 10 个，各分成两半，一半去雄另一半不去雄，产量结果列于表 3-17。试检验两种处理产量的差异显著性。

表 3-17　玉米去雄与不去雄成对产量数据　　单位：kg

区号	去雄(x_{1i})	不去雄(x_{2i})	$d_i=x_{1i}-x_{2i}$
1	14.0	13.0	+1
2	16.0	15.0	+1
3	15.0	15.0	0
4	18.5	17.0	+1.5
5	17.0	16.0	+1
6	17.0	12.5	+4.5
7	15.0	15.5	−0.5
8	14.0	12.5	+1.5
9	17.0	16.0	+1
10	16.0	14.0	+2

每小区的土壤条件接近一致，故两种处理的产量可视为成对数据。

假设 H_0：$\mu_d=0$，对 H_A：$\mu_d\neq0$，规定显著水平 $\alpha=0.01$，

$$\bar{d}=\bar{x}_1-\bar{x}_2=\frac{\sum d_i}{n}=\frac{1+1+\cdots+2}{10}=1.3$$

$$s_{\bar{d}}=\frac{s_d}{\sqrt{n}}=\sqrt{\frac{\sum(d-\bar{d})^2}{n(n-1)}}=\sqrt{\frac{\sum d^2-\frac{(\sum d)^2}{n}}{n(n-1)}}=\sqrt{\frac{(1^2+1^2+\cdots+2^2)-\frac{(1+1+\cdots+2)^2}{10}}{10(10-1)}}$$

$$=0.423$$

$$t=\frac{\bar{d}}{s_{\bar{d}}}=\frac{1.3}{0.423}=3.07$$

查附录4，当 $\nu=n-1=10-1$ 时，$t_{0.05}=2.262$

推断，实得 $|t|=3.07$，所以 $|t|>t_{0.05}$，否定 H_0，即玉米去雄与不去雄产量显著差异。

任务四 方差分析

【知识目标】 了解方差分析的概念和作用；掌握方差分析的基本原理和步骤；理解单向分组资料的方差分析；理解两向分组和系统分组资料的方差分析。

【技能目标】 学会对完全随机试验资料进行方差分析；学会对单向分组资料进行方差分析；学会对两向分组和系统分组资料进行方差分析。

【素质目标】 培养有效进行团队沟通、讨论、研究，解决问题和承担责任的职业素养；培养严谨认真、精益求精的工作态度；培养自主学习的职业能力。

一、方差分析基本原理

对于两个样本平均数，可以采用 t 检验或 u 检验来检验它们之间差异的显著性。当试验的样本数 $k\geqslant3$ 时，就不宜再用上述方法进行两两间的检验。这是由于：a. 当 $k\geqslant3$ 时，就有 k（$k-1$）/2 个差数，需进行 k（$k-1$）/2 次检验，工作量烦琐；b. 对每一对差数的标准误，都只能有 2（$n-1$）个自由度估计（假定每个样本容量均为 n），而不能从 k（$n-1$）个自由度估计，因此误差估计的精确度也受到损失；c. 这种两两检验的方法会随 k 的增加而大大增加犯第一类错误的概率。因此，对多个样本平均数的假设检验，需要采用另一种统计方法。

方差分析法（缩写为 ANOVA）就是对 3 个或 3 个以上平均数进行假设检验的方法。方差分析法是科学研究工作的一个重要工具，也是本门课程的核心内容。

方差分析的原理就是把试验看成一个整体，将试验资料中的总变异分解为不同因素的相应变异和误差变异，计算出各变异的方差，即将试验的总变异方差分解成各变因方差，并用误差方差作为判断其他方差是否显著的标准。如果某已知变异原因的方差比误差方差大到一定程度，那么该方差就不是随机产生的，即试验处理间的差异不是由误差造成的，说明处理的效应是应该肯定的。

在建立无效假设（各样本的整体平均数相等或各样本来自同一总体，H_0：$\mu_1=\mu_2=\cdots=\mu_k$）的基础上，方差分析的基本步骤包括：a. 自由度和平方和的分解；b. 进行 F 检验；c. 若 F 检验显著，再进行多重比较。

（一）自由度与平方和分解

方差（也叫均方）等于平方和（SS）除以自由度（DF）。把试验资料的总变异分解为各个变异来源的相应变异，首先需要将总平方和与总自由度分解，因而平方和与自由度的分解是方差分析的第一步。下面以完全随机试验设计的资料为例介绍其具体步骤。

在某个试验中，假设有 k 个不同的处理，各处理均有 n 个观察值（即每处理重复 n 次，或样本容量为 n），则该试验资料共有 nk 个观察值，整理成如表 3-18 所示。其中 i 代表资料中第 i 个样本（即处理）；j 代表各样本中第 j 个观测值；x_{ij} 代表第 i 个样本的第 j 个观测值；T_t 代表处理总和；$\overline{x}_t$ 代表处理平均数；T 代表全部观测值总和；$\overline{x}$ 代表总平均数。

表 3-18　k 个处理各具 n 个观测值的数据结构表

处理	观察值						处理总和	处理平均
	1	2	…	j	…	n	T_t	$\overline{x}_t$
1	x_{11}	x_{12}	…	x_{1j}	…	x_{1n}	T_{t1}	$\overline{x}_{t1}$
2	x_{21}	x_{12}	…	x_{2j}	…	x_{2n}	T_{t2}	$\overline{x}_{t2}$
⋮	⋮	⋮	…	⋮	…	⋮	⋮	⋮
i	x_{i1}	x_{i2}	…	x_{ij}	…	x_{in}	T_{ti}	$\overline{x}_{ti}$
⋮	⋮	⋮	…	⋮	…	⋮	⋮	⋮
k	x_{k1}	x_{k2}	…	x_{kj}	…	x_{kn}	T_{tk}	$\overline{x}_{tk}$
							$T=\sum x$	$\overline{x}$

总变异是指 nk 个观测值的变异，故其总平方和 SS_T 则为全部 nk 个观察值与总平均数之差的平方的和：

$$SS_T=\sum_{1}^{nk}(x_{ij}-\overline{x})^2=\sum x_{ij}^2-C \tag{3-29}$$

式(3-29) 中的 C 称为矫正系数，其计算公式如下：

$$C=\frac{(\sum x_{ij})^2}{nk}=\frac{T^2}{nk} \tag{3-30}$$

总自由度为：

$$DF_T=nk-1 \tag{3-31}$$

上述资料中，总变异可以分解为组（或叫类、样本、处理）内变异和组间变异。组内变异（即同一组内不同重复观测值的差异）应是由偶然因素造成的，是试验误差；组间变异（即不同组间平均数的差异）是由处理的不同效应所造成，是处理间变异。

总变异的分解如下：

（1）组间的变异　即 k 个处理的平均数 $\overline{x}_t$ 与总平均数 $\overline{x}$ 的变异，其平方和 SS_t 为：

$$SS_t=n\sum_{1}^{k}(\overline{x}_t-\overline{x})^2=\frac{\sum T_t^2}{n}-C \tag{3-32}$$

组间变异的自由度为：

$$DF_t=k-1 \tag{3-33}$$

（2）组内的变异　即误差变异，为各个组内观测值 x_{ij} 与对应组平均数 $\overline{x}_t$ 的变异之和，组内平方和 SS_e 为：

$$SS_e=\sum_{1}^{k}\sum_{1}^{n}(x_{ij}-\overline{x}_t)^2=SS_T-SS_t \tag{3-34}$$

因每组自由度为（$n-1$），共含 k 组，故组内自由度为：

$$DF_e = k(n-1) \tag{3-35}$$

故得到表 3-18 类型资料平方和与自由度的分解式为：

总平方和=组间（处理间）平方和+组内（误差）平方和

$$\sum_{1}^{nk}(x_{ij}-\overline{x})^2 = n\sum_{1}^{k}(\overline{x}_t-\overline{x})^2 + \sum_{1}^{k}\sum_{1}^{n}(x_{ij}-\overline{x}_t)^2 \tag{3-36}$$

写作：

$$SS_T = SS_t + SS_e$$

总自由度=组间（处理间）自由度+组内（误差）自由度

$$nk-1=(k-1)+k(n-1) \tag{3-37}$$

写作：

$$DF_T = DF_t + DF_e$$

求得各变异来源的平方和与自由度后，进而求得各部分方差：

$$\left.\begin{aligned} &\text{总的方差} \quad s_T^2 = \frac{SS_T}{DF_T} \\ &\text{处理间方差} \quad s_t^2 = \frac{SS_t}{DF_t} \\ &\text{误差方差} \quad s_e^2 = \frac{SS_e}{DF_e} \end{aligned}\right\} \tag{3-38}$$

【例 3-23】 在一个大豆品种的产量比较试验中，安排 A、B、C 三个大豆品种（$k=3$），A 品种为对照，B 和 C 为新品系，每品种随机地在 4 个小区测定产量（$n=4$），结果列于表 3-19，试作方差分析。

表 3-19　三个大豆品种产量比试验结果　　　　单位：kg/小区

品种(组)	(小区产量)重复				T_t	$\overline{x}_t$
	1	2	3	4		
A	196	213	231	187	827	206.8
B	292	224	364	276	1156	289.0
C	393	286	293	327	1299	324.8
					$T=3282$	$\overline{x}=273.5$

（1）平方和计算　本例中，共有 3 个处理（或 3 组），即 $k=3$；每品种有 4 个重复观察值，即 $n=4$。

① 矫正系数　根据式(3-30) 可知：

$$C=\frac{T^2}{kn}=\frac{(3282)^2}{3\times4}=897627$$

② 总平方和　根据式(3-29) 可得总平方和：

$$SS_T=\sum x^2-C=(196^2+213^2+\cdots+327^2)-897627=47623$$

③ 组间平方和（即处理平方和）　根据式(3-32) 可得组间平方和：

$$SS_t=\frac{\sum T_t^2}{n}-C=\frac{(827^2+1156^2+1299^2)}{4}-897629=29289.5$$

④ 组内平方和（即误差平方和）　根据式(3-34) 可得组内平方和：

$$SS_e=SS_T-SS_t=47623-29289.5=18333.5$$

（2）自由度计算　根据式(3-31)、式(3-33)、式(3-35) 可得：

总变异自由度 $DF_T=kn-1=12-1=11$

品种间自由度 $DF_t=k-1=2$

误差自由度 $DF_e=k(n-1)=3(4-1)=9$ 或 $DF_e=DF_T-DF_t=11-2=9$

(3) 计算各部分方差　根据式(3-38) 可得各部分方差估计：

处理间方差 $s_t^2=\dfrac{SS_t}{DF_t}=\dfrac{29289.5}{2}=14644.75$

误差方差 $s_e^2=\dfrac{SS_e}{DF_e}=\dfrac{18333.5}{9}=2037.06$

（二） F分布与F检验

1. F分布

在一个平均数为 μ、方差为 σ^2 的正态总体中，随机抽取两个独立样本，分别求得其方差 s_1^2 和 s_2^2，则其比值定义为 F 值：

$$F=\frac{s_1^2}{s_2^2}$$

此 F 值具有 s_1^2 的自由度 ν_1 和 s_2^2 的自由度 ν_2。如果在给定的（ν_1，ν_2）下进行一系列抽样，就可得到一系列的 F 值，F 值所具有的概率分布 f（F）称为 F 分布（见图 3-12）。统计研究表明，F 分布是具有平均数为 1 和取值区间为（0，∞）的一组曲线。

在上述资料中，为了检验处理间和重复间有无真实差异（即对无效假设进行假设检验），就需按式(3-32) 和式(3-34) 算出 s_t^2 和 s_e^2，并计算其 F 值：$F=s_t^2/s_e^2$

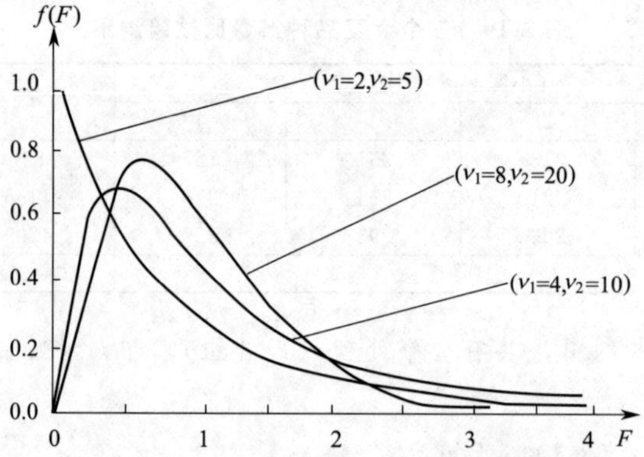

图 3-12　不同自由度下的 F 分布密度曲线

F 分布密度曲线是随自由度 DF_t、DF_e 的变化而变化的一组偏态曲线，其形态随着 $\nu_1=DF_t$、$\nu_2=DF_e$ 的增大逐渐趋于对称。

用 f（F）表示 F 分布的概率密度函数，则其分布函数 F（F_α）为：

$$F(F_\alpha)=P(F<F_\alpha)=\int_0^{F_\alpha}f(F)\mathrm{d}F$$

因而 F 分布右尾从 F_α 到 $+\infty$ 的概率为：

$$P(F\geqslant F_\alpha)=1-F(F_\alpha)=\int_{F_\alpha}^{+\infty}f(F)\mathrm{d}F$$

附录 5 F 值表列出的是不同 ν_1 和 ν_2 下，$P(F\geqslant F_\alpha)=0.05$ 和 $P(F\geqslant F_\alpha)=0.01$ 时的 F 值，即右尾概率 $\alpha=0.05$ 和 $\alpha=0.01$ 时的临界 F 值，一般记作 $F_{0.05}$、$F_{0.01}$。如查 F 值表，

当 $\nu_1=3$、$\nu_2=18$ 时，$F_{0.05}=3.16$，$F_{0.01}=5.09$，表示如以 $\nu_1=DF_t=3$、$\nu_2=DF_e=18$ 在同一正态总体中连续抽样，则所得 F 值大于 3.16 的概率仅为 5%，而大于 5.09 的概率仅为 1%。

2. F 检验

如同 t 检验的理论基础是 t 分布一样，F 检验的理论基础是 F 分布。附录 5 的 F 值表是为检验 s_t^2 代表的总体方差是否比 s_e^2 代表的总体方差大而设计的。

当实际计算的 F 值大于 $F_{0.05}$ 时，说明 F 值在 $\alpha=0.05$ 的水平上显著，此时就有 95% 的把握性（或说冒 5%的风险）推断 s_t^2 代表的总体方差大于 s_e^2 代表的总体方差，即处理的效应是“显著”的。同样，如果实际计算的 F 值大于 $F_{0.01}$，说明 F 值在 $\alpha=0.01$ 的水平上显著，此时就有 99%的把握性（或说冒 1%的风险）推断 s_t^2 代表的总体方差大于 s_e^2 代表的总体方差，即处理的效应是“极显著”的。

上述用 F 值出现概率的大小推断两个总体方差是否相等（或两个样本是否来自同一总体）的方法称为 F 检验。

方差分析中进行 F 检验的目的在于推断处理间的差异是否存在，检验某项变异因素的效应方差是否为零。在计算 F 值时总是以被检验因素的方差（大方差）作分子，以误差方差（小方差）作分母。如果检验因素的方差小于误差方差，这种因素（处理）的效应肯定是不存在的，就没必要再作 F 检验了，也正因为此，F 值表的数值都是≥1 的。

因此，实际进行 F 检验时，是将由试验资料所算得的 F 值与根据 $\nu_1=DF_t$（大均方的自由度）、$\nu_2=DF_e$（小均方的自由度）查附录 5 F 值表所得的临界 F 值（$F_{0.05}$ 或 $F_{0.01}$）相比较作出统计推断的。

若 $F<F_{0.05}$，即 $P>0.05$，不能否定 H_0，统计学上把这一检验结果表述为：各处理间差异不显著，不标记符号；若 $F_{0.05}\leqslant F<F_{0.01}$，即 $0.01<P\leqslant 0.05$，否定 H_0，接受 H_A，统计学上把这一检验结果表述为：各处理间差异显著，在 F 值的右上方标记“*”；若 $F\geqslant F_{0.01}$，即 $P\leqslant 0.01$，否定 H_0，接受 H_A，统计学上把这一检验结果表述为：各处理间差异极显著，在 F 值的右上方标记“**”。

例 3-23 中，因为 $F=s_t^2/s_e^2=14644.75/2037.06=7.19$；根据 $\nu_1=DF_t=2$，$\nu_2=DF_e=9$，查附录 5 F 值表，得 $F_{0.05}=4.26$，$F_{0.01}=8.02$，$F_{0.05}<F=7.19<F_{0.01}$，即 $0.01<P<0.05$，说明 3 个大豆品种样本来自同一总体（H_0）的概率大于 0.01 而小于 0.05，故 3 个大豆品种对产量的影响达到“显著差异”，但未达到“极显著差异”。

方差分析中通常将变异来源、平方和、自由度归纳成一张方差分析表，在该表上计算各项方差、F 值，并进行 F 检验，见表 3-20。

表 3-20　表 3-19 资料方差分析表

变异来源	平方和 SS	自由度 DF	方差 s^2	F	$F_{0.05}$	$F_{0.01}$
品种间	29289.5	2	14644.75	7.19*	4.26	8.02
品种内	18333.5	9	2037.06			
总	47623	11				

因为经 F 检验差异显著，故在 F 值 7.19 右上方标记显著符号“*”。

（三）多重比较

如果经 F 检验，F 值达到显著或极显著，就认为相对于误差变异而言，试验的总变异主要来源于处理间的变异，试验中各处理平均数间存在显著或极显著差异，但并不意味着每两个处理平均数间的差异都显著或极显著，也不能具体说明哪些处理平均数间有显著或极显著差异，哪些差异不显著。因而，有必要进行两两处理平均数间的比较，以具体判断两两处理平均数间的差异显著性。统计上把多个平均数两两间的相互比较称为多重比较。

多重比较的方法比较多，常用的有最小显著差数法（*LSD* 法）和最小显著极差法（*LSR* 法），现分别介绍。

1. 最小显著差数法

最小显著差数法（缩写为*LSD*）是由 R. A. Fisher 于 1935 年提出的，又称 *LSD* 法，即确定一个达到显著的最小平均数差数尺度 LSD_α，任何两个平均数的差数，若其绝对值$>LSD_\alpha$，即为在 α 水平上显著；反之，则为在 α 水平上不显著。*LSD* 法是多重比较中最基本的方法，因它是两个平均数相比较在多样本试验中的应用，所以 *LSD* 法实际上也属于 t 检验，而 t 检验只适用于检验两个相互独立的样本平均数的差异显著性。在有多个平均数时，任何两个平均数比较都会牵连到其他平均数，从而降低了显著水平，容易作出错误的判断。所以在应用 *LSD* 法进行多重比较时，必须在检验显著的前提下进行，并且各对被比较的两个样本平均数在试验前已经指定，因此利用此法时各试验处理一般是与指定的对照相比较。

用 *LSD* 法进行多重比较的步骤：

（1）计算样本平均数差数标准误 $s_{\bar{x}_1-\bar{x}_2}$

$$s_{\bar{x}_1-\bar{x}_2}=\sqrt{\frac{2s_e^2}{n}} \tag{3-39}$$

（2）计算显著水平为 α 的最小显著差数 LSD_α　在 t 检验中已知

$$t=\frac{\bar{x}_1-\bar{x}_2}{s_{\bar{x}_1-\bar{x}_2}}$$

在误差自由度下，查显著水平为 α 时的临界 t 值，当 $t=t_\alpha$，有

$$\bar{x}_1-\bar{x}_2=t_\alpha s_{\bar{x}_1-\bar{x}_2}$$

故 $\bar{x}_1-\bar{x}_2$ 即等于在误差自由度 DF_e 下，显著水平为 α 时的最小显著差数，即 LSD_α

$$LSD_\alpha=t_\alpha s_{\bar{x}_1-\bar{x}_2} \tag{3-40}$$

当 $\alpha=0.05$ 和 0.01 时，*LSD* 的计算公式分别是

$$LSD_{0.05}=t_{0.05}s_{\bar{x}_1-\bar{x}_2} \tag{3-41}$$

$$LSD_{0.01}=t_{0.01}s_{\bar{x}_1-\bar{x}_2} \tag{3-42}$$

当两处理平均数的差数达到或超过 $LSD_{0.05}$ 时，差异显著；达到或超过 $LSD_{0.01}$ 时，差异达到极显著。

由例 3-23 资料可得

$$s_{\bar{x}_1-\bar{x}_2}=\sqrt{2s_e^2/n}=\sqrt{2\times2037.06/4}=31.9(\text{kg})$$

用 $DF_e=9$，查 t 值表（附录 4）知：$t_{0.05}=2.262$，$t_{0.01}=3.250$。

所以根据式(3-41) 和式(3-42)，显著水平为 0.05 与 0.01 的最小显著差数为

$$LSD_{0.05}=t_{0.05}s_{\bar{x}_1-\bar{x}_2}=2.262\times31.9=72.16(\text{kg})$$

$$LSD_{0.01}=t_{0.01}s_{\bar{x}_1-\bar{x}_2}=3.250\times31.9=103.68(\text{kg})$$

（3）处理平均数的两两比较　把各品种平均数及其与对照的差数列成表 3-21，为便于比较各样本平均数按从大到小依次排列。各品种与对照的差数分别与 $LSD_{0.05}=72.16$、

$LSD_{0.01}=103.68$ 比较：小于 $LSD_{0.05}$ 者不显著，不标记符号；介于 $LSD_{0.05}$ 与 $LSD_{0.01}$ 之间者为显著，在差数的右上方标记“*”；大于 $LSD_{0.01}$ 者为极显著，在差数的右上方标记“* *”。

表 3-21 三个大豆品种产量差异比较（*LSD* 法）

品种	平均数 $\bar{x}_t$	与对照的差数($\bar{x}_t-\bar{x}_A$)
C	324.8	118.0^{**}
B	289.0	82.2^{*}
A(CK)	206.8	

多重比较结果说明品种 C 与对照品种 A 差异极显著，品种 B 与对照品种 A 差异显著。

2. Duncan 氏新复极差法

此方法是 D. B. Duncan 于 1955 年提出的一种多重比较方法，又叫最短显著极差法（简称 SSR），或最小显著极差法（简称 LSR）。此法的特点是将平均数按照大小进行排序，不同的平均数之间比较采用不同的显著值，这些显著值叫作多重极差，也叫全距，用 R 表示。检验时，不同极差包括的平均数个数不同，作为显著性检验的误差标准也不相同，包括的平均数越多，则误差的标准越高。因此克服了 LSD 法同一误差标准的缺点，提高了试验的精确度，是目前农业科学研究中最为通用的多重比较方法。

如表 3-21 中由上到下的 3 个平均数是按从大到小的次序排列的，两个极端平均数之差（324.8－206.8）＝118.0 是 3 个平均数的极差（全距），在这个极差中，又包括（324.8－289.0）、（289.0－206.8）2 个均涵盖 2 个平均数的全距，每个全距是否显著，可用全距相当于平均数标准误的倍数（SSR）来衡量，即：

$$\frac{R}{s_{\bar{x}}}=SSR_{\alpha} \tag{3-43}$$

式中，R 为全距；$s_{\bar{x}}$ 为样本平均数的标准误

$$s_{\bar{x}}=\sqrt{\frac{s_e^2}{n}}$$

在本例中

$$s_{\bar{x}}=\sqrt{\frac{s_e^2}{n}}=\sqrt{\frac{2037.06}{4}}=22.6$$

如果 $\frac{R}{s_{\bar{x}}}\geqslant SSR_{0.05}$，说明差异显著；如果 $\frac{R}{s_{\bar{x}}}\geqslant SSR_{0.01}$，说明差异极显著。换成式(3-44)：

$$\left.\begin{aligned} R\geqslant SSR_{0.05}\times s_{\bar{x}}=LSR_{0.05} \quad & \text{差异显著} \\ R\geqslant SSR_{0.01}\times s_{\bar{x}}=LSR_{0.01} \quad & \text{差异极显著} \end{aligned}\right\} \tag{3-44}$$

式中，SSR_{α} 即在 α 水平上的最小显著极差，由附录 6 查得；LSR_{α} 是在具体比较中 α 水平上的极差临界值。

SSR_{α} 数值的大小，一方面与误差方差的自由度有关，另一方面与检验极差所包括的平均数个数（k）有关。例如，要测定表 3-21 中最大极差（324.8－206.8）＝118.0 是否显著，在这个全距内，包括了 3 个平均数的全距。因此应根据 $DF_e=9$、$k=3$ 查附录 6SSR 值表，得 $SSR_{0.05}=3.24$，$SSR_{0.01}=4.86$，将有关数值代入式(3-43）中得：

$$LSR_{0.05}=3.34\times 22.6=75.5$$

$$LSR_{0.01}=4.86\times 22.6=109.8$$

$(324.8-206.8)=118.0>LSR_{0.01}$，说明这个极差极显著。

现将表 3-19 资料按照 SSR 法对平均数进行多重比较。

（1）计算 $s_{\bar{x}}$　$s_{\bar{x}}=22.6$。

（2）计算 LSR 值　因为 $LSR_\alpha=SSR_\alpha\times s_{\bar{x}}$，故根据误差自由度 $DF_e=9$ 和显著水平 $\alpha=0.05$ 和 0.01 查附录 6SSR 值表在不同 k（检验极差时包括的平均数个数）下的 SSR 值，并将有关数值代入式(3-44)，得到表 3-22。

表 3-22　$LSR_{0.05}$ 和 $LSR_{0.01}$ 计算表（$s_{\bar{x}}=22.6$，$DF_e=9$）

k	2	3
$SSR_{0.05}$	3.20	3.34
$SSR_{0.01}$	4.60	4.86
$LSR_{0.05}$	72.3	75.5
$LSR_{0.01}$	104.0	109.8

（3）各处理平均数间的比较　首先，将各处理平均数按大小顺序排列成表 3-23，再根据各 LSR 值对各极差进行检验。

在利用 SSR 法多重比较中，常采用的是英文字母标记法。若显著水平 $\alpha=0.05$，差异显著性用小写英文字母表示，可先在最大的平均数后标上字母 a，并将该平均数与以下各个平均数相比，凡相差不显著的（$R<LSR_\alpha$）都标上字母 a，直至某一个与之相差显著的平均数则标以字母 b；再以该标有字母 b 的平均数为准，与上方各个平均数比，凡是不显著的一律标以 b；再以标有 b 的最大平均数为准，与以下各未标记的平均数比，凡是不显著的继续标以字母 b，直至某一个与之相差显著的平均数则标以字母 c；……；如此重复，直到最小的一个平均数有了标记字母为止。在各平均数之间，凡是标有相同字母的，差异不显著，凡是标有不同字母的表示差异显著。显著水平 $\alpha=0.01$ 时，用大写英文字母表示，标记方法同上述。

表 3-23　三个大豆品种产量差异比较（SSR 法）

品种	平均数	差异显著性	
		$\alpha=0.05$	$\alpha=0.01$
C	324.8	a	A
B	289.0	a	AB
A	206.8	b	B

二、单向分组资料方差分析

前节所述将总变异分解为品种内（处理内）和品种间（处理间）两个组成部分变异，这种观察值按一个方向分组的属于单向分组资料的方差分析（也叫单方面或单变数资料的方差分析）。这种分析又可分品种或处理具有相等数目的观察值与品种或处理具有不等数目的观察值两种方法，即组内观察值数目相等和不等两种方法。

（一）组内观察值数目相等的单向分组资料方差分析

一般情况下，在试验或设计时尽量使各处理的观察值数目（即各样本容量均为 n）相等，以便于统计分析，并且可以提高精确度。表 3-19 资料的方差分析就属于这类资料，故不再赘述。资料整理的方法见表 3-18，方差分析所应用的公式则总结在表 3-24 中。

表 3-24 组内观察值数目相等的单向分组资料的方差分析所用公式

变因	SS	DF	s^2	F	标准误
处理间 误差	$SS_t=\frac{\sum T_t^2}{n}-C$ $SS_e=SS_T-SS_t$	$DF_t=k-1$ $DF_e=k(n-1)$	$s_t^2=\frac{SS_t}{DF_t}$ $s_e^2=\frac{SS_e}{DF_e}$	$F=s_t^2/s_e^2$	$s_{\bar{x}_i-\bar{x}_j}=\sqrt{2s_e^2/n}$ $s_{\bar{x}}=\sqrt{\frac{s_e^2}{n}}$
总变异	$SS_T=\sum x_{ij}^2-C$ $C=T^2/kn$	$DF_T=kn-1$	$LSD_\alpha=t_\alpha s_{\bar{x}_i-\bar{x}_j}$ $LSR_\alpha=SSR_\alpha\times s_{\bar{x}}$		

（二）组内观察值数目不等的单向分组资料方差分析

假定某个试验中，有 k 个处理，每个处理分别有 n_1、$n_2\cdots\cdots n_k$ 个观察值，即为组内观察值数目不等的单向分组资料。平方和与自由度的分解如下所述。

1. 平方和分解

$$\left.\begin{aligned}
&\text{总变异平方和} && SS_T=\sum_1^{n_i}(x-\bar{x})^2=\sum x^2-C \\
& && \text{其中}\quad C=\frac{T^2}{\sum n_i} \\
&\text{处理间平方和} && SS_t=\sum_1^{k}n_i(\bar{x}_i-\bar{x})^2=\sum\frac{T_i^2}{n_i}-C \\
&\text{误差平方和} && SS_e=\sum_1^{k}\sum_1^{n_i}(x-\bar{x}_i)^2=SS_T-SS_t
\end{aligned}\right\}\tag{3-45}$$

2. 自由度分解

$$\left.\begin{aligned}
&\text{总变异自由度} && DF_T=\sum n_i-1 \\
&\text{处理间自由度} && DF_t=k-1 \\
&\text{误差自由度} && DF_e=\sum n_i-k
\end{aligned}\right\}\tag{3-46}$$

多重比较时，由于各处理的重复次数不同，可先计算各 n_i 的平均数 n_0，用于计算平均数差数标准误和平均数标准误。

$$n_0=\frac{1}{k-1}\left(N-\frac{\sum n_i^2}{N}\right)\tag{3-47}$$

$$N=n_1+n_2+n_3+\cdots+n_k=\sum n_k\text{，故有}$$

$$s_{\bar{x}_1-\bar{x}_2}=\sqrt{\frac{2s_e^2}{n_0}}\tag{3-48}$$

$$s_{\bar{x}}=\sqrt{\frac{s_e^2}{n_0}}\tag{3-49}$$

【例 3-24】在某一果园中，随机调查 A、B、C、D 四个苹果品种新梢长度，各品种新梢长度观察值（m）列于表 3-25，各处理重复数不等，试进行方差分析。

表 3-25 不同苹果品种的新梢长度 单位：m

品种	重复	T_i	$\bar{x}_i$	n_i
A	3.0,3.1,2.8,2.7,3.2,2.6,3.3,2.5	23.2	2.9	8
B	2.9,3.2,3.1,2.8,3.5,3.2,2.6	21.3	3.0	7
C	2.9,3.1,3.4,3.5,3.7,3.1,3.5	23.2	3.3	7
D	3.0,3.6,3.0,3.3,3.4,3.5,3.6,3.8,3.0,3.8	34.0	3.4	10
		$T=101.7$		$N=\sum n_i=32$

分析步骤：

(1) 平方和分解

① 矫正系数

$$C=\frac{T^2}{\sum n_i}=\frac{101.7^2}{32}=323.22$$

② 总平方和

$$SS_T=\sum x^2-C=3.0^2+3.1^2+\cdots+3.8^2-323.22=3.89$$

③ 处理平方和

$$SS_t=\sum\frac{T_i{}^2}{n_i}-C=\left(\frac{23.2^2}{8}+\frac{21.3^2}{7}+\frac{23.2^2}{7}+\frac{34.0^2}{10}\right)-323.22=1.36$$

④ 误差平方和

$$SS_e=3.89-1.36=2.53$$

(2) 自由度分解

① 总自由度

$$DF_T=N-1=32-1=31$$

② 处理自由度

$$DF_t=k-1=4-1=3$$

③ 误差自由度

$$DF_e=DF_T-DF_t=31-3=28$$

(3) 列方差分析表 方差分析表见表 3-26。

表 3-26 表 3-25 资料方差分析表

变异原因	SS	DF	s^2	F	$F_{0.05}$	$F_{0.01}$
处理间	1.36	3	0.453	5.03	2.95	4.57
误差	2.53	28	0.090			
总	3.89	31				

方差分析的 F 检验结果，$F>F_{0.01}$，说明四个苹果品种的新梢长度有极显著差异，应进一步作多重比较。

(4) 多重比较 根据式(3-47)

$$n_0=\frac{1}{k-1}\left(N-\frac{\sum n_i^2}{N}\right)=\frac{1}{4-1}\left(32-\frac{8^2+7^2+7^2+10^2}{32}\right)=7.94$$

根据式(3-49)

$$s_{\bar{x}}=\sqrt{\frac{s_e^2}{n_0}}=\sqrt{\frac{0.090}{7.94}}=0.11$$

当 $DF_e=28$，查附录 6 得 k 为 2、3、4 时的 SSR 值，将 SSR 值分别乘以 $s_{\bar{x}}$ 值，得 LSR 值列于表 3-27。用字母表示的多重比较的结果列于表 3-28。

表 3-27　多重比较时的 *LSR* 的计算

k	2	3	4
$SSR_{0.05}$	2.90	3.04	3.13
$SSR_{0.01}$	3.91	4.08	4.18
$LSR_{0.05}$	0.32	0.33	0.34
$LSR_{0.01}$	0.43	0.45	0.46

表 3-28　不同品种新梢长度的差异显著性表（*SSR* 法）

处理	新梢长度平均数/m	差异显著性	
		$\alpha=0.05$	$\alpha=0.01$
D	3.4	a	A
C	3.3	ab	AB
B	3.0	bc	AB
A	2.9	c	B

推断：品种 D 的新梢长显著大于 B 和 A，而 D 和 C、C 和 A、B 和 A 之间差异不显著；D 和 A 之间差异极显著，D、C、B 间差异没有达到极显著，C、B、A 间差异也没有达到极显著。

（三）系统分组资料方差分析

对于单方面分类资料，每类内（组内，或处理内）又分为亚类，称为系统分组资料。系统分组资料在农业试验上是比较常见的。如对多块土地取土样分析，每块地取若干样点，而每一样点又做了数次不同分析的资料；或调查果树病害，随机调查若干株，每株取不同部位若干枝条，每个枝条取若干叶片查其病斑数的资料；或在温室里做盆栽试验，每处理若干盆，每盆若干株的资料等，均为系统分组资料。这里仅讨论组内分亚组（即二级系统分组资料），且每组观察值数目相等的系统分组资料。

假定一个系统资料共有 l 组，每个组内又分为 m 个亚组，每个亚组内有 n 个观察值，则该资料共有 lmn 个观察值，其资料类型如表 3-29 所示。

表 3-29　二级系统分组资料 *lmn* 个观察值的结构表

($i=1, 2, \cdots; j=1, 2, \cdots, m; k=1, 2, \cdots, n$)

组别	1	2	…	i				…	l	
亚组别	…	…	…	1	2	…j…	m	…	…	
观察值	…	…	…	x_{i11} x_{i12} ⋮ x_{i1k} ⋮ x_{i1n}	x_{i21} x_{i22} ⋮ x_{i2k} ⋮ x_{i2n}	x_{ij1} x_{ij2} ⋮ x_{ijk} ⋮ x_{ijn}	x_{im1} x_{im2} ⋮ x_{imk} ⋮ x_{imn}	…	…	
亚组总和 T_{ij}				T_{i1}	T_{i2}	T_{ij}	T_{im}			
组总和 T_i	T_1	T_2	…	T_i				…	T_l	$T=\sum x$
亚组均数 $\bar{x}_{ij}$				$\bar{x}_{i1}$	$\bar{x}_{i2}$	$\bar{x}_{ij}$	$\bar{x}_{im}$			
组均数 $\bar{x}_i$	$\bar{x}_1$	$\bar{x}_2$	…	$\bar{x}_i$				…	$\bar{x}_l$	$\bar{x}=T/lmn$

需要注意的是，虽然这类资料分析的是两个因素（组和亚组）的变异显著性，但其资料只能按一个方向分类，因为 m 个亚组对于 l 个组来说各不相同，并不是组间的重复。

系统分组资料的变异来源分为组间（处理间）、组内亚组间和同一亚组内各重复观察值间（试验误差）三部分。其平方和与自由度的分解如下：

（1）总变异

$$\left.\begin{aligned} SS_{\mathrm{T}} &= \sum x^2 - C \\ \text{其中 } C &= \frac{T^2}{lmn} \\ DF_{\mathrm{T}} &= lmn - 1 \end{aligned}\right\} \tag{3-50}$$

（2）组间（处理间）变异

$$\left.\begin{aligned} SS_{\mathrm{t}} &= \frac{\sum T_i^2}{mn} - C \\ DF_{\mathrm{t}} &= l - 1 \end{aligned}\right\} \tag{3-51}$$

（3）同一组内亚组间的变异

$$\left.\begin{aligned} SS_{\mathrm{d}} &= \frac{\sum T_{ij}^2}{n} - \frac{\sum T_i^2}{mn} \\ DF_{\mathrm{d}} &= l(m-1) \end{aligned}\right\} \tag{3-52}$$

（4）亚组内（误差）的变异

$$\left.\begin{aligned} SS_{\mathrm{e}} &= \sum x^2 - \frac{\sum T_{ij}^2}{n} \\ DF_{\mathrm{e}} &= lm(n-1) \end{aligned}\right\} \tag{3-53}$$

据此可得二级系统分组资料方差分析表（表 3-30）。

表 3-30　二级系统分组资料的方差分析表

变异来源	SS	DF	s^2	F
组间	$SS_{\mathrm{t}} = \sum T_i^2/mn - C$	$DF_{\mathrm{t}} = l - 1$	$s_{\mathrm{t}}^2 = SS_{\mathrm{t}}/l - 1$	$s_{\mathrm{t}}^2/s_{\mathrm{d}}^2$
组内亚组间	$SS_{\mathrm{d}} = \sum T_{ij}^2/n - \sum T_i^2/mn$	$DF_{\mathrm{d}} = l(m-1)$	$s_{\mathrm{d}}^2 = SS_{\mathrm{d}}/l(m-1)$	$s_{\mathrm{d}}^2/s_{\mathrm{e}}^2$
亚组内	$SS_{\mathrm{e}} = \sum x^2 - \sum T_{ij}^2/n$	$DF_{\mathrm{e}} = lm(n-1)$	$s_{\mathrm{e}}^2 = SS_{\mathrm{e}}/lm(n-1)$	
总变异	$SS_{\mathrm{T}} = \sum x - C$ $C = T^2/lmn$	$DF_{\mathrm{T}} = lmn - 1$		

从表 3-30 可知，当检验各组（处理）间有无不同效应时，无效假设 H_0：$\sigma_{\mathrm{t}}^2 = 0$

$$F = s_{\mathrm{t}}^2/s_{\mathrm{d}}^2 \tag{3-54}$$

而当检验各亚组间有无不同效应时，无效假设 H_0：$\sigma_{\mathrm{d}}^2 = 0$

$$F = s_{\mathrm{d}}^2/s_{\mathrm{e}}^2 \tag{3-55}$$

当进行组（处理）间平均数多重比较时，平均数标准误为：

$$s_{\overline{x}} = \sqrt{s_{\mathrm{d}}^2/mn} \tag{3-56}$$

当进行组内亚组间平均数多重比较时，平均数标准误为：

$$s_{\overline{x}} = \sqrt{s_{\mathrm{e}}^2/n} \tag{3-57}$$

【例 3-25】 为了研究某种肥料对 A、B、C 3 个小麦品种产量的影响，每个品种在 2 个地块种植，每地块种 4 行，生长期间按相同方法、计量施用这种肥料，收获时测定每个品种、每个地块、每行的产量（kg），结果见表 3-31，试作方差分析。

表 3-31　四个小麦品种的产量　　单位：kg

品种 i	地块 j	产量 x_{ijk}				地块总和 T_{ij}	品种总和 T_i	品种平均 $\overline{x}_i$
A	A_1	6.2	6.5	7.0	6.1	25.8	52.7	6.6
	A_2	7.1	7.2	6.7	5.9	26.9		
B	B_1	9.2	9.6	8.3	10.1	37.2	74.9	9.4
	B_2	8.9	9.2	9.7	9.9	37.7		
C	C_1	8.1	7.2	7.9	8.5	31.7	63.2	7.9
	C_2	8.4	8.0	7.3	7.8	31.5		
总	$T=190.8$							

（1）平方和与自由度的分解　根据式(3-50)、式(3-51)、式(3-52)、式(3-53) 首先对平方和与自由度分解如下。

① 矫正系数

$$C=\frac{T^2}{lmn}=\frac{190.8^2}{3\times2\times4}=\frac{36404.64}{24}=1516.86$$

② 总变异

平方和　$SS_T=\sum x^2-C=6.2^2+6.5^2+\cdots+7.3^2+7.8^2-C$

$=1553.3-1516.86=36.44$

自由度　$DF_T=lmn-1=(3\times2\times4)-1=23$

③ 组间（品种间）变异

平方和　$$SS_t=\frac{\sum T_i^2}{mn}-C=\frac{52.7^2+74.9^2+63.2^2}{2\times4}-C$$

$=12381.54/8-C$

$=1547.69-1516.86=30.83$

自由度　$DF_t=l-1=3-1=2$

④ 组内亚组间（品种内地块间）变异

平方和　$$SS_d=\frac{\sum T_{ij}^2}{n}-\frac{\sum T_i^2}{mn}$$

$=(25.8^2+26.9^2+\cdots+31.5^2)/4-1547.69$

$=1547.88-1547.69=0.19$

自由度　$DF_d=l(m-1)=3\times(2-1)=3$

⑤ 亚组内观察值间（地块内行间）变异

平方和　$$SS_e=\sum x^2-\frac{\sum T_{ij}^2}{n}$$

$=1553.3-1547.88=5.42$

自由度　$DF_e=lm(n-1)=3\times2\times(4-1)=18$

（2）方差分析表　所得方差分析表见表 3-32。

表 3-32　例 3-31 资料的方差分析表

变异来源	SS	DF	s^2	F	$F_{0.05}$	$F_{0.01}$
品种间(组间)	30.83	2	15.415	244.68**	9.55	30.82
品种内地块间(亚组间)	0.19	3	0.063	0.21		

续表

变异来源	SS	DF	s^2	F	$F_{0.05}$	$F_{0.01}$
地块内行间(误差)	5.42	18	0.301			
总	36.44	23				

表 3-32 中的方差（s^2）计算如下：

品种间方差 $$s_t^2=\frac{SS_t}{DF_t}=\frac{30.83}{2}=15.415$$

品种内地块间方差 $$s_d^2=\frac{SS_d}{DF_d}=\frac{0.19}{3}=0.063$$

地块内行间方差 $$s_e^2=\frac{SS_e}{DF_e}=\frac{5.42}{18}=0.301$$

表 3-32 中 F 值的计算：

品种间比较 $$F=\frac{s_t^2}{s_d^2}=\frac{15.415}{0.063}=244.68$$

品种内地块间比较 $$F=\frac{s_d^2}{s_e^2}=\frac{0.063}{0.301}=0.21$$

对品种内地块间作 F 检验，因 F 值小于 1，故品种内地块间差异显然是不显著的。对品种间变异作 F 检验，查 F 值表（附录 5），当 $\nu_1=2$、$\nu_2=3$ 时，$F_{0.05}=9.55$，$F_{0.01}=30.82$，现实得 $F=244.68>F_{0.01}$，故否定 H_0，品种间差异极显著。

(3) 多重比较　根据方差分析结果，品种内行间差异不显著，故只在三个品种间进行多重比较。

按式(3-56) 计算平均数标准误：

$$s_{\overline{x}}=\sqrt{\frac{s_d^2}{mn}}=\sqrt{\frac{0.063}{2\times4}}=0.089$$

按 $\nu=3$ 查 SSR 值表（附录 6）得 $k=2$、3 时的 SSR 值，并计算各 LSR 值于表 3-33。由 LSR 值对三个品种产量进行多重比较的结果列于表 3-34。

表 3-33　三个品种的 *LSR* 值（*SSR* 法）

k	2	3
$SSR_{0.05}$	4.50	4.50
$SSR_{0.01}$	8.26	8.50
$LSR_{0.05}$	0.40	0.40
$LSR_{0.01}$	0.74	0.76

表 3-34　三个品种间产量的差异显著性

品种	产量 $\overline{x}_i$/kg	差异显著性	
		$\alpha=0.05$	$\alpha=0.01$
B	9.4	a	A
C	7.9	b	B
A	6.6	c	C

可见，施某种肥料对三个品种产量的效应，B、C 与 A 间差异均极显著。

三、两向分组资料方差分析

单向分组资料是由单个变数的观察值构成的，即观察值按一个方向分组。两向分组资料的方差分析是指试验设计中包含两个因素资料的方差分析，即观察值按两个方向分组。如选用几种温度和几种培养基培养某种真菌研究其生长速度的试验，包含了温度和培养基两个因素，其每一观察值都是某一温度和某一培养基组合作用的结果，故属两向分组资料。按完全随机设计的两因素试验数据，都是两向分组资料，其方差分析按各组合内有无重复观察值又分为两种不同情况，即组合内无重复观察值的两项分组资料（也叫单独观察值的两项分组资料）和组合内有重复观察值的两项分组资料（也叫重复观察值的两项分组资料）。

（一）组合内无重复观察值的两向分组资料方差分析

假设某个试验中包含了A和B两个因素，A因素有a个水平，B因素有b个水平，每一处理组合仅有一个观测值，整个试验共有ab个观测值。把试验资料整理成如表3-35所示的表格。表中T_A和$\bar{x}_A$分别表示各行（A因素的各个水平）的总和及平均数；T_B和$\bar{x}_B$分别表示各列（B因素的各个水平）的总和及平均数；T和$\bar{x}$表示全部数据的总和及平均数。

表3-35 两向分组资料每处理无重复观测值的数据结构表

($i=1, 2, \cdots, a$; $j=1, 2, \cdots, b$)

A因素	B因素				T_A	$\bar{x}_A$
	B_1	B_2	…	B_b		
A_1	x_{11}	x_{12}	…	x_{1b}	T_{A1}	$\bar{x}_{A1}$
A_2	x_{21}	x_{22}	…	x_{2b}	T_{A2}	$\bar{x}_{A2}$
⋮	⋮	⋮		⋮	⋮	⋮
A_a	x_{a1}	x_{a2}	…	x_{ab}	T_{Aa}	$\bar{x}_{Aa}$
T_B	T_{B1}	T_{B2}	…	T_{Bb}	T	
$\bar{x}_B$	$\bar{x}_{B1}$	$\bar{x}_{B2}$	…	$\bar{x}_{Bb}$		$\bar{x}$

两向分组资料的总变异可分为A因素、B因素和误差三部分。其计算公式见表3-36。

以上试验资料为两个因子的试验结果，即A因素和B因素，而其试验误差的估计则为这两个因素的相互作用部分。如果两个因素间不存在互作，那么互作的变异可以当作试验误差；若存在互作，则这种设计因无重复观察值而无误差估计，所以是不完善的。

表3-36 两向分组资料方差分析表

变异来源	SS	DF	s^2	F	$s_{\bar{x}}$
A因素	$SS_A=\sum T_A^2/b-C$	$DF_A=a-1$	$s_A^2=SS_A/DF_A$	s_A^2/s_e^2	$\sqrt{s_e^2/b}$
B因素	$SS_B=\sum T_B^2/a-C$	$DF_B=b-1$	$s_B^2=SS_B/DF_B$	s_B^2/s_e^2	$\sqrt{s_e^2/a}$
误差	$SS_e=SS_T-SS_A-SS_B$	$DF_e=(a-1)(b-1)$	$s_e^2=SS_e/DF_e$		
总	$\sum x^2-C$ $C=T^2/ab$	$DF_T=ab-1$			

【例3-26】 若有A_1、A_2、A_3、A_4四种生长素，用B_1、B_2、B_3三种时间浸渍莱用大豆品种种子，45天后测得各处理组合平均单株干物重（g/株）列于表3-37，试作方差分析。

表 3-37 四种生长素三种浸渍时间对大豆单株干物质量的影响试验结果 单位：g/株

生长素 A	浸渍时间 B			T_A	$\bar{x}_A$
	B_1	B_2	B_3		
A_1	10	9	10	29	9.67
A_2	2	5	4	11	3.67
A_3	13	14	14	41	13.67
A_4	12	12	13	37	12.33
T_B	37	40	41	$T=118$	
$\bar{x}_B$	9.3	10.0	10.3		$\bar{x}=9.83$

（1）平方和的分解

① 计算矫正系数

$$C=\frac{T^2}{ab}=\frac{118^2}{4\times 3}=1160.3$$

② 总平方和

$$SS_T=\sum x^2-C=10^2+9^2+\cdots+13^2-C=1344-1160.3=183.7$$

③ 生长素间平方和（因素 A 间）

$$SS_A=\frac{\sum T_A^2}{b}-C=\frac{29^2+11^2+41^2+37^2}{3}-C=1337.3-1160.3=177.0$$

④ 浸渍时间间平方和（因素 B 间）

$$SS_B=\frac{\sum T_B^2}{a}-C=\frac{37^2+40^2+41^2}{4}-C=1162.5-1160.3=2.2$$

⑤ 误差平方和

$$SS_e=SS_T-SS_A-SS_B=183.7-177.0-2.2=4.5$$

（2）自由度的分解

① 总自由度

$DF_T=ab-1=12-1=11$

② A 因素自由度

$DF_A=a-1=4-1=3$

③ B 因素自由度

$DF_B=b-1=3-1=2$

④ 误差自由度

$DF_e=(a-1)(b-1)=(4-1)\times(3-1)=6$

（3）列方差分析表进行 F 检验 将以上结果列入表 3-38 中，并按表 3-36 计算各 s^2 和 F 值。

表 3-38 表 3-37 资料的方差分析表

变异来源	SS	DF	s^2	F
生长素间	177.0	3	59.0	78.67**
浸渍时间间	2.2	2	1.1	1.47
误差	4.5	6	0.75	
总变异	183.7	11		

对生长素间差异作 F 检验，查 F 值表（附录 5），当 $\nu_1=3$、$\nu_2=6$ 时，$F_{0.01}=9.78$，现实得 $F=78.67>F_{0.01}$，故否定 H_0，说明不同的生长素间差异极显著，需作多重比较。

对浸渍时间间差异作 F 检验，查 F 值表（附录 5），当 $\nu_1=2$、$\nu_2=6$ 时，$F_{0.05}=5.14$，$F_{0.01}=10.92$，实得 $F=1.47<F_{0.05}$，故接受 H_0，即三种浸渍时间间差异不显著，不需作多重比较。

（4）生长素间比较

$$s_{\bar{x}}=\sqrt{\frac{s_e^2}{b}}=\sqrt{\frac{0.75}{3}}=0.5$$

当 $\nu=6$ 时，查 SSR 值表（附录 6）得 $k=2$、3、4 时的 SSR 值，并按 $LSR_\alpha=SSR_\alpha\times s_{\bar{x}}$ 计算得各 LSR 值列于表 3-39。进而进行多重比较，结果列于表 3-40。

表 3-39　四种生长素的 *LSR* 值

k	2	3	4
$SSR_{0.05}$	3.46	3.58	3.64
$SSR_{0.01}$	5.24	5.51	5.65
$LSR_{0.05}$	1.73	1.79	1.82
$LSR_{0.01}$	2.62	2.76	2.83

表 3-40　四种生长素处理的差异显著性

生长素	平均干物重/(g/株)	差异显著性	
		$\alpha=0.05$	$\alpha=0.01$
A_3	13.67	a	A
A_4	12.33	a	A
A_1	9.67	b	B
A_2	3.67	c	C

结论推断：四种生长素对大豆单株平均干物重的影响效应，除 A_3 与 A_4 比较差异不显著外，其余处理间比较有极显著差异。

（二）组合内有重复观察值的两向分组资料方差分析

假定在某一试验中，安排有 A 和 B 两个因素，其中 A 因素有 A_1、A_2……A_a 共 a 个水平，B 因素有 B_1、B_2……B_b 共 b 个水平，共有 ab 个处理组合，每一处理有 n 个观测值，所以整个试验资料共有 abn 个观测值。如果试验按完全随机设计，则其资料的类型见表 3-41。

表 3-41　两向分组资料有重复观测值的数据结构

A 因素	重复	B 因素				T_A	$\bar{x}_A$
		B_1	B_2	…	B_b		
A_1	1	x_{111}	x_{121}	…	x_{1b1}		
	2	x_{112}	x_{122}	…	x_{1b2}		
	⋮	⋮	⋮		⋮		
	n	x_{11n}	x_{12n}	…	x_{1bn}		
	T_t	T_{t11}	T_{t12}	…	T_{t1b}	T_{A1}	
	$\bar{x}_t$	$\bar{x}_{t11}$	$\bar{x}_{t12}$	…	$\bar{x}_{t1b}$		$\bar{x}_{A1}$

续表

A因素	重复	B因素				T_A	$\overline{x}_A$
		B_1	B_2	…	B_b		
A_2	1	x_{211}	x_{221}	…	x_{2b1}		
	2	x_{212}	x_{222}	…	x_{2b2}		
	⋮	⋮	⋮		⋮		
	n	x_{21n}	x_{22n}	…	x_{2bn}		
	T_t	T_{t21}	T_{t22}	…	T_{t2b}	T_{A2}	$\overline{x}_{A2}$
	$\overline{x}_t$	$\overline{x}_{t21}$	$\overline{x}_{t22}$	…	$\overline{x}_{t2b}$		
⋮	⋮	⋮	⋮	…	⋮	⋮	⋮
A_a	1	x_{a11}	x_{a21}	…	x_{ab1}		
	2	x_{a12}	x_{a22}	…	x_{ab2}		
	⋮	⋮	⋮		⋮		
	n	x_{a1n}	x_{a2n}	…	x_{abn}		
	T_t	T_{ta1}	T_{ta2}	…	T_{tab}	T_{Aa}	$\overline{x}_{Aa}$
	$\overline{x}_t$	$\overline{x}_{ta1}$	$\overline{x}_{ta2}$	…	$\overline{x}_{tab}$		
	T_B	T_{B1}	T_{B2}	…	T_{Bb}	T	$\overline{x}$
	$\overline{x}_B$	$\overline{x}_{B1}$	$\overline{x}_{B2}$	…	$\overline{x}_{Bb}$		

其中 T_A 为A因素总和，而 T_{A1}、T_{A2}……T_{Aa} 分别为A因素各个水平的总和；$\overline{x}_A$ 为A因素平均数，而 $\overline{x}_{A1}$、$\overline{x}_{A2}$……$\overline{x}_{Aa}$ 分别为A因素各个水平的平均数。T_B 为B因素各个水平的总和，$\overline{x}_B$ 为B因素平均数，而 $\overline{x}_{B1}$、$\overline{x}_{B2}$……$\overline{x}_{Bb}$ 分别为B因素各个水平的平均数。T_t 为处理组合总和，而 T_{t11}、T_{t12}……为各个处理的总和；$\overline{x}_t$ 为处理组合平均数，而 $\overline{x}_{t11}$、$\overline{x}_{t12}$……为各个处理的平均数。T 为试验资料总和，$\overline{x}$ 为试验资料平均数，x 为资料内任一观测值。

两向分组有重复观察值的资料在方差分析时，总变异可分解为A因素、B因素、A×B互作及误差4部分。其各变异来源的平方和与自由度公式见表3-42。

表3-42　表3-41类型资料平方和与自由度的分解

变异来源	SS	DF	s^2	F	$s_{\overline{x}}$
处理组合	$SS_t=\sum T_t^2/n-C$	$DF_t=ab-1$	s_t^2	s_T^2/s_e^2	$\sqrt{s_e^2/n}$
A因素	$SS_A=\sum T_A^2/bn-C$	$DF_A=a-1$	s_A^2	s_A^2/s_e^2	$\sqrt{s_e^2/bn}$
B因素	$SS_B=\sum T_B^2/an-C$	$DF_B=b-1$	s_B^2	s_B^2/s_e^2	$\sqrt{s_e^2/an}$
A×B互作	$SS_{AB}=SS_t-SS_A-SS_B$	$DF_{AB}=(a-1)(b-1)$	s_{AB}^2	s_{AB}^2/s_e^2	$\sqrt{s_e^2/n}$
试验误差	$SS_e=SS_T-SS_t$	$DF_e=ab(n-1)$	s_e^2		
总变异	$SS_T=\sum x^2-C$	$DF_T=abn-1$			

表3-42中矫正系数 $C=\dfrac{T^2}{abn}$。

F 检验和多重比较方法与前述相同。

【例3-27】 用某个水稻品种为试材，研究移栽时的苗龄、穴距两个因素对螟害（造成白穗）的影响。苗龄有三个处理 A_1、A_2、A_3，穴距有3个处理 B_1、B_2、B_3，全试验共有9个处理组合，每处理组合重复2次，完全随机安排小区试验（通过每穴株数的调整，使每小区株数相同），每小区白穗数列于表3-43，试作方差分析。

（1）平方和与自由度的分解　根据表3-42将各项变异来源的自由度填于表3-44。以下计算各变异来源的平方和，求得

$$C=\frac{4014^2}{3\times3\times2}=895122$$

$$SS_T=19^2+13^2+\cdots+228^2-C=330556$$

$$SS_t=\frac{60^2+38^2+\cdots+533^2}{2}-C=324977$$

$$SS_A=\frac{219^2+2040^2+1755^2}{3\times2}-C=319809$$

$$SS_B=\frac{1306^2+1373^2+1335^2}{3\times2}-C=376.33$$

$$SS_{AB}=324977-319809-376.33=4791.67$$

$$SS_e=330556-324977=5579.00$$

将以上结果填入表 3-44 中。

表 3-43　不同苗龄和穴距下水稻品种的白穗数

($a=3$，$b=3$，$n=2$，$abn=18$)

苗龄 A	重复 n	穴距 B			T_A	$\bar{x}_A$
		B_1	B_2	B_3		
A_1	1	19	13	69	219	36.5
	2	41	25	52		
	T_t	60	38	121		
	$\bar{x}_t$	30	19	60.5		
A_2	1	319	338	357	2040	340
	2	326	376	324		
	T_t	645	714	681		
	$\bar{x}_t$	322.5	357	340.5		
A_3	1	319	301	305	1755	292.5
	2	282	320	228		
	T_t	601	621	533		
	$\bar{x}_t$	300.5	310.5	266.5		
	T_B	1306	1373	1335	$T=4014$	
	$\bar{x}_B$	217.7	228.8	222.5		

(2) 列方差分析表进行 F 检验　所得方差分析表见表 3-44。

表 3-44　表 3-43 资料的方差分析

变异来源	SS	DF	s^2	F	$F_{0.05}$	$F_{0.01}$
处理组合间	324977	8	40622.10	65.53**	3.23	5.47
苗龄间 A	319809	2	159904.50	257.96**	4.26	8.02
穴距间 B	376.33	2	188.16	0.30	4.26	8.02
A×B	4791.67	4	1197.92	1.93	3.63	6.42
试验误差	5579.00	9	619.89			
总	330556	17				

由表 3-44 可知，该试验处理组合间、苗龄间的效应差异都是极显著的，均需作多重比较。

(3) 平均数的比较

① 各处理组合平均数的比较（用 SSR 法）

平均数标准误：

$$s_{\overline{x}}=\sqrt{\frac{s_e^2}{n}}=\sqrt{\frac{619.89}{2}}=17.61$$

由 $\nu=9$ 时查 SSR 值表（附录 6）得 $k=2$、3……9 时的 SSR 值，并算得各 LSR 值列于表 3-45。

表 3-45　表 3-43 资料各处理组合平均数的 LSR_α 值

k	2	3	4	5	6	7	8	9
$SSR_{0.05}$	3.20	3.34	3.41	3.47	3.50	3.52	3.52	3.52
$SSR_{0.01}$	4.60	4.86	4.99	5.08	5.17	5.25	5.32	5.36
$LSR_{0.05}$	56.35	58.82	60.05	61.11	61.64	61.98	61.98	61.98
$LSR_{0.01}$	81.01	85.58	87.87	89.46	91.04	92.45	93.69	94.39

显然，将表 3-43 中的各个处理组合总和除以重复数，即按 $\overline{x}_t=T_t/n$ 可以计算出各处理组合的平均数，列表 3-46 进行比较。

表 3-46　表 3-43 资料各处理组合平均数比较（*SSR* 法）

处理组合	平均白穗数 $\overline{x}_t$	差异显著性	
		$\alpha=0.05$	$\alpha=0.01$
A_2B_2	357	a	A
A_2B_3	340.5	a	A
A_2B_1	322.5	ab	A
A_3B_2	310.5	ab	A
A_3B_1	300.5	ab	A
A_3B_3	266.5	b	A
A_1B_3	60.5	c	B
A_1B_1	30	c	B
A_1B_2	19	c	B

由表 3-46 可见，包含处理 A_2、A_3 的处理组合对螟的耐性无极显著差异，且均极显著地弱于包含 A_1 的组合（白穗数多意味着耐性弱）；A_2B_2 的耐性显著地弱于 A_1B_2。

② 各苗龄平均数的比较

$$s_{\overline{x}}=\sqrt{\frac{s_e^2}{bn}}=\sqrt{\frac{619.89}{3\times 2}}=10.16$$

据 $v=9$ 时查 SSR 值表（附录 6）得 $k=2$、3 时的 SSR 值，并算得 LSR 值列于表 3-47。多重比较结果列于表 3-48。

表 3-47　苗龄平均数的 LSR_α 值

k	2	3
$SSR_{0.05}$	3.20	3.34
$SSR_{0.01}$	4.60	4.86
$LSR_{0.05}$	32.51	33.93
$LSR_{0.01}$	46.74	49.38

表 3-48　苗龄平均数的差异显著性（*SSR* 法）

肥料种类	平均数 $\bar{x}_A$	差异显著性	
		$\alpha=0.05$	$\alpha=0.01$
A_3	340	a	A
A_2	292.5	b	B
A_1	36.5	c	C

由表 3-48 可见，苗龄 A_3、A_2、A_1 间对螟的耐性有极显著的差异。

（4）结论　穴距对螟的耐性无显著差异；而苗龄的大小对螟的耐性差异极显著，其中在苗龄 A_1 时移栽对螟抗性最强。

任务五　卡平方（χ^2）检验

【知识目标】 熟悉卡平方（χ^2）的概念和检验原理，掌握适合性检验方法和独立性检验方法。

【技能目标】 具备完成适合性检验和独立性检验的能力，能够独立完成试验资料的适合性检验或独立性测验，能够写出测定步骤并报告测定结果等。

【素质目标】 培养科学、求实、细致、认真的职业素养，具备严谨、勤奋、敬业、积极的工作态度，培养收集数据、整理数据、分析数据、利用数据的职业能力。

前面介绍了数量性状资料的统计分析方法。在农业科学研究试验中，还有许多质量性状的资料，从这些资料可以得到次数资料。间断性变数的计数资料也可整理为次数资料。凡是试验结果用次数表示的资料，皆称为次数资料。对计数资料和属性资料，即离散型资料的假设检验，通常都采用 χ^2 检验。计数资料和属性资料的 χ^2 检验，一般有两种类型：一类是适合性检验，这种方法是对样本的理论数先通过一定的理论分布推算出来，然后用实际观测值与理论数比较，从而得出实际观测值与理论数之间是否吻合；另一类是独立性检验，是研究两个或两个以上属性的计数资料或属性资料间是相互独立的或是相互联系的，这时可以假设所观测的各属性之间没有关联，然后证明这种无关联的假设是否成立。

一、卡平方（χ^2）的概念和检验原理

（一）卡平方（χ^2）概念

在遗传学中，杂交后代的相对性状分离是以基因在配子中的分离为前提的。为了便于理解，现结合一实例说明 χ^2 统计量的意义。

【例 3-28】 玉米花粉粒中形成淀粉粒或糊精是一对相对性状。淀粉粒遇碘呈蓝色反应，故可以用碘试法直接观察生殖细胞的分离现象。观察淀粉质与非淀粉质玉米杂交的 F_1 代花粉粒，经碘处理后有 3437 颗呈蓝色反应，3482 颗呈非蓝色反应。如果等位基因的复制是等量的，在配子中的分离又是独立的，那么 F_1 代花粉粒碘反应的理论比应为 1∶1。实际观察结果是否符合理论假设，需进行统计分析。假设碘反应的比值为 1∶1，蓝色反应与非蓝色反应的理论次数应各为 3459.5 颗。设以 O 表示实际观察次数，E 表示理论次数，可将上述

情况列成表 3-49。

表 3-49 玉米花粉粒碘反应观察次数与理论次数

碘反应	实际观察次数 O	理论次数 E	$O-E$	$(O-E)^2/E$
蓝色	3437(O_1)	3459.5(E_1)	−22.5	0.1463
非蓝色	3482(O_2)	3459.5(E_2)	22.5	0.1463
合计	6919	6919	0	0.2926

从表 3-49 看到，实际观察次数与理论次数存在一定的差异，这里各相差 22.5 次。这个差异是否属于抽样误差，需要计算一个新的统计数，即进行显著性检验。为了度量实际观察次数与理论次数偏离的程度，最简单的办法是求出实际观察次数与理论次数的差数。从表 3-49 看出：$O_1-E_1=-22.5$，$O_2-E_2=22.5$，由于这两个差数之和为 0，显然不能用这两个差数之和来表示实际观察次数与理论次数的偏离程度。为了避免正、负抵消，可将两个差数 O_1-E_1、O_2-E_2 平方后再相加，即计算 $\sum(O-E)^2$，其值越大，实际观察次数与理论次数相差亦越大，反之则越小。但利用 $\sum(O-E)^2$ 表示实际观察次数与理论次数的偏离程度尚有不足。

例如，某一组实际观察次数为 604，理论次数为 600，相差 4；而另一组实际观察次数为 26，理论次数为 22，相差亦为 4。显然这两组实际观察次数与理论次数的偏离程度是不同的。因为前者是相对于理论次数 600 相差 4，后者是相对于理论次数 22 相差 4。为了弥补这一不足，可先将各差数平方除以相应的理论次数后再相加，并记为 χ^2，即

$$\chi^2=\sum\frac{(O-E)^2}{E} \tag{3-58}$$

也就是说，χ^2 是度量实际观察次数与理论次数偏离程度的一个统计量。χ^2 越小，表明实际观察次数与理论次数越接近；$\chi^2=0$，表示两者完全吻合；χ^2 越大，表示两者相差越大。

对于表 3-49 的资料，可计算得

$$\chi^2=\sum\frac{(O-E)^2}{E}=\frac{(-22.5)^2}{3495.5}+\frac{22.5^2}{3495.5}=0.2926$$

但是，由于抽样误差的存在，χ^2 值究竟大到什么程度才算差异显著（不相符合），小到什么程度才算差异不显著（相符合）呢？这个问题需用 χ^2 的显著性检验来解决，而 χ^2 检验的依据则是 χ^2 的抽样分布（χ^2 分布）。

（二）卡平方（χ^2）分布

理论研究证明，χ^2 的分布为正偏态分布，其分布特点为：

① χ^2 分布没有负值，均在 $0\sim+\infty$ 之间，即在 $\chi^2=0$ 的右边，为正偏态分布。

② χ^2 的分布为连续性分布，而不是间断性的。

③ χ^2 分布曲线是一组曲线。每一个不同的自由度都有一条相应的 χ^2 分布曲线。

④ χ^2 分布的偏斜度随自由度 ν 不同而变化。当 $\nu=1$ 时偏斜最厉害，$\nu>30$ 时曲线接近正态分布，当 $\nu\to\infty$ 时则为正态分布。图 3-13 为几个不同自由度的 χ^2 分布曲线。附录 8 列出了不同自由度时 χ^2 的单尾（右尾）概率表，可供次数资料的 χ^2 检验之用。

（三）卡平方（χ^2）检验原理

由式(3-58) 可知，χ^2 最小值为 0，随着 χ^2 值的增大，观测值与理论值符合度越来越

小，所以 χ^2 的分布是由 0 到无限大的变数。实际上其符合程度由 χ^2 概率决定。由 χ^2 值表（附录 6）可知，χ^2 值与概率 P 成反比，χ^2 值越小，P 值越大；χ^2 越大，P 值越小。因此，可由 χ^2 分布对计数资料或属性资料进行假设检验。χ^2 检验原理为：

① 提出无效假设 H_0：观测值与理论值的差异由抽样误差引起，即观测值＝理论值。同时给出相应的备择假设 H_A：观测值与理论值的差值不等于 0，即观测值≠理论值。

② 确定显著水平 α。一般可确定为 0.05 或 0.01。

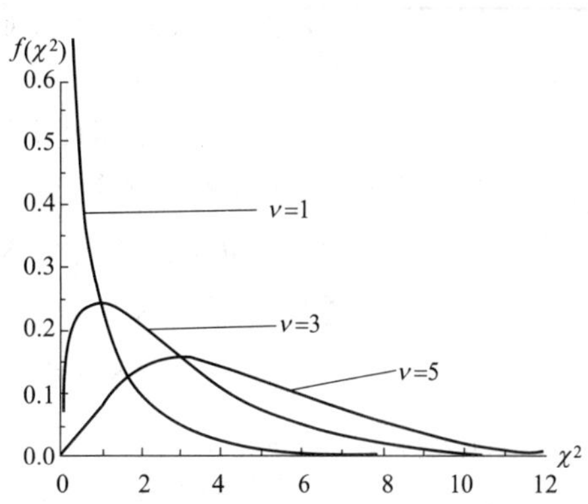

图 3-13　不同自由度时 χ^2 的分布曲线

③ 计算样本的 χ^2：求得各个理论次数 E_i，并根据各实际次数 O_i，代入式(3-58)，计算样本的 χ^2。

④ 进行统计推断：由于 $DF=k-1$，根据自由度从附录 6 中查出 χ^2_α 值。如果实得 $\chi^2<\chi^2_\alpha$，即表明 $P>\alpha$，应接受 H_0，否定 H_A，则表明在 α 显著标准下理论值与实际值差异不显著，二者之间的差异系由抽样误差引起；如果实得 $\chi^2>\chi^2_\alpha$，即表明 $P<\alpha$，应否定 H_0，接受 H_A，则表明在 α 显著标准下理论值与实际值差异是显著的，二者之间的差异是真实存在的。

（四）卡平方（χ^2）的连续性矫正

χ^2 分布是连续性的，而次数资料则是间断性的。由式(3-58) 计算的 χ^2 只是近似地服从连续性随机变量 χ^2 分布。间断性资料算得的 χ^2 值有偏大的趋势，特别是当自由度 $\nu=1$ 时，需作适当矫正，才能适合 χ^2 的理论分布，这种矫正称为连续性矫正。Yates 于 1934 年提出了一个矫正公式，矫正后的 χ^2 值记为：χ^2_c

$$\chi^2_c=\sum\frac{(|O-E|-0.5)^2}{E} \tag{3-59}$$

如表 3-49 资料的 χ^2_c 值为：

$$\chi^2_c=\sum\frac{(|O-E|-0.5)^2}{E}=\frac{(|22.5|-0.5)^2}{3459.5}+\frac{(|-22.5|-0.5)^2}{3459.5}$$
$$=0.1399+0.1399=0.2798$$

查 χ^2 值表（附录 8）知，$\chi^2_c=0.2798$ 仍然小于 $\chi^2_{0.05}=3.84$，与前相同。这是因样本较大，故 χ^2 与 χ^2_c 值相差不大。一般 $\nu=1$ 的样本，尤其是小样本，在计算 χ^2 值时必须作连续性矫正，否则所得 χ^2 值偏大，容易达到显著水平。而对 $\nu>2$ 的样本，都可以不作连续性矫正。

二、适合性检验

（一）适合性检验的意义

判断实际观察的属性类别分配是否符合已知属性类别分配理论或学说的假设检验称为适合性检验。在适合性检验中，无效假设为 H_0：实际观察的属性类别分配符合已知属性类别分配的理论或学说；备择假设为 H_A：实际观察的属性类别分配不符合已知属性类别分配的理论或学说。并在无效假设 H_0 成立的条件下，按照已知属性类别分配的理论或学说计算各属性类别的理论次数。因计算所得的各个属性类别理论次数的总和应等于各个属性类别实际观察次数的总和，即独立的理论次数的个数等于属性类别分类数减 1。也就是说，适合性检验的自由度等于属性类别分类数减 1。若属性类别分类数为 k，则适合性检验的自由度 $\nu=k-1$。

（二）适合性检验的方法

在遗传学中，常用 χ^2 来检验所得实际结果是否与孟德尔遗传的分离比例相符。下面结合实例说明适合性检验方法。

【例 3-29】大豆花色一对等位基因的遗传研究，在 F_2 获得表 3-50 所列分离株数。问这一资料的实际观察比例是否符合于孟德尔遗传定律中 3∶1 的遗传比例？

表 3-50　大豆花色一对等位基因遗传的适合性检验

性状	F_2 代实际株数 O	理论株数 E	$O-E$	$(\|O-E\|-0.5)^2/E$
紫色	208	216.75	−8.75	0.3140
白色	81	72.25	+8.75	0.9420
总和	289	289	0	1.2560

检验步骤如下：

1. 提出无效假设与备择假设

H_0：大豆花色 F_2 分离符合 3∶1 比例。

H_A：不符合 3∶1 比例。

2. 选择计算公式

由于该资料只有 $k=2$ 组，自由度 $\nu=k-1=2-1=1$，需使用式(3-59) 来计算 χ_c^2。

3. 计算理论株数

根据理论比例 3∶1 求理论株数：

紫花理论株数：$E_1=289\times3/4=216.75$

白花理论株数：$E_2=289\times1/4=72.25$

或 $E_2=289-E_1=289-216.75=72.25$

4. 计算 χ_c^2

$$\chi_c^2=\sum\frac{(|O-E|-0.5)^2}{E}=\frac{(|208-216.75|-0.5)^2}{216.75}+\frac{(|81-72.25|-0.5)^2}{72.25}=1.2560$$

5. 查临界 χ^2 值，作出统计推断

当自由度 $\nu=1$ 时，查得 $\chi^2_{0.05,1}=3.84$，计算的 $\chi_c^2<\chi^2_{0.05,1}$，故 $P>0.05$，不能否定 H_0，表明实际观察次数与理论次数差异不显著，可以认为大豆花色这对性状符合孟德尔遗传定律 3∶1 的理论比例。

两对等位基因遗传试验，如基因为独立分配，则 F_2 代的四种表现型在理论上应有 9∶3∶3∶1 的比例。

【例 3-30】有一水稻遗传试验，以稃尖有色非糯品种与稃尖无色糯性品种杂交，其 F_2

代得表 3-51 结果。试问这两对性状是否符合孟德尔遗传定律中 9∶3∶3∶1 的遗传比例？

表 3-51　F_2 代表现型的观察次数和理论次数

类型	实际观察次数 O	理论次数 E	$O-E$	$(O-E)^2/E$
稃尖有色非糯	491(O_1)	417.94(E_1)	73.06	12.772
稃尖有色糯稻	76(O_2)	139.31(E_2)	−63.31	28.771
稃尖无色非糯	90(O_3)	139.31(E_3)	−49.31	17.454
稃尖无色糯稻	86(O_4)	46.44(E_4)	39.56	33.699
总计	743	743	0	92.696

检验步骤：

（1）提出无效假设与备择假设　H_0：实际观察次数之比符合 9∶3∶3∶1 的分离理论比例。H_A：实际观察次数之比不符合 9∶3∶3∶1 的分离理论比例。

（2）选择计算公式　由于本例共有 $k=4$ 组，自由度 $\nu=k-1=4-1=3>1$，故利用式（3-58）式计算 χ^2。

（3）计算理论次数　依据理论比例 9∶3∶3∶1 计算理论次数：

稃尖有色非糯稻的理论次数 E_1：$743\times9/16=417.94$

稃尖有色糯稻的理论次数 E_2：$743\times3/16=139.31$

稃尖无色非糯稻的理论次数 E_3：$743\times3/16=139.31$

稃尖无色糯稻的理论次数 E_4：$743\times1/16=46.44$

或 $E_4=743-417.94-139.31-139.31=46.44$

（4）计算 χ^2

$$\chi^2=\sum\frac{(O-E)^2}{E}=12.772+28.771+17.454+33.699=92.696$$

（5）查临界 χ^2 值，作出统计推断　当 $\nu=3$ 时，$\chi^2_{0.05,3}=7.81$，因 $\chi^2>\chi^2_{0.05,3}$，$P<0.05$，所以应否定 H_0，接受 H_A，表明实际观察次数与理论次数差异显著，即该水稻稃尖和糯性性状在 F_2 代的实际结果不符合 9∶3∶3∶1 的理论比例。这一情况表明，这两对等位基因并非独立遗传，而可能为连锁遗传。

实际资料多于两组的 χ^2 值通式则为：

$$\chi^2=\sum\left(\frac{a_i^2}{m_i n}\right)-n \tag{3-60}$$

式中，m_i 为各项理论比率；a_i 为其对应的观察次数；n 为总观察次数。如本例，亦可由（公式 3-60）算得：

$$\chi^2=\left[\frac{491^2}{(9/16)\times743}+\frac{76^2}{(3/16)\times743}+\frac{90^2}{(3/16)\times743}+\frac{86^2}{(1/16)\times743}\right]-743=92.706$$

前面的 $\chi^2=92.696$，与此 $\chi^2=92.706$ 略有差异，系前者有较大计算误差之故。

三、独立性检验

χ^2 应用于独立性检验，主要为探求两个变数间是否相互独立。这是次数资料的一种相关研究。

例如，小麦种子灭菌与否和麦穗发病两个变数之间，若两者相互独立，表示种子灭菌和发病高低无关，灭菌处理对发病无影响；若不相互独立，则表示种子灭菌和发病高低有关，灭菌处理对发病有影响。应用 χ^2 进行独立性测验的无效假设是 H_0：两个变数相互独立，对 H_A：两个变数彼此相关。在计算 χ^2 时，先将所得次数资料按两个变数作两向分组，排列成相依表；然后，根据两个变数相互独立的假设，算出每一组的理论次数；再由式(3-58) 算得 χ^2 值。这个 χ^2 的自由度随两个变数各自的分组数而不同，设行分 r 组，列分 c 组，则 $\nu=(r-1)(c-1)$。当观察的 $\chi^2<\chi^2_{\alpha,\nu}$ 时，便接受 H_0，即两个变数相互独立；当观察的 $\chi^2\geqslant\chi^2_{\alpha,\nu}$ 时，便否定 H_0，接受 H_A，即两个变数相关。

独立性检验与适合性检验是两种不同的检验方法，除了研究目的不同外，还有以下区别：

① 独立性检验的次数资料是按两个变数属性类别进行归组，根据两个变数属性类别数的不同而构成 2×2 表、$2\times c$ 表、$r\times c$ 表（r 为行变数的属性类别数，c 为列变数的属性类别数）。而适合性检验只按某一变数的属性类别将次数资料归组。

② 适合性检验按已知的属性分类理论或学说计算理论次数。而独立性检验在计算理论次数时没有现成的理论或学说可资利用，理论次数是在两变数相互独立的假设下进行计算的。

③ 在适合性检验中确定自由度时，只有一个约束条件：各理论次数之和等于各实际次数之和，自由度为属性类别数减 1。而在 $r\times c$ 表的独立性检验中，共有 rc 个理论次数，但受到以下条件的约束：

a. rc 个理论次数的总和等于 rc 个实际次数的总和；

b. r 行中的每一行理论次数总和等于该行实际次数的总和，但由于 r 行实际次数之和的总和等于 rc 个实际次数之和，因而独立的行约束条件只有 $r-1$ 个；

c. 类似地，独立的列约束条件有 $c-1$ 个。

因而在进行独立性检验时，自由度 $\nu=rc-1-(r-1)-(c-1)=(r-1)(c-1)$，即等于（行属性类别数−1）×（列属性类别数−1）。

以下举例说明各种类型的独立性检验方法。

（一） 2×2 表的独立性检验

2×2 相依表是指行和列皆分为两组的资料。2×2 表的一般形式如表 3-52 所示，其自由度 $\nu=(c-1)(r-1)=(2-1)(2-1)=1$，进行 χ^2 检验时，需作连续性矫正，应计算 χ^2_c 值。

【例 3-31】调查经过种子灭菌处理与未经种子灭菌处理的小麦发生散黑穗病的穗数，得表 3-52，试分析种子灭菌与否和散黑穗病穗多少是否有关？

表 3-52　防治小麦散黑穗病的观察结果

处理项目	发病穗数	未发病穗数	总数
种子灭菌	26(34.7)	50(41.3)	76
种子未灭菌	184(175.3)	200(208.7)	384
总数	210	250	460

(1) 提出无效假设与备择假设　H_0：两变数相互独立，即种子灭菌与否和散黑穗病病穗多少无关；H_A：两变数彼此相关。

(2) 计算理论次数　根据两变数相互独立的假设，由样本数据计算出各个理论次数。两变数相互独立，就是说种子灭菌与否不影响发病率，也就是说种子灭菌项与未灭菌项的理论发病率应当相同，均应等于总发病率 210/460。依此计算出各个理论次数如下：

种子灭菌项的理论发病数：$E_{11}=76\times210/460=34.7$；

种子灭菌项的理论未发病数：$E_{12}=76\times250/460=41.3$，或 $E_{12}=76-34.7=41.3$；

种子未灭菌项的理论发病数：$E_{21}=384\times210/460=175.3$，或 $E_{21}=210-34.7=175.3$；

种子未灭菌项的理论未发病数：$E_{22}=384\times250/460=208.7$，或 $E_{22}=250-41.3=208.7$。

从上述各理论次数 E_{ij} 的计算可以看到，理论次数的计算利用了行、列总和，总总和，4 个理论次数仅有一个是独立的。表 3-52 括号内的数据为相应的理论次数。

(3) 计算 χ_c^2 值 将表 3-52 中的实际次数、理论次数代入式(3-59) 得：

$$\chi_c^2=\frac{(|26-34.7|-0.5)^2}{34.7}+\frac{(|50-41.3|-0.5)^2}{41.3}+\frac{(|184-175.3|-0.5)^2}{175.3}+\frac{(|200-208.7|-0.5)^2}{208.7}=4.272$$

(4) 由自由度 $\nu=1$，查临界 χ^2 值（附录 8)，作出统计推断 因为 $\chi^2_{0.05,1}=3.84$，而 $\chi_c^2=4.272>\chi^2_{0.05,1}$，$P<0.05$，否定 H_0，接受 H_A。表明种子灭菌与否和散黑穗病发病高低有关，种子灭菌对防治小麦散黑穗病有一定效果。

在进行 2×2 表独立性测验时，还可利用下述简化式(3-61) 计算 χ_c^2：

$$\chi_c^2=\frac{(|a_{11}a_{22}-a_{12}a_{21}|-n/2)^2n}{C_1C_2R_1R_2} \tag{3-61}$$

在式(3-61) 中，不需要先计算理论次数，直接利用实际观察次数，行、列总和进行计算，比利用式(3-59) 计算简便，且舍入误差小。2×2 表的一般形式见表 3-53。

对于例 3-31，利用式(3-61) 可得：

$$\chi_c^2=\frac{(|26\times200-184\times50|-460/2)^2\times460}{76\times384\times210\times250}=4.267$$

所得结果与前面计算结果基本相同。

表 3-53 2×2 表的一般形式

项目	1	2	总计
1	a_{11}	a_{12}	R_1
2	a_{21}	a_{22}	R_2
总计	C_1	C_2	n

(二) 2×c 表的独立性检验

2×c 表是行分为两组，列分为 $c\geqslant3$ 组的相依表资料。在作独立性检验时，其自由度 $\nu=(2-1)(c-1)=c-1$，因为 $c\geqslant3$，进行 χ^2 检验时，不需作连续性矫正。

【例 3-32】 进行大豆等位酶 Aph 的电泳分析，193 份野生大豆、223 份栽培大豆等位基因型的次数列于表 3-54，试分析大豆 Aph 等位酶的等位基因型频率是否因物种而不同。

表 3-54 野生大豆和栽培大豆 Aph 等位酶的等位基因型次数分布

物种	等位基因型			总计
	1	2	3	
野生大豆 *G. soja*	29(23.66)	68(123.87)	96(45.47)	193
栽培大豆 *G. max*	22(27.34)	199(143.13)	2(52.53)	223
总计	51	267	98	416

在此，H_0：等位基因型频率与物种无关；H_A：两者有关，不同物种等位基因型频率

不同。显著水平 $\alpha=0.05$。然后根据 H_0 算得各观察次数的相应理论次数：如观察次数 29 的 $E=(193\times51)/416=23.66$，观察次数 22 的 $E=(223\times51)/416=27.34$，……，将其填于表 3-54 的括号内。再代入式(3-58) 可得：

$$\chi^2=\frac{(29-23.66)^2}{23.66}+\frac{(68-123.87)^2}{123.87}+\cdots+\frac{(2-52.53)^2}{53.53}=154.02$$

此处 $\nu=(2-1)(3-1)=2$，查附录 8，$\chi^2_{0.05,2}=5.99$；现 $\chi^2=154.02>\chi^2_{0.05,2}$，$P<0.05$，应否定 H_0，接受 H_A，即物种与 Aph 等位基因型频率显著相关，或者说不同物种的 Aph 等位基因型频率有显著差别。

$2\times c$ 表独立性检验的 χ^2 值，也可直接由式(3-62) 得到。$2\times c$ 表的一般化形式见表 3-55。

$$\chi^2=\frac{n^2}{R_1R_2}\left[\sum\frac{a_{1i}^2}{C_i}-\frac{R_1^2}{n}\right] \tag{3-62}$$

表 3-55　2×c 表的一般化形式

($i=1, 2, 3, \cdots, c$)

行因素	列因素						总计
	1	2	…	i	…	c	
1	a_{11}	a_{12}	…	a_{1i}	…	a_{1c}	R_1
2	a_{21}	a_{22}	…	a_{2i}	…	a_{2c}	R_2
总计	C_1	C_2	…	C_i	…	C_c	n

将表 3-54 资料代入式(3-62) 可得

$$\chi^2=\frac{416^2}{193\times223}\left[\frac{29^2}{51}+\frac{68^2}{267}+\frac{96^2}{98}-\frac{193^2}{416}\right]=154.04$$

（三） $r\times c$ 表的独立性检验

$r\times c$ 表是指行分 r 组，列分 c 组，且 $r\geqslant3$，$c\geqslant3$ 的相依表。对 $r\times c$ 表作独立性检验时，其 $\nu=(r-1)(c-1)$，故求 χ^2 值不需要作连续性矫正。

【例 3-33】 表 3-56 为不同灌溉方式下水稻叶片衰老情况的调查资料。试检验水稻叶片衰老情况是否与灌溉方式有关？

表 3-56　不同灌溉方式下水稻叶片的衰老情况

灌溉方式	绿叶数	黄叶数	枯叶数	总计
深水	146(140.69)	7(8.78)	7(10.53)	160
浅水	183(180.26)	8(11.24)	13(13.49)	205
湿润	152(160.04)	14(9.98)	16(11.98)	182
总计	481	30	36	547

检验步骤如下：

(1) 提出无效假设与备择假设　H_0：稻叶衰老情况与灌溉方式无关，即二者相互独立；H_A：稻叶衰老情况与灌溉方式有关。

(2) 计算理论次数　根据 H_0 的假定，计算各组观察次数的相应理论次数：如与 146 相应的 $E=160\times481/547=140.69$，与 183 相应的 $E=205\times481/547=180.26$，……，所得结果填于表 3-56 括号内。

(3) 计算 χ^2 值　利用式(3-58) 式计算 χ^2 值，得：

$$\chi^2=\frac{(146-140.69)^2}{140.69}+\frac{(7-8.78)^2}{8.78}+\cdots+\frac{(16-11.98)^2}{11.98}=6.11$$

（4）查临界 χ^2 值，进行统计推断　由自由度 $\nu=(3-1)(3-1)=4$，查临界 χ^2 值（附录8）得：$\chi^2_{0.05,4}=9.49$，因为计算所得的 $\chi^2<\chi^2_{0.05,4}$，$P>0.05$，故不能否定 H_0，即不同的灌溉方式对水稻叶片的衰老情况没有显著影响。

$r\times c$ 表的一般形式见表3-57。

表 3-57　$r\times c$ 表的一般形式

项目	1	2	…	i	…	c	总计
1	a_{11}	a_{12}	…	a_{1i}	…	a_{1c}	R_1

项目小结

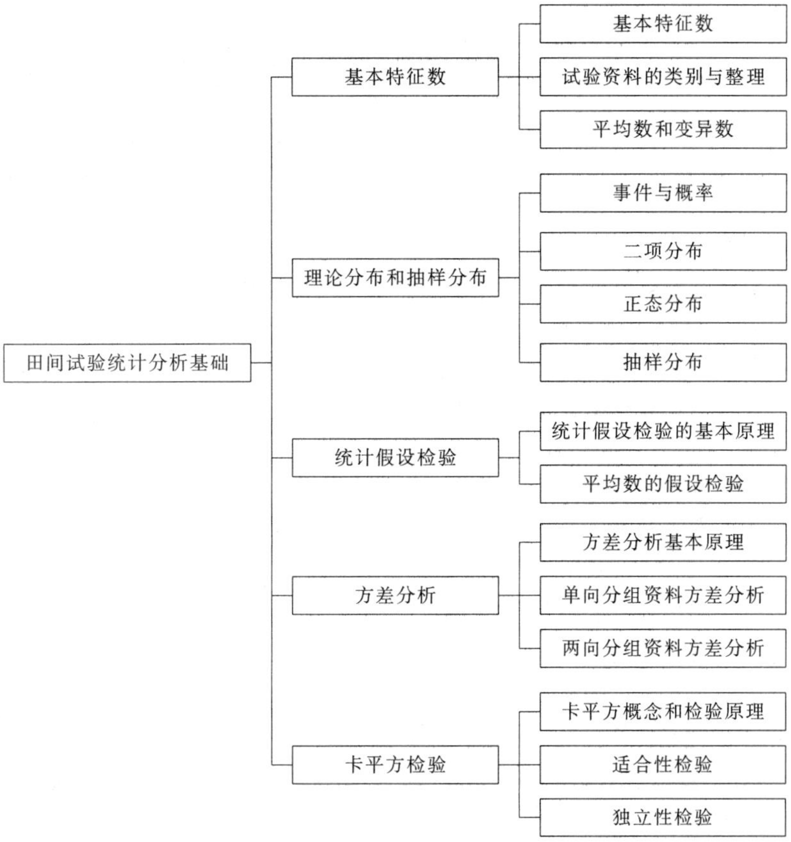

知识拓展

直线回归和相关

前面所介绍的统计分析方法，都只限于测定和分析某一事物（性状、现象）数量特征的变异状况，如在一定条件下产量、生长量、营养成分含量等的变化。在统计上，它们分别只是一个变数。而实际生产实践和科学实验中所要研究的变数往往不止一个，例如，研究温度高低和作物发育进度快慢的关系，就有温度和发育进度两个变数；研究每亩穗数、每穗粒数和每亩产量的关系，就有穗数、粒数和产量三个变数。只要其中的一个变量变动了，另一个变量也会跟着变动，这种相互关系称为协变关系，具有协变关系的变量也称为协变量。

一、相关与回归的概述

（一）直线相关与回归的概念

变数间的协变关系按其起因可分为因果关系和平行关系两类。

1. 因果关系

即一个（或几个）变数的变化引起（决定）另一变数的变化。这里，作为变化之因的变数称为自变数（x），其变量通常用 x 表示；而作为自变数变化之果的另一变数则称为依变数（y），其变量通常用 y 表示。例如，在磷肥施用量和产量的关系中，磷肥施用量是产量变化的原因，是自变数（x），磷肥施用量是事先设计好的，是固定的而且没有误差；产量是对磷肥施用量的反映，是依变数（y），是随机的，有随机误差。对具有因果关系的两个变数，统计分析的任务是由试验数据推算得到一个表示 y 随 x 的改变而改变的方程式 $\hat{y}=f(x)$，式中 $\hat{y}$ 表示由该方程估得在给定 x 时的理论 y 值。对回归方程式进行检验结果显著性后，即可利用所求得的回归方程式对生产进行控制。研究两个变数间单向存有的因果关系，并可由原因预测结果的这种理论类型为回归模型，方程式 $\hat{y}=f(x)$ 为回归方程式，以计算回归方程为基础的统计分析方法称为回归分析。

2. 平行关系

即这类变数间的协变关系仅仅是由同一（或不同）变因所引起的两个（或几个）独立变化过程的反映。例如，在大豆的每荚粒数和粒重这两个变数的关系中，它们是同步增减、互有影响的，既不能说每荚粒数是粒重的原因，也不能说粒重决定每荚粒数。在这种情况下，x 和 y 可分别用于表示任一变数，视情况而定。对于具有相关关系的两个变数，统计分析的目标是计算表示 y 和 x 相关密切程度的统计数，并检验其显著性。这一统计数在两个变数为直线相关时称为相关系数，记为 r。相关系数仅能表示两个变数共同变异程度和相关性质，不具备预测性质。两个变数间不分主从平行关系，仅仅描述变数间相互依存的趋向和密切程度的这种理论模型称为相关模型，以计算相关系数为基础的统计分析方法称为相关分析。

由上所述可见，回归分析有“预测”的特性，而相关分析则只有“描述”的功用。但只有相关显著，回归才能显著（反之亦然），因此，通常先作相关分析，如果相关显著，再考虑作回归分析。回归分析的适用对象主要是回归模型资料，但实践上也常对相关模型资料进行回归分析。

（二）应用直线回归和相关分析时的注意事项

① 变数间是否存在协变关系？在什么条件下会有什么性质的协变关系？这些客观规律性问题应主要根据各有关学科的理论和实践去发现和判断。相关和回归分析只是一种帮助人们认识规律的数学工具。如把风马牛不相及的若干变数随意组合在一起作所谓的相关或回归分析，这就成为数学游戏，并且会得出荒谬的结论。

② 由于事物间的相互联系和制约，一事物的变化通常是许多事物共同作用的结果。因此，在研究一事物和另一事物的关系时，要对其他有影响作用的事物进行尽可能严格的控制，使之尽量保持一致。否则相关和回归分析所得到的将是不精确的甚至是虚假的结果。

③ 为了保持相关和回归分析的可靠性，变数的观测值数目应尽可能多（至少五对），变数的取值范围也应尽量大一些。因为变数间协变关系的性质和类型（如相关的正负、是直线还是曲线相关等）通常只有在取值范围较大时才能分辨清楚。

④ 回归分析与相关分析一般是在一定变量取值区间内对两个变量间的关系进行描述，超出这个区间，变量间的关系类型可能会发生改变，所以回归预测必须限制自变量 x 的取值区间，外推要谨慎，否则会得出错误的结论。

二、直线相关

（一）相关系数

如果不需要由 x 来估计 y，而仅仅是了解 x 和 y 是否确有相关、相关的性质（正相关或负相关）及相关的密切程度，则首先应算出表示 x 和 y 相关密切程度及其性质的统计数——相关系数 r。

$$r=\frac{\sum(x-\overline{x})(y-\overline{y})}{\sqrt{\sum(x-\overline{x})^2\sum(y-\overline{y})^2}} \tag{3-63}$$

式中，分子部分为各对离均差的乘积之和，简称乘积和，用 SP 表示，即

$$SP=\sum(x-\overline{x})(y-\overline{y}) \tag{3-64}$$

分母部分是 x 离均差的平方和 [$\sum(x-\overline{x})^2$，用 SS_x 表示] 与 y 离均差的平方和 [$\sum(y-\overline{y})^2$，用 SS_y 表示] 的乘积之和的平方根。

r 的取值范围是：$-1\leqslant r\leqslant 1$。$|r|=1$ 时，称 x 与 y 为完全相关（其中 $r=+1$，称为完全正相关；$r=-1$，称为完全负相关），表明两个变数间存在着直线函数关系。$r=0$ 时，称 x 与 y 为不相关。$|r|$ 的数值愈大，表示两个变数间的相关愈密切。

下面以三个双变数资料为例，从相关图示法入手，说明计算相关系数 r 的公式的来源。

【例 3-34】 三个双变数资料列于表 3-58。

表 3-58　三个双变数资料协变关系的比较

资料		各对观测值										总和	平均
甲	x	7	7	1	6	5	3	8	9	3	1	50	$\overline{x}=5$
	y	5	9	6	1	3	1	9	4	6	8	52	$\overline{y}=5.2$
乙	x	9	8	7	7	6	5	3	3	1	1	50	$\overline{x}=5$
	y	9	9	8	6	6	5	4	3	1	1	52	$\overline{y}=5.2$
丙	x	1	1	3	3	5	6	7	7	8	9	50	$\overline{x}=5$
	y	9	9	8	6	6	5	4	3	1	1	52	$\overline{y}=5.2$

从表 3-58 可以看出，各资料成对观测值间的关系有明显的区别：资料甲的 x 与 y 间看不出有什么协变关系；资料乙的 x 与 y 间有明显的协变关系，即 x 的高值与 y 的高值相对应，x 的低值也与 y 的低值相对应；资料丙的 x 与 y 必有明显的协变关系，所不同的是 x 的低值与 y 的高值相对应，x 的高值与 y 的低值相对应。若将三个资料的 x 与 y 值的对应情况用散点图表示（这种方法称为相关图示法），则 x 与 y 的协变关系更加一目了然（图 3-14）。

由图 3-14 可见：资料甲的点极为分散，表明无相关；资料乙的点趋于一条由左下向右上倾斜的直线，表明 x 与 y 间是此小彼也小、此大彼也大的偕同一致的协变关系，称为正相关；资料丙的点则趋于一条由左上向右下倾斜的直线，表明 x 与 y 间是此小彼反大、此大彼反小的趋向相反的协变关系，称为负相关。

由散点图所获得的关于两个变数间协变关系的认识是粗浅的，为了能精确而定量地描述变数间协变关系性质和程度，必须找到一个合适的统计数。

如图 3-14 所示，如果把 x 轴平移至 $\overline{y}$ 处，把 y 轴平移至 $\overline{x}$ 处，则以 $(\overline{x},\overline{y})$ 为原点建立了新的坐标系，这样每个点的坐标都由原来的 (x,y) 尺度改为 $(x-\overline{x},y-\overline{y})$ 尺度，即以离均

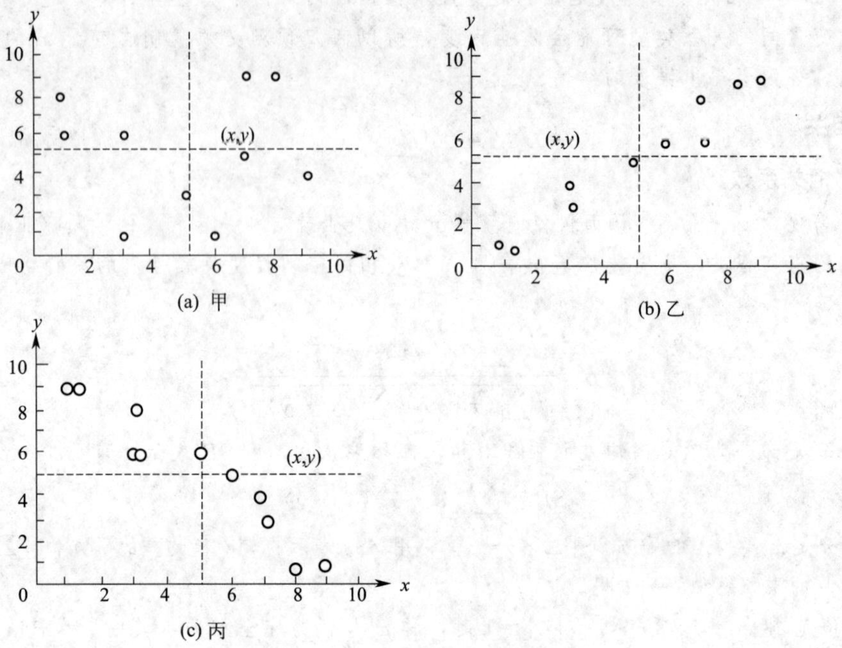

图 3-14　三个双变数资料散点图

差代替原来的观测值。于是就可以度量各变数每个观测值的变异性质（正负值）和程度（数值大小）。这是因为 x 和 y 变数的离均差在不同象限内有不同的正负值（图 3-15），其数值的大小则正好反映不同观测值的变异程度。

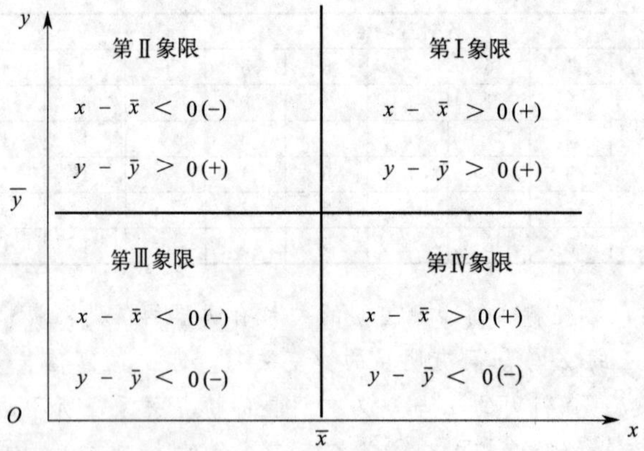

图 3-15　各象限散点的特征

但是，要度量两个变数间的相关变异，还必须分别把各个散点上的每对离均差（$x-\bar{x}$，$y-\bar{y}$）合并成一个数值。这首先要解决度量单位不同不能合并的问题。办法是将两变数的各个离均差分别转换成标准化离差 d_x 和 d_y，即

$$d_x=\frac{x-\bar{x}}{s_x} \qquad d_y=\frac{y-\bar{y}}{s_y}$$

式中，s_x 为变数 x 的标准差，$s_x=\sqrt{\frac{\sum(x-\bar{x})^2}{n-1}}$；$s_y$ 为变数 y 的标准差，$s_y=\sqrt{\frac{\sum(y-\bar{y})^2}{n-1}}$

合并 d_x 和 d_y 时不能用加法，因为

$$\sum_{1}^{n}(d_x+d_y)=\sum_{1}^{n}\left(\frac{x-\overline{x}}{s_x}+\frac{y-\overline{y}}{s_y}\right)=\frac{\sum(x-\overline{x})}{s_x}+\frac{\sum(y-\overline{y})}{s_y}$$

而$\sum(x-\overline{x})=0$，$\sum(y-\overline{y})=0$

同理，也不能用减法。而如果采用除法，则 d_x 和 d_y 谁被谁除无法确定，因此只能用乘法将 d_x 和 d_y 合并。于是有 $\sum_{1}^{n}d_xd_y$ 这样一个统计数，但它还不是度量相关变异的理想统计数。因为这个统计数还受观测值对数（即样本含量）的影响，即样本含量 n 越大，这一统计数的数值就越大。而客观上不论 n 多大，每个变数间的相关密切程度是一定的。为此，应求其算术平均数，以消除样本含量的影响。办法是用自由度 $n-1$ 去除。于是便有计算相关系数 r 的公式：

$$r=\frac{\sum d_xd_y}{n-1} \tag{3-65}$$

因此，相关系数 r 可定义为：两变量标准化离差乘积之和的算术平均数。

式(3-65) 可转换成式(3-63) 以方便应用：

$$r=\frac{\sum d_xd_y}{n-1}=\frac{\sum\left(\frac{x-\overline{x}}{s_x}+\frac{y-\overline{y}}{s_y}\right)}{n-1}$$

$$=\frac{\frac{\sum(x-\overline{x})(y-\overline{y})}{n-1}}{s_xs_y}$$

$$=\frac{\frac{\sum(x-\overline{x})(y-\overline{y})}{n-1}}{\sqrt{\frac{\sum(x-\overline{x})^2}{n-1}}\sqrt{\frac{\sum(y-\overline{y})^2}{n-1}}}$$

$$=\frac{\frac{\sum(x-\overline{x})(y-\overline{y})}{n-1}\times(n-1)}{\sqrt{\sum(x-\overline{x})^2\sum(y-\overline{y})^2}}$$

$$=\frac{\sum(x-\overline{x})(y-\overline{y})}{\sqrt{\sum(x-\overline{x})^2\sum(y-\overline{y})^2}}$$

$$=\frac{SP}{\sqrt{SS_x\times SS_y}}$$

式中，$\sum(x-\overline{x})(y-\overline{y})$称为乘积和，记作 SP；$\sum(x-\overline{x})^2$ 为 x 变数的平方和，记作 SS_x；$\sum(y-\overline{y})^2$ 为 Y 变数的平方和，记作 SS_y。

用式(3-63) 求例 3-34 三个双变数资料的相关系数可以得到：资料甲的 $r=0.03$，说明无相关；资料乙的 $r=0.98$，说明有密切的正相关；资料丙的 $r=-0.96$，说明有密切的负相关。这和由相关图示法所作判断一致，但更准确。不过，近代研究指出，以 r 的正负说明相关的性质是确切的，但以 r 的大小来直接说明相关的程度却不免有所夸大。这就是说，上例中 $r=0.98$ 并非表示在 x 或 y 的总变异中可以用协变关系说明的部分所占的比重为 98%，实际比重应为 r 的平方值，即$r^2=(0.98)^2=0.9604$，也即 96.04%。因此，r^2 称为决定系数，其定义是：在 x 或 y 的总变异中，可以用协变关系说明的部分所占的比重。而不能用协变关系说明的部分（即由其他未知变因引起的误差）所占的比重则用 k^2 表示，称为相疏系数，即 $k^2=1-r^2$。如上例 $k^2=1-(0.98)^2=0.0396$。

（二）相关系数的计算方法

【例 3-35】 试计算表 3-59 资料玉米果穗穗长与穗粗的相关系数。

首先计算 6 个一级数据，并将各项一级数据所计算过程列于表 3-59，然后再根据一级数据求出 5 个二级数据，代入相关系数及决定系数公式即可。

表 3-59 玉米穗长与穗粗的关系

穗长	穗粗
22.0	5.5
17.2	4.5
19.5	5.2
23.0	5.6
20.0	5.2
18.5	4.6

表 3-60 表 3-59 资料的数据计算

项目	x	y	x^2	y^2	xy
1	22	5.5	484	30.25	121
2	17.2	4.5	295.84	20.25	77.4
3	19.5	5.2	380.25	27.04	101.4
4	23	5.6	529	31.36	128.8
5	20	5.2	400	27.04	104
6	18.5	4.6	342.25	21.16	85.1
总和	120.2	30.6	2431.34	157.1	617.7
平均数	20.03333	5.1			

根据表 3-60 得 6 个一级数据为

$\sum x=120.2,\sum y=30.6,\sum x^2=2431.34,\sum y^2=157.1,\sum xy=617.7,n=6$。

计算 5 个二级数据 $SS_x=23.3333$，$SS_y=1.04$，$SP=4.68$，$\overline{x}=20.03333$，$\overline{y}=5.1$。

将相关二级数据代入相关系数与决定系数公式，得：

$$r=\frac{4.68}{\sqrt{23.3333\times 1.04}}=0.950038 \quad r^2=\frac{(4.68)^2}{23.3333\times 1.04}=0.902572$$

以上结果表明，某玉米品种穗长与穗粗呈正相关，即穗长越长，穗粗越粗。

（三）相关关系的显著性检验

1. 求 t 值法

当总体相关系数 $\rho=0$，遵循 $DF=n-2$ 的 t 分布。首先假设此实得的相关系数来自 ρ 为 0 的总体，即 H_0：$\rho=0$，H_A：$\rho\neq 0$，然后测其来自总体的概率。若概率小于 5%，说明此相关系数不是来自相关系数为 0 的总体，其相关系数显著，即表明这个相关系数所来自的双变数总体的 x、y 两变数的变异确实互有联系；若概率小于 1%，表示相关系数极显著。

为此，先计算相关系数标准误 s_r

$$s_r=\sqrt{\frac{1-r^2}{n-2}} \tag{3-66}$$

然后再计算相关系数 t 值，设无效假设 H_0：$\rho=0$，即

$$t=\frac{r}{s_r}=\frac{r}{\sqrt{\frac{1-r^2}{n-2}}}=\frac{r\sqrt{n-2}}{\sqrt{1-r^2}} \tag{3-67}$$

【例 3-36】 试检验表 3-60 资料所得 $r=0.950038$ 的显著性。

由式(3-66) 可得：

$$s_r=\sqrt{\frac{1-(0.950038)^2}{6-2}}=0.156067$$

代入式(3-67) 得：

$$t=\frac{0.950038}{0.156067}=6.087373$$

查 t 值表（附录 4），$t_{0.01}=4.604$，现实得 $|t|=6.087373>t_{0.01}$，所以 H_0：$\rho=0$ 被否定，H_A：$\rho\neq0$ 被接受，r 在 $\alpha=0.01$ 水平上显著。即此 $r=0.950038$ 说明某玉米品种的穗长与穗粗之间是有真实直线相关的，且穗长越长，穗粗越粗。

2. 直接查表法

为应用方便，费雪氏根据测相关系数时所用对数的多少，求出各种自由度（$n-2$）时要达到一定概率的 r 值，制成相关系数显著性检验表（附录 7）而省去再计算 t 值。如果计算出的 r 值大于该表上的 $r_{0.05}$ 值，即为显著，反之为不显著；如果大于 $r_{0.01}$ 值，即为极显著。查表时，自由度要用 $n-2$。如本例，$r=0.950038$ 查 r 值表（附录 7），当 $DF=6-4$ 时，$r_{0.05}=0.811$，$r_{0.01}=0.917$。实得 $|r|=0.950038>r_{0.01}$ 故 $P<0.01$，故在 $\alpha=0.01$ 水平上否定 H_0：$\rho=0$，接受 H_A：$\rho\neq0$，即相关系数极显著，表明穗长和穗粗高度相关。

习惯上，在对 r 进行检验并得到显著结果后，人们根据 r 绝对值的大小而将 r 划分为不同等级：

$0<|r|\leqslant0.4$ 的相关为低度相关；

$0.4<|r|\leqslant0.7$ 的相关为中度相关；

$0.7<|r|<1$ 的相关为高度相关。

必须指出，这类分类方法是没有多大科学依据的，必须按 r 的显著性来确定相关的密切性。

三、直线回归

（一）直线回归方程

对于在散点图上呈直线趋势的两个变数，如要概括其在数量上的互变规律，即要从 x 的数量变化来预测或估计 y 的数量变化，则需用直线回归方程来表示。一般通式为：

$$\hat{y}=a+bx \tag{3-68}$$

上式读作“y 依 x 的直线回归方程”。其中 x 是自变数，而 y 是实际观察值，$\hat{y}$ 是和 x 的量相对应的依变数 y 的点估计值；a 是 $x=0$ 时的 $\hat{y}$ 值，即回归直线 y 轴上的截距，叫作回归截距；b 是 x 每增加 1 个单位数时，y 平均地将要增加（$b>0$）或减少（$b<0$）的单位数，叫回归斜率或回归系数。这样，只要求出 a 和 b，则平面直线的位置即可确定。当两个变数间存在直线回归关系时，其数据在坐标上的点式图所趋近的这条直线，则是在一切直线中最接近所有散点的直线。换句话说，以这条直线来代表两个变数的关系与实际数据的误差比任何其他直线都要小，即它是一条对各个散点配合最好的直线。确定回归直线的原则或回归直线必须符合的条件是：

1. $\sum(y-\hat{y})=0$

在坐标上，回归直线上方各点 y 值比 $\hat{y}$ 值大（$y-\hat{y}$ 为正值）；线下各点 y 值比 $\hat{y}$ 值小（$y-\hat{y}$ 为负值）。正负抵消，所以 $\sum(y-\hat{y})=0$。

2. 各实际观察值 y 与各相应的点估计值 $\hat{y}$ 的差异的平方总和为最小

$\sum(y-\hat{y})^2$ 最小，表示 y 与 $\hat{y}$ 误差为最小。

回归直线必须满足 $\sum(y-\hat{y})^2$ 为最小的条件，即必须使 $\sum(y-\hat{y})^2=\sum[y-(a+bx)]^2=\sum(y-a-bx)^2$ 为最小。用最小二乘法，可求出下列一组正规方程：

$$\begin{cases} an+b\sum x=\sum y & (1) \\ a\sum x+b\sum x^2=\sum xy & (2) \end{cases}$$

由方程(1) 解得：

$$a=\frac{\sum y-b\sum x}{n}=\overline{y}-b\overline{x} \tag{3-69}$$

将式(3-69) 代入方程(2) 解得：

$$b=\frac{\sum xy-\frac{\sum xy}{n}}{\sum x^2-\frac{(\sum x)^2}{n}}=\frac{\sum(x-\overline{x})(y-\overline{y})}{\sum(x-\overline{x})^2}=\frac{SP}{SS_x} \tag{3-70}$$

3. 回归直线必须通过 $\overline{x}$ 及 $\overline{y}$

因为将式(3-69) 代入式 (3-68) 后可得直线回归方程的另一形式：

$$\hat{y}=\overline{y}-b\overline{x}+bx=\overline{y}+b(x-\overline{x}) \tag{3-71}$$

把 $x=\overline{x}$ 代入式 (3-71)，即得 $\hat{y}=\overline{y}$，所以回归直线一定通过 $(\overline{x},\overline{y})$ 坐标点。

（二）直线回归方程的计算

下面以一个实例说明回归统计数计算过程。

【例 3-37】 某虫情观测站对二化螟越冬幼虫 4 月份化蛹高峰日与 2～3 月下旬平均气温之和作了连续 6 年的观测，得结果于表 3-61，试计算其直线回归方程。

首先由表 3-61 算得回归分析所需的 6 个一级数据（即由观察值直接算得的数据）。

表 3-61　二化螟化蛹高峰与 2～3 月下旬气温之和的关系

序号	x(2～3 月下旬平均气温之和)/℃	y(4 月份化蛹高峰日)	x^2	y^2	xy
1	34.4	19	1183.36	361	653.6
2	39.6	6	1568.16	36	237.6
3	42.9	1	1840.41	1	42.9
4	38.7	10	1497.69	100	387
5	40.3	1	1624.09	1	40.3
6	38.9	8	1513.21	64	311.2
总和	234.8	45	9226.92	563	1672.6
平均数	39.1333	7.5	1537.82	93.8333	278.7667

由表 3-61 可知 $n=6$，$\sum x=234.8$，$\sum x^2=9226.92$，$\sum y=45$，$\sum y^2=563$，$\sum xy=1672.6$。

然后，由一级数据算得 5 个二级数据：

$$SS_x=\sum x^2-\frac{(\sum x)^2}{n}=9226.92-\frac{(234.8)^2}{6}=38.41333$$

$$SS_y=\sum y^2-\frac{(\sum y)^2}{n}=563-\frac{(45)^2}{6}=225.5$$

$$SP=\sum xy-\frac{\sum x\sum y}{n}=1672.6-\frac{(234.8\times 45)}{6}=-88.4$$

$$\overline{x}=\frac{\sum x}{n}=\frac{234.8}{6}=39.1333$$

$$\overline{y}=\frac{\sum y}{n}45/6=7.5$$

因而有
$$b=\frac{SP}{SS_x}=\frac{-88.4}{38.41333}=-2.30128$$

$$a=\overline{y}-b\overline{x}=7.5-(-2.30128\times 39.133)=97.55692$$

故得表 3-61 资料的回归方程为：$\hat{y}=97.55692-2.30128x$

或化简成：$\hat{y}=97.6-2.3x$

上述直线回归方程中回归系数和回归截距的意义为：当 2～3 月下旬平均气温之和（x）每提高 1℃时，二化螟的化蛹高峰日平均将提早 2.3d。由于 x 变数的实测区间为【34.4，42.9】，当$x<34.4$ 或 $x>42.9$ 时，y 的变化是否还符合 $\hat{y}=97.6-2.3x$ 的规律，观察数据中未曾得到任何信息。所以，在应用 $\hat{y}=97.6-2.3x$ 预测时，需限定 x 的区间为 [34.4，42.9]；如要在 $x<34.4$ 或 $x>42.9$ 的区间外延，则必须有新的依据。

（三）直线回归关系的显著性检验

建立直线回归方程不是回归分析的结束。因为，据研究即使从回归关系 $\beta=0$ 的双变数总体抽样，用所得的各对（x_i，y_i）值也能建立起某种直线回归方程 $\hat{y}=a+bx$。当然，这样的“直线回归方程”是不可靠的，只能对事物间存在的真实关系作出错误的解释。所以对于样本的回归方程，应测定其抽自无回归关系总体的概率。只有当测得的概率 $P<0.05$（或 0.01）时，才能冒较小的风险去确认其所代表的变数间存在某种直线回归的关系。对于回归关系的显著性检验，通常采用 t 检验。t 检验的依据是回归系数 b 的抽样分布，因此称为回归系数 b 的显著性检验。具体步骤如下所述。

1. 提出假设

由于是检验样本回归方程来自无直线回归关系总体的概率大小，所以对直线回归的假设检验为 H_0：$\beta=0$（双变数总体不存在直线回归关系），H_A：$\beta\neq 0$（双变数总体存在直线回归关系）。

2. 检验计算

一般规定显著水平 $\alpha=0.05$ 或 $\alpha=0.01$。据研究$\frac{b-\beta}{s_b}$值的抽样分布遵从 $\nu=n-2$ 的 t 分布，即

$$t=\frac{b-\beta}{s_b}=\frac{b}{s_b}(\text{由 } H_0:\beta=0) \quad (3\text{-}72)$$

式中，s_b 为回归系数标准误，其计算式为：

$$s_b=\sqrt{\frac{s_{y/x}^2}{\sum(x-\overline{x})^2}}=\frac{s_{y/x}}{\sqrt{SS_x}} \quad (3\text{-}73)$$

式中，$s_{y/x}$ 为回归估计标准误，其计算公式为：

$$s_{y/x}=\sqrt{\frac{Q}{n-2}}=\sqrt{\frac{\sum(y-\hat{y})^2}{n-2}} \tag{3-74}$$

3. 查 t 值表

据 $\nu=n-2$ 查 t 值表（附录 4）得 $t_{0.05,n-2}$ 和 $t_{0.01,n-2}$

4. 推断

将实得 t 和 t 值表（附录 4）中的 t_α 相比较，如果：$t \leqslant t_{0.05,n-2}$（即 $P \geqslant 0.05$），接受 H_0，b 抽自 $\beta=0$ 的总体，现 $b \neq 0$ 是抽样误差所致，推断为回归不显著；$t > t_{0.05,n-2}$（即 $P<0.05$）否定 H_0 接受 H_A，推断为回归显著；$t > t_{0.01,n-2}$（即 $P<0.01$），否定 H_0，接受 H_A 推断为回归极显著。

【例 3-38】 试检验例 3-37 资料回归关系的显著性。

提出假设 H_0：$\beta=0$，H_A：$\beta \neq 0$

计算：确定显著水平 $\alpha=0.01$。在例 3-37 已算得 $b=-2.30128$，$SS_x=38.41333$，$SP=-88.4$，$SS_y=225.5$，故有：

$$Q=225.5-\frac{(-88.4)^2}{38.41333}=22.06645$$

$$s_{y/x}=\sqrt{\frac{22.06645}{6-2}}=2.348747$$

$$s_b=\frac{2.348747}{\sqrt{38.41333}}=0.378962$$

$$t=\frac{-1.0996}{0.2715}=-6.0726$$

查 t 值表，$t_{0.05}=2.776$，$t_{0.01}=4.604$。现实得到 $|t|=6.0726>t_{0.01}$，故推断为回归极显著，即认为 2～3 月下旬平均气温之和与二化螟化蛹高峰日是有真实直线回归关系的。

（四）直线回归方程的图示

直线回归图包括回归直线的图像和散点图，它可醒目地表明 x 和 y 的数量关系，也便于进行需要的预测。

绘制回归直线时，先根据回归方程计算出 x 变量的观测值最小值 x_1 和最大值 x_2 对应的 $\hat{y}$ 值。如表 3-61 资料，将 $x_1=35$ 代入回归方程得 $\hat{y}_1=17.012$；将 $x_2=42$ 代入回归方程得 $\hat{y}_2=0.9032$。在图 3-16 上作出（35，17.012）和（42，0.90316）两点，用直线连接，即为 $\hat{y}=97.55692-2.30128x$ 的直线图像。此直线必通过点（$\bar{x}$，$\bar{y}$），它可作为制图是否正确的判断依据。作图时将各实际观察值各点标在图上，并在直线旁边写上回归方程式（图 3-16）。

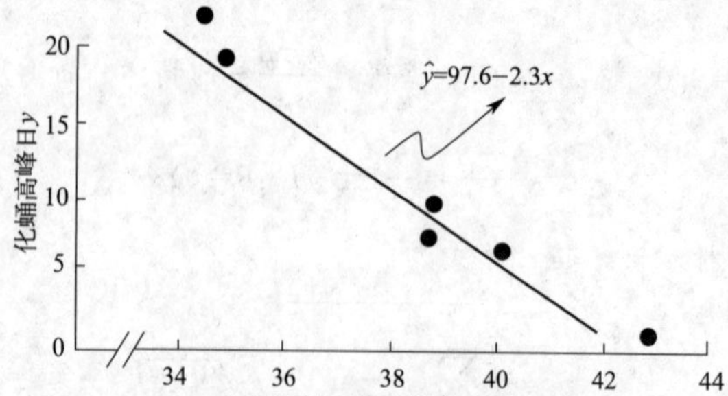

图 3-16 二化螟幼虫 4 月份化蛹高峰日与 2～3 月下旬平均气温之和的关系

图 3-16 的回归直线是 6 个观察坐标点的代表，它不仅表示了例 3-37 资料的基本趋势，也便于预测。如某年 2～3 月下旬平均气温之和为 37℃，则在图 3-16 上可查到二化螟化蛹高峰日的点估计值在 4 月 12～13 日，这和将 $x=37$ 代入原方得到 $\hat{y}=97.55692-2.30128x\times37=12.40956$ 是基本一致的。因为回归直线是综合 6 年结果而得出的一般趋势，所以其代表性比任何一个实际的坐标点都好。

项目技能

技能训练一　Excel 在生物统计中的应用

一、目的要求

掌握 Excel 软件在生物统计中的应用方法。

二、材料用具

装有 Excel 软件的计算机。

三、方法步骤

1. 启动 Excel

2. 加载“分析工具库”

Excel 如果没有加载“分析工具库”，就无法利用分析工具进行统计分析。首先查看计算机是否已经加载了“分析工具库”：启动 Excel，检查“工具”菜单中是否有“数据分析”命令，如果没有发现“数据分析”命令，就表示未加载“分析工具库”，可按照下列步骤来加载。

（1）选取“工具”菜单中的“加载宏”命令，弹出“加载宏”的对话框（图 3-17）。

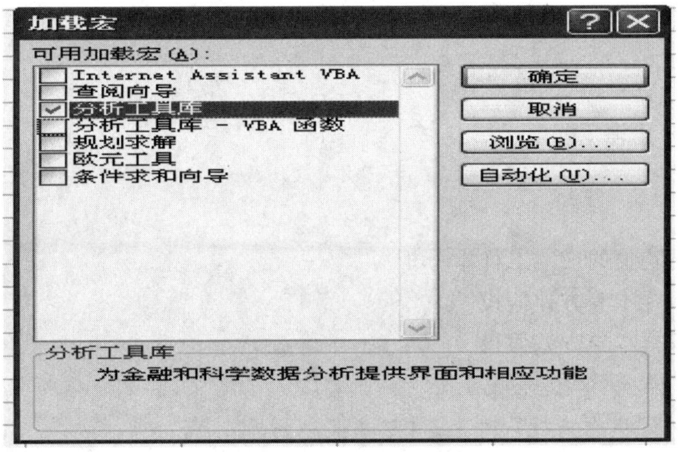

图 3-17　“加载宏”对话框

（2）选中“分析工具库”复选框后，单击“确定”按钮，即可完成加载过程。此时再查看“工具”菜单，就可发现“数据分析”命令。选择“数据分析”命令，会弹出“数据分析”对话框（图 3-18），在对话框列表中根据需要选择某一分析工具，按“确定”后，即可进行相关的统计分析。

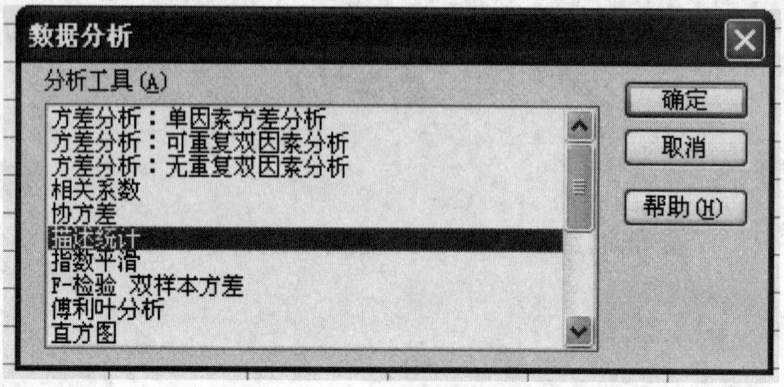

图 3-18 “数据分析”对话框

3. 分析工具库提供的统计分析工具

分析工具库提供的常用统计分析工具如下：

① 方差分析：单因素方差分析

② 方差分析：可重复双因素分析

③ 方差分析：无重复双因素分析

④ 相关系数

⑤ 协方差

⑥ 描述统计

⑦ 指数平滑

⑧ F-检验 双样本方差

⑨ 傅里叶分析

⑩ 直方图

⑪ 移动平均

⑫ 随机数发生器

⑬ 排位与百分比排位

⑭ 回归

⑮ 抽样

⑯ t-检验：平均值的成对二样本分析

⑰ t-检验：双样本等方差假设

⑱ t-检验：双样本异方差假设

⑲z-检验：双样本平均差假设

【使用帮助】 在“数据分析”对话框中选中某一分析工具，按“确定”按钮，在新弹出的对话框中按“帮助”按钮，在右侧会出现一说明框，就如何使用该分析工具做简要说明。

4. 统计函数

单击“插入”菜单中“函数”选项（或单击常用工具栏中的“fx”），弹出“插入函数”对话框，在“选择类别”中选择“统计”。Excel 提供的常用统计函数如下：

AVERAGE	计算算术平均数
BINOMDIST	计算二项分布的概率值
CHIDIST	计算特定 χ^2 分布的单尾概率值
CHIINV	计算一定单尾概率值时的 χ^2 临界值
CHITEST	计算独立性检验的 χ^2 值
CONFIDENCE	计算总体平均值的置信区间
CORREL	计算两组数据的相关系数
COVAR	计算两组数据的协方差
FDIST	计算特定 F 分布的单尾概率值
FINV	计算一定概率时的临界 F 值
FTEST	计算二个样本方差之比 F 值的概率
GEOMEAN	计算几何平均数
HARMEAN	计算调和平均数
INTERCEPT	计算回归截距
MAX	计算一组数据中的最大值
MEDIAN	计算一组数据的中位数
MIN	计算一组数据中的最小值
MODE	计算一组数据的众数
NORMDIST	计算正态分布的累积分布函数和概率密度函数
NORMINV	计算正态分布累积分布函数的逆函数
NORMSDIST	计算标准正态分布的累积分布函数
NORMSINV	计算标准正态分布累积分布函数的逆函数
POISSON	计算泊松分布的概率值
SLOPE	计算回归系数
STDEV	计算样本的标准差
STDEVP	计算总体的标准差
TDIST	计算学生氏-t 分布的概率值
TINV	计算特定概率时学生氏-t 分布的临界 t 值
TTEST	计算 t 检验的概率值
VAR	计算样本的方差
VARP	计算总体的方差
ZTEST	计算 Z 检验的单尾概率值

使用帮助：在“插入函数”对话框中选中某一具体函数，在对话框的下面就会出现有关该函数功能的一简要说明，按“确定”按钮，在新弹出的对话框中单击“有关该函数的帮助”，在右侧会出现一说明框，就如何使用该函数做简要说明。

四、作业

根据教材中的实例进行验证性练习。

技能训练二　基本特征数的计算

一、目的要求

掌握各种特征数的计算方法，学会利用 Excel 进行基本特征数的计算。

二、材料用具

装有 Excel 软件的计算机及输出设备。

三、方法步骤

在生物统计中主要计算平均数和变异数。平均数主要有算术平均数、几何平均数及中数、众数、调和平均数，变异数主要有极差、方差、标准差和变异系数。

1. 算术平均数

算术平均数通过 AVERAGE 函数来计算。这里有三种方法：例如计算 10、14、25、36、47 这组数据的算术平均数。

① 第一种方法：直接在打开的 Excel 表格的任意单元格中输入“＝AVERAGE(10,14,25,36,47)”得 26.4。

第一步：(如图 3-19) 打开 Excel 表格，光标放在任意一个空白单元格中单击左键（这里选 C4 格）

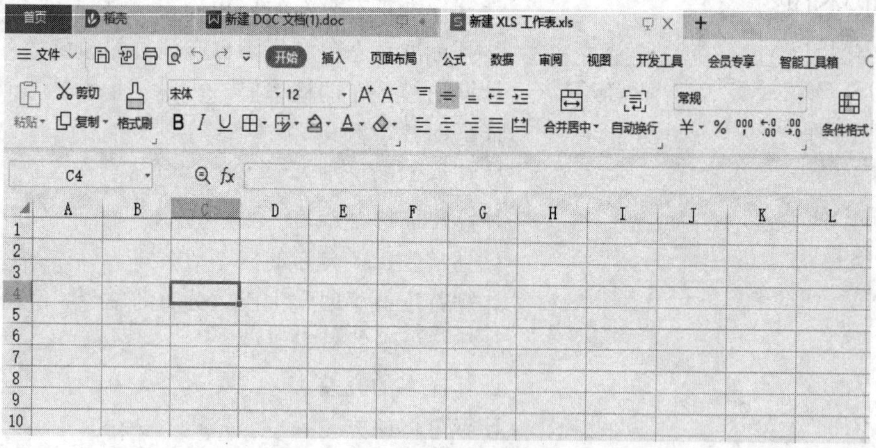

图 3-19　Excel 表格初始界面

第二步：在选中的单元格中输入“＝AVERAGE（10，14，25，36，47）”（如图 3-20），回车或左键单击图 3-20 中箭头指向的 ✓，表格中将显示出结果。

显示结果如图 3-21 所示。

② 第二种方法：把这 5 个数据分别存放于竖排的五个单元格如 A1～A5 单元格（如图 3-22）[或放于横排 B1～F1 单元格（如图 3-23）] 中，然后在空白单元格中输入“＝AVERAGE(A1:A5)”[或“＝AVERAGE(B1:F1)”]，回车或左键单击 ✓，同样能得 26.4。

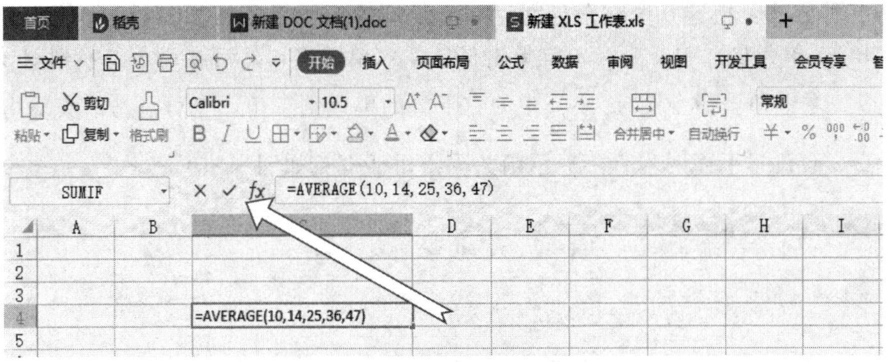

图 3-20　数据输入界面

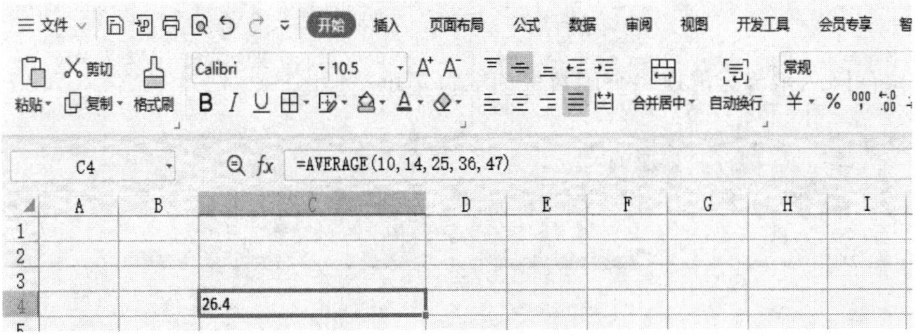

图 3-21　计算结果显示界面

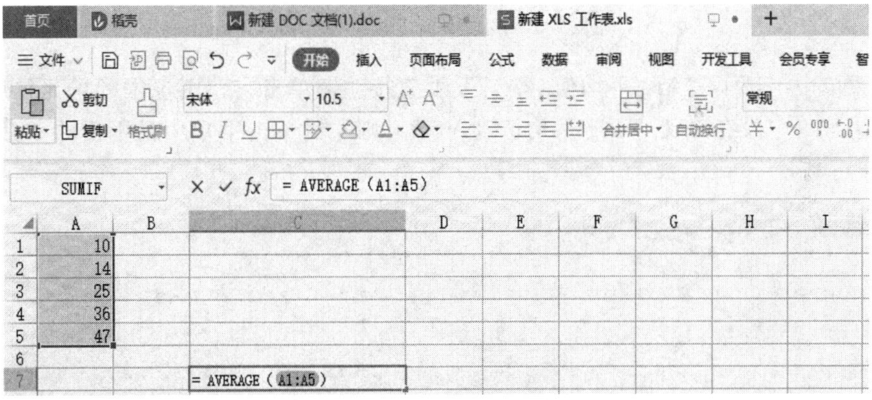

图 3-22　数据竖排界面

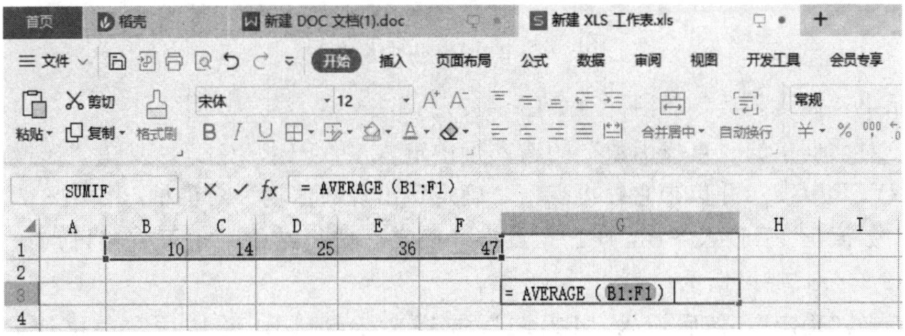

图 3-23　数据横排界面

③ 第三种方法：把这 5 个数据分别存放于竖排的五个单元格如 A1～A5 单元格（或放于横排 B1～F1 单元格）中，光标左键单击任一空白单元格，然后在命令行找到图 3-24 中箭头①的命令，左键单击命令图标 $\sum$ 求和▼ 中的右下方的黑色倒三角，也可点击箭头②指向的 fx（如图 3-24），会跳过下面两步直接显示函数输入对话框（如图 3-27）。

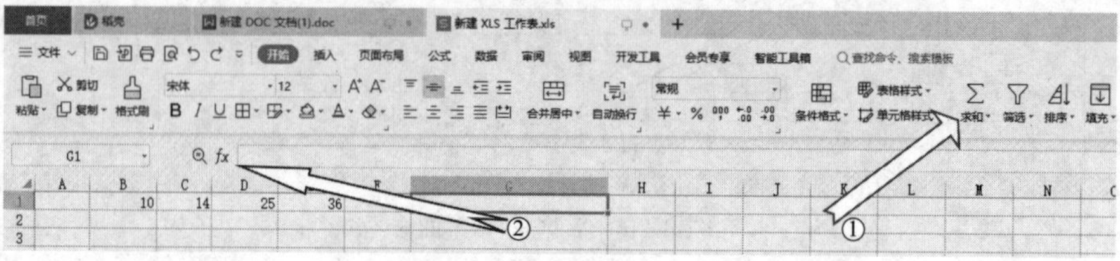

图 3-24　函数选择界面

点击黑色倒三角后会出现一个函数选项下拉菜单（如图 3-25）。

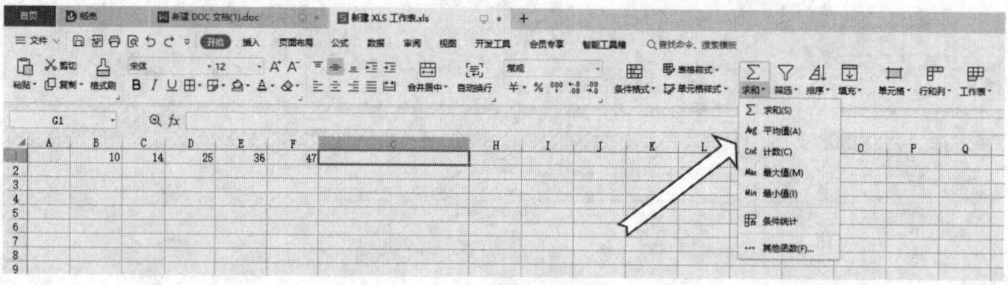

图 3-25　函数选项下拉菜单界面

如果菜单中出现了“Arg 平均值（A）”就直接左键单击它，则选中的单元格中将出现结果；如果菜单中没有出现“Arg 平均值（A）”，则左键单击菜单中最下面的“其他函数”（如图 3-26）。

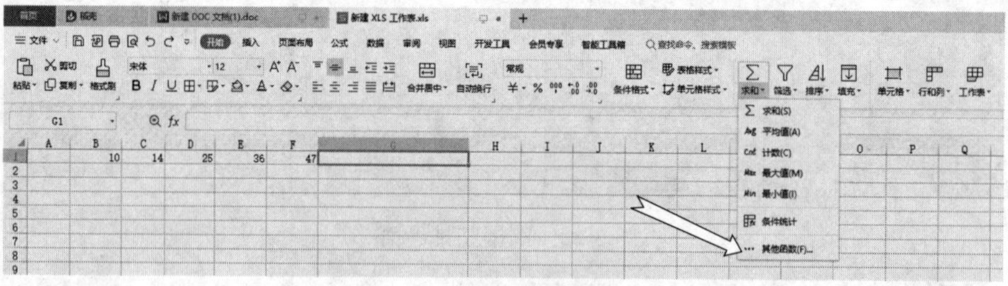

图 3-26　其他函数菜单界面

将显示出“插入函数”对话框（如图 3-27）。

在这个对话框中的“查找函数”的输入行中输入“AVERAGE”，或在“选择函数”下面找到“AVERAGE”并点击它，再点击“确定”出现数值输入对话框（如图 3-28）。

可在“数值 1”后输入“B1：F1”，点击“确定”即得结果。也可直接再点击“确定”，出现图 3-29 的公式错误提示。

继续点击“确定”，然后输入“B1：F1”或将光标点到 B1 并按住左键拉到 F1 后放开（如图 3-30），回车或左键单击 ✓ 可得结果。

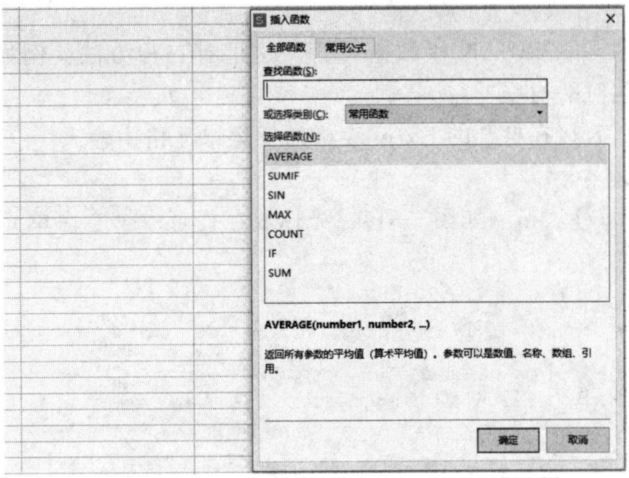

图 3-27　“插入函数”对话框

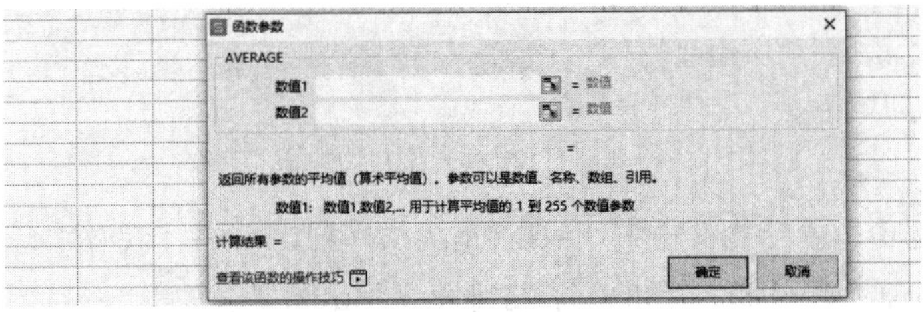

图 3-28　数值输入对话框

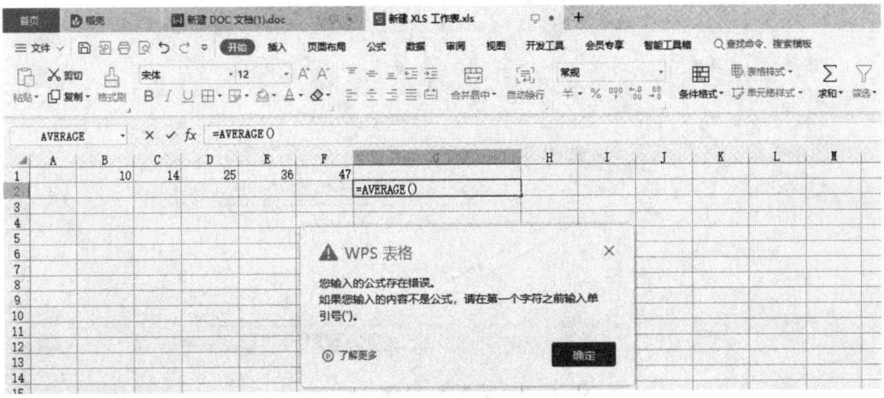

图 3-29　公式错误提示对话框

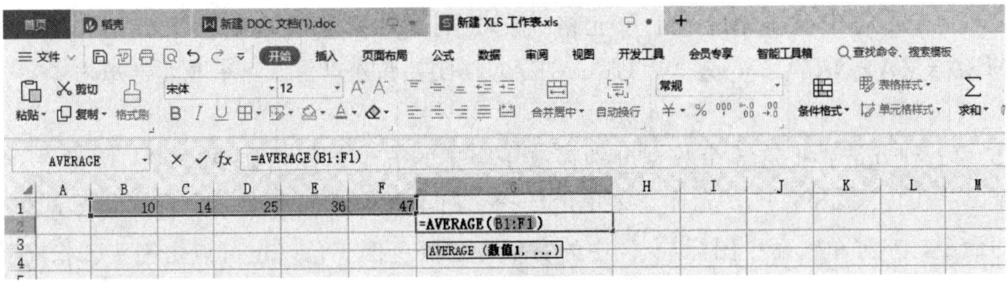

图 3-30　数据输入界面

2. 几何平均数

几何平均数通过 GEOMEAN 函数来计算。这里有三种方法：例如计算 10、14、25、36、47 这组数据的几何平均数。

① 第一种方法：直接在打开的 Excel 表格的任意单元格中输入"＝GEOMEAN(10,14,25,36,47)"得 22.62。

第一步：打开 Excel 表格（如图 3-31），光标放在任意一个空白单元格中单击左键（这里选 C4 格）。

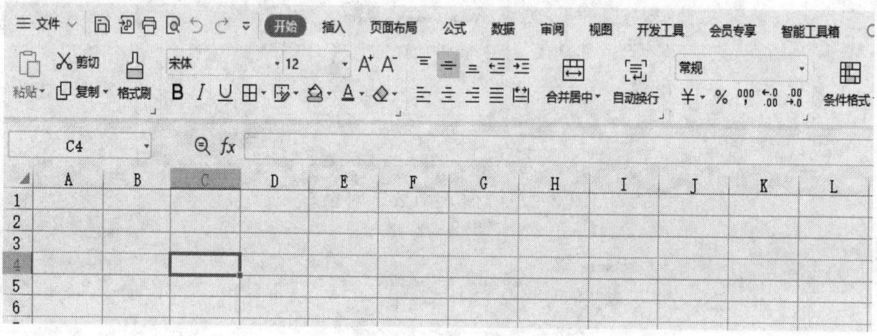

图 3-31　Excel 表格初始界面

第二步：在选中的单元格中输入"＝GEOMEAN(10,14,25,36,47)"，回车或左键单击图 3-32 中箭头指向的 ✓（如图 3-32），表格中将显示出结果（如图 3-33）。

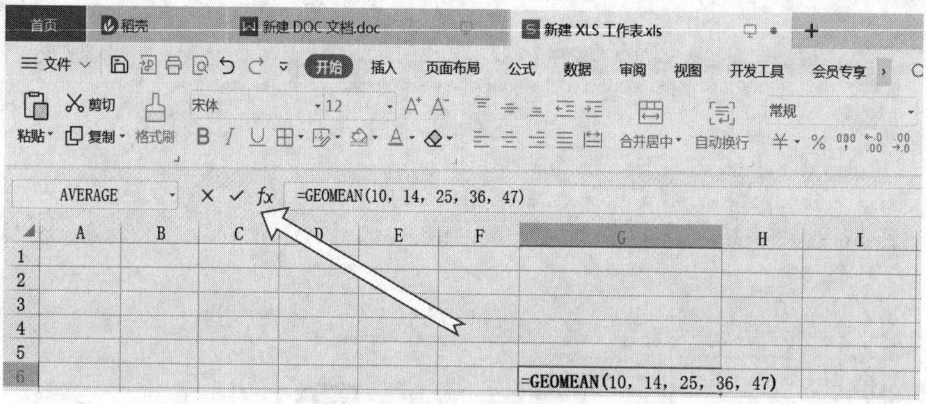

图 3-32　函数结果确认界面

② 第二种方法：把这 5 个数据分别存放于竖排的五个单元格如 A1～A5 单元格（图 3-34）［或放于横排 B1～F1 单元格（图 3-35）中，然后在空白单元格中输入"＝GEOMEAN（A1：A5）"［或"＝GEOMEAN（B1：F1）"］，回车或左键单击 ✓，同样能得 22.62。

③ 第三种方法：把这 5 个数据分别存放于竖排的五个单元格如 A1～A5 单元格（或放于横排 B1～F1 单元格）中，光标左键单击任一空白单元格，然后在命令行找到图 3-36 中箭头①的命令，左键单击命令图标 ∑ 求和▼ 中的右下方的黑色倒三角，也可点击箭头②指向的 fx（图 3-36），会跳过下面两步直接显示函数输入对话框（图 3-38）。

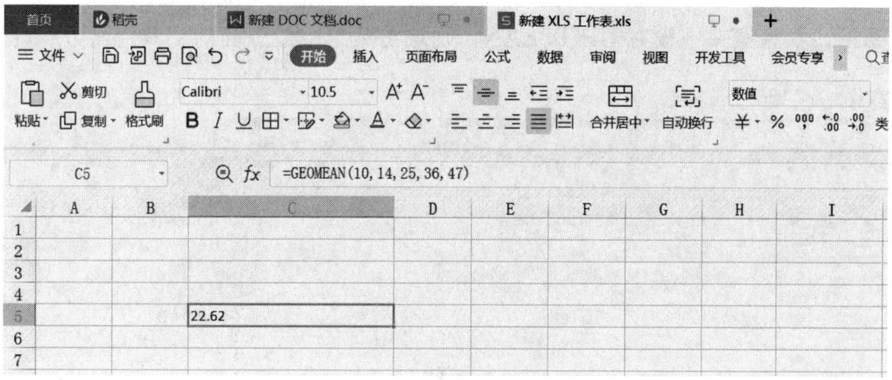

图 3-33　结果显示界面

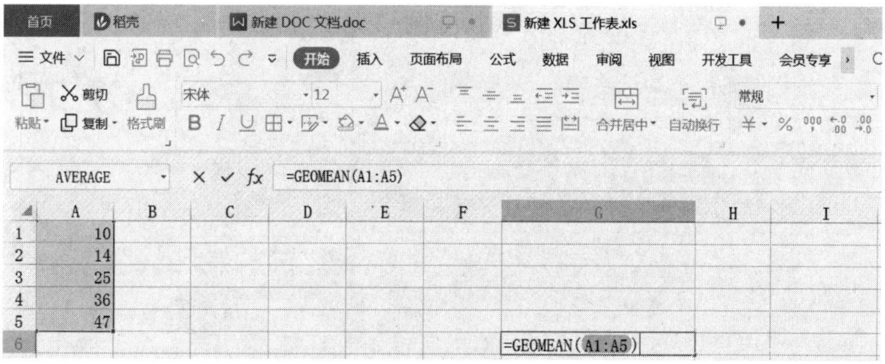

图 3-34　数据竖排输入界面

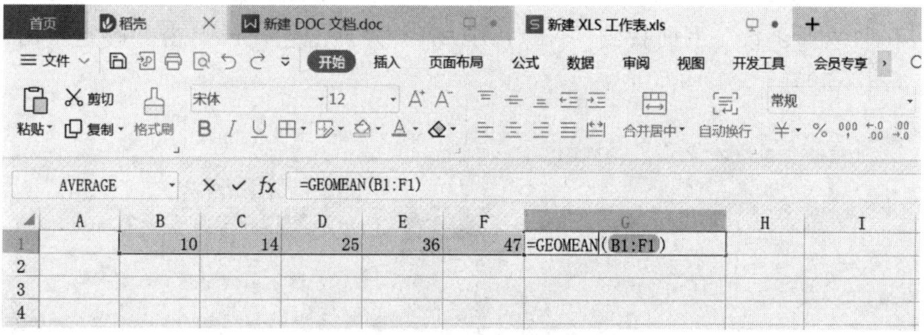

图 3-35　数据横排输入界面

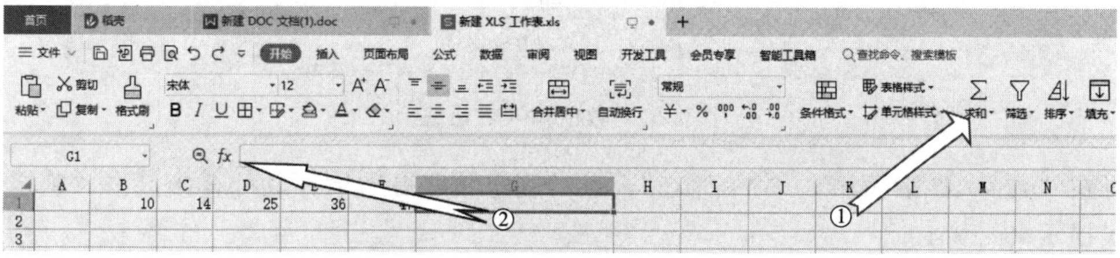

图 3-36　函数选择界面

出现一个下拉菜单，如果菜单中有 GEOMEAN，则单击它，此时在选定的空白单元格中即会显示结果；如果菜单中没有 GEOMEAN，则点击菜单中最下面的“其他函数”（图 3-37）。

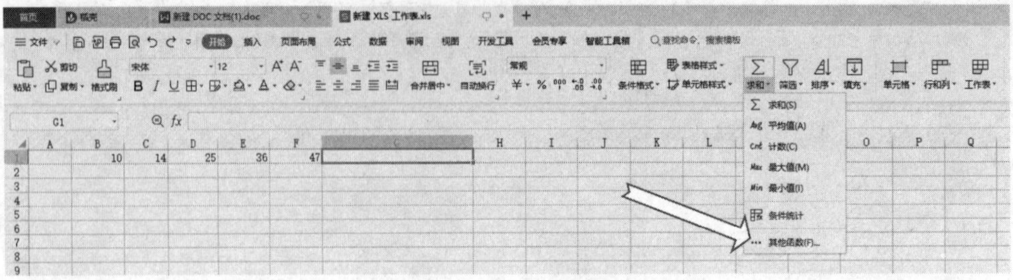

图 3-37　函数下拉菜单界面

将显示出函数输入对话框（图 3-38）。

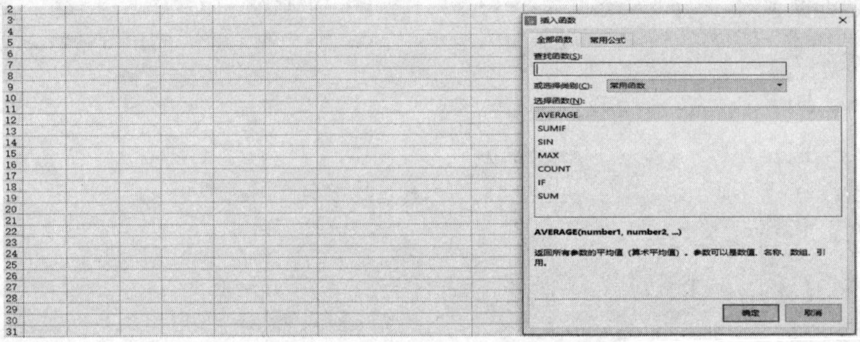

图 3-38　函数输入对话框

在这个对话框中的“查找函数”的输入行中输入“GEOMEAN”（或输入“几何平均数”），或在“选择函数”下面找到“GEOMEAN”并点击它，再点击“确定”出现数值输入对话框（图 3-39）。

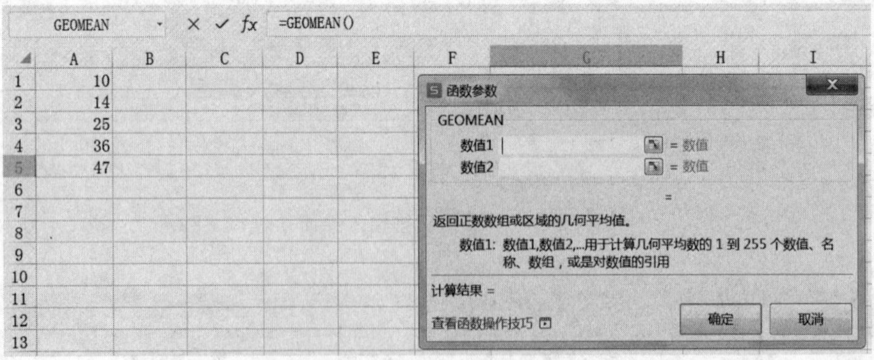

图 3-39　数值输入对话框

可在“数值 1”后面输入“A1：A5”，点“确定”即得结果。也可直接点击“确定”出现错误提示（图 3-40）。

继续点击“确定”，然后输入“B1：F1”或将光标点到 B1 并按住左键拉到 F1 后放开（图 3-41），打回车或左键单击 ✓ 可得结果。

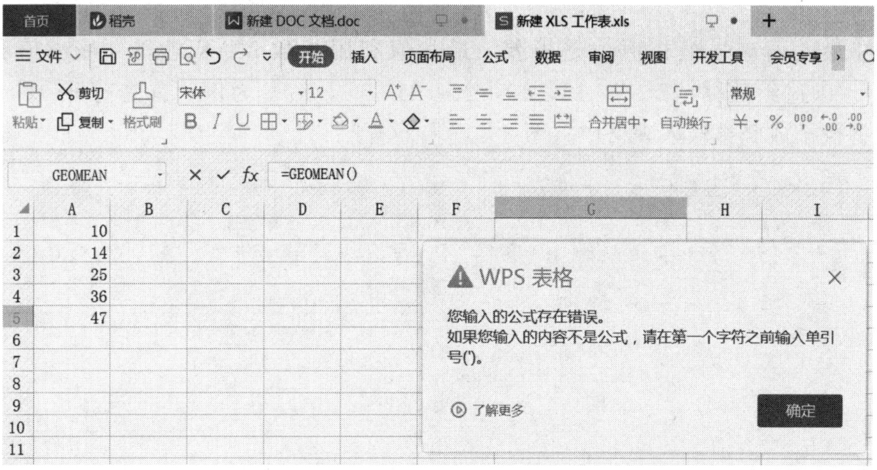

图 3-40　错误提示对话框

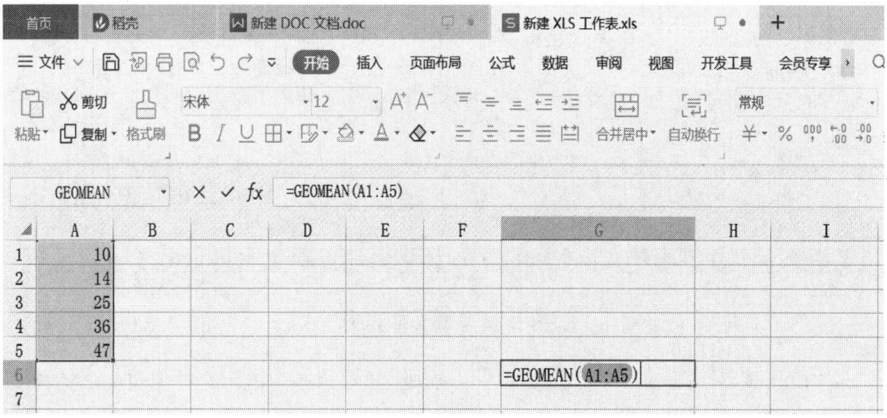

图 3-41　函数输入界面

3. 中数、众数和调和平均数

依据上述方法，可得到任意一组数据的中数、众数和调和平均数，只要把函数的字符串输入正确即可。中数用函数 MEDIAN 计算，众数用函数 MODE 计算，调和平均数用函数 HARMEAN 计算。注意，没有众数的一组数据计算结果将显示如图 3-42 所示界面。

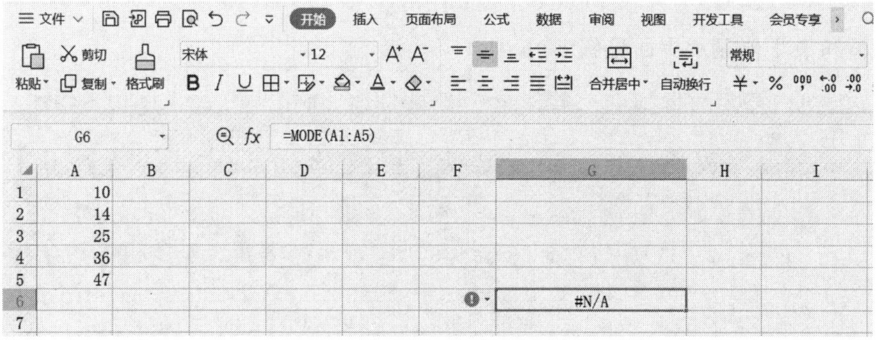

图 3-42　无众数界面

4. 极差

资料中最大值减去最小值就是极差。最大值利用函数 MAX 求得，最小值利用函数 MIN 求得。以这组数据（2，9，13，49，26，81，38，67）为例，首先打开一个 Excel 表格，把数据横排或竖排输入表格中（图 3-43）。

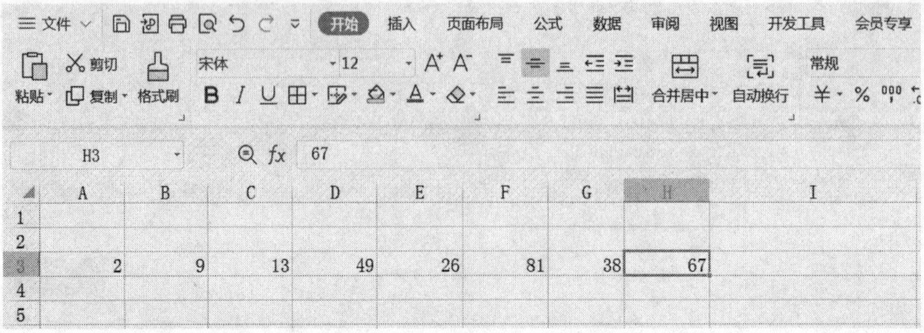

图 3-43 数据输入界面

用前述的函数求值法分别在 I3、I4 中求得最大值和最小值（图 3-42～图 3-46）。

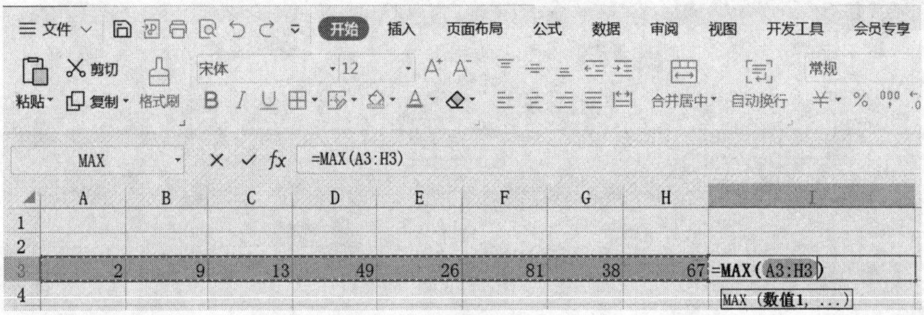

图 3-44 最大值界面

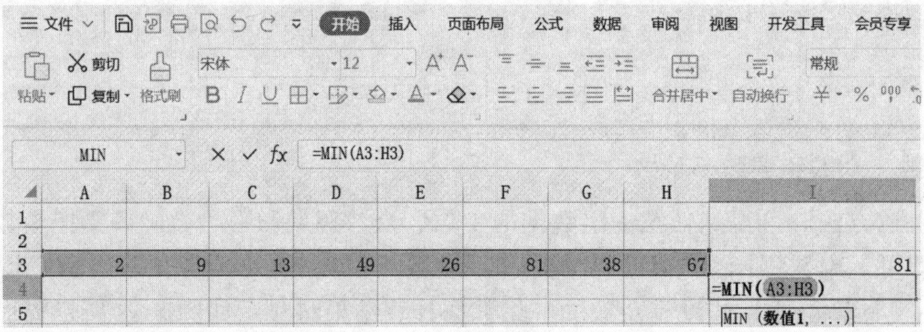

图 3-45 最小值界面

最大值和最小值显示界面见图 3-46。

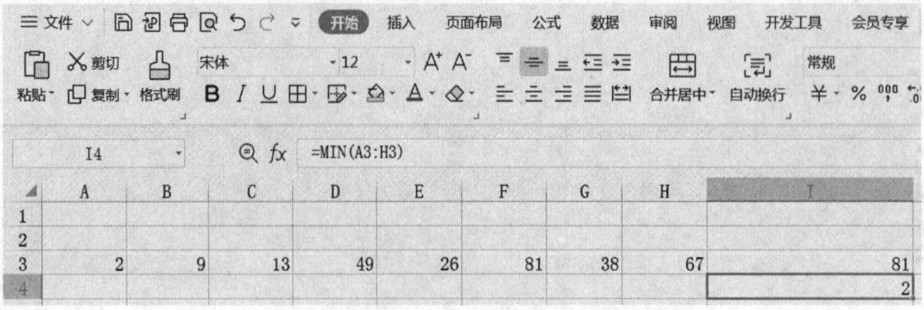

图 3-46 最小值、最大值显示界面

然后在某一空白单元格中输入"＝I3－I4"（图 3-47），回车或左键单击 ✓ 可得极差结果 79。

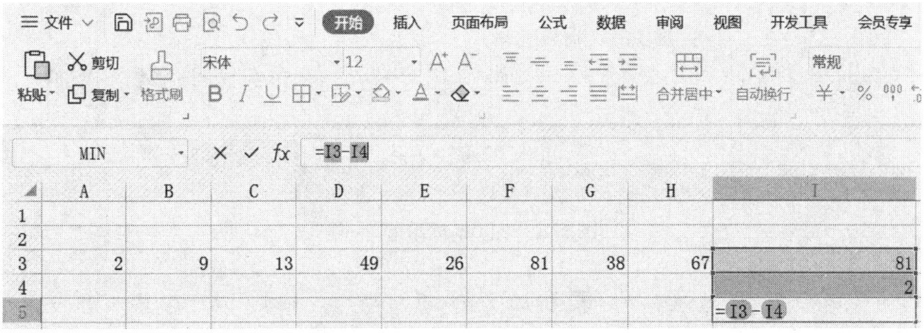

图 3-47　极差显示界面

5. 方差

用 VARP 函数可以计算总体方差，用 VAR 函数可以计算样本方差。如求 Excel 表格现有数据的总体方差（图 3-48）和样本方差（图 3-49）。

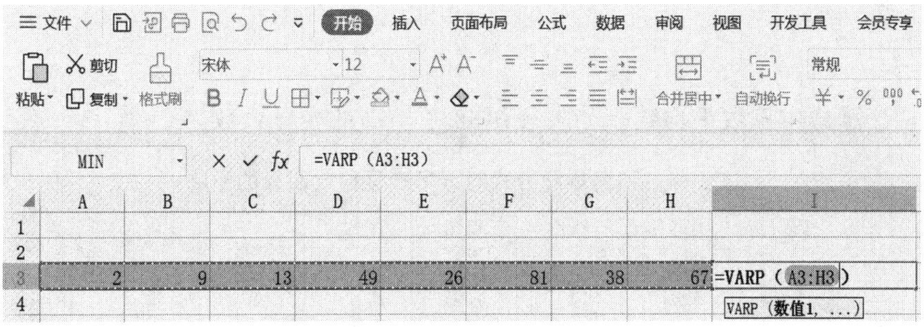

图 3-48　总体方差界面

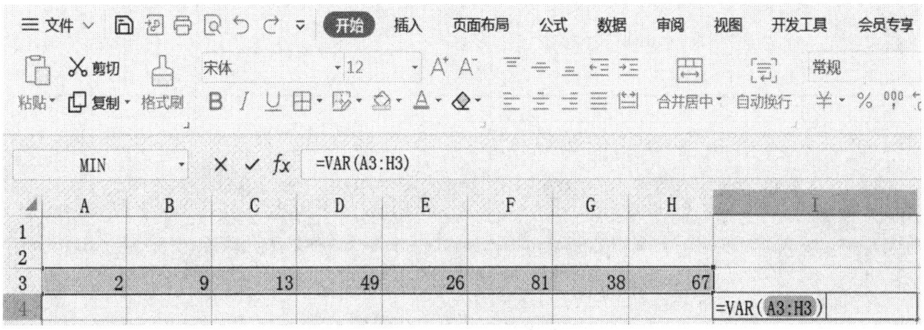

图 3-49　样本方差界面

6. 标准差

同理用函数 STDEVP 可以计算总体标准差（图 3-50），用函数 STDEV 可以计算样本标准差（图 3-51）。

7. 变异系数

标准差除以算数平均数就是变异系数。可以通过函数 STDEV 计算样本标准差，用函数

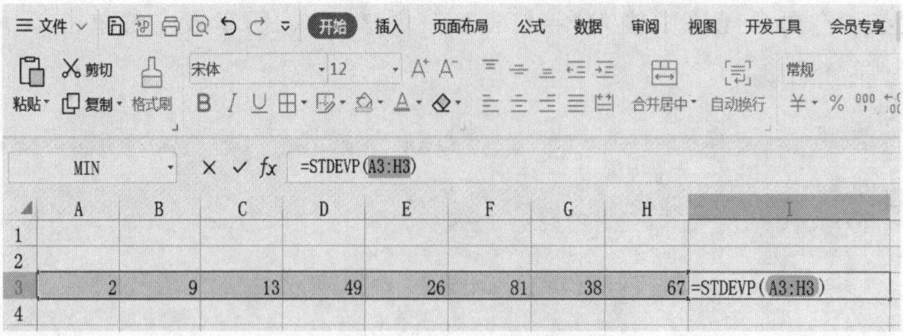

图 3-50 总体标准差界面

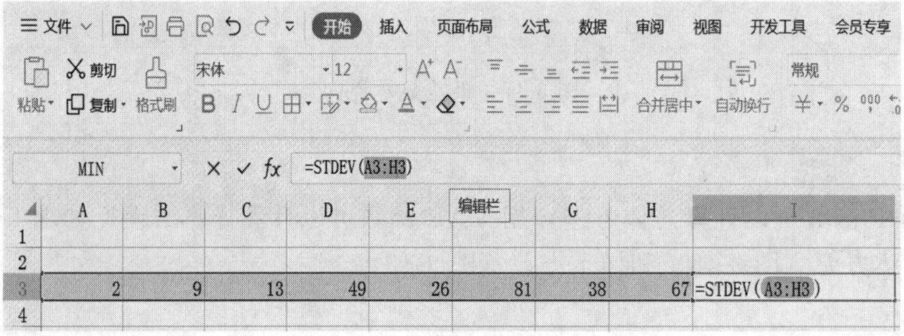

图 3-51 样本标准差界面

AVERAGE 计算样本算数平均数。如求表 3-62 中株高的变异系数。

表 3-62 不同施肥方式对玉米产量构成因素的影响

不同施肥方式处理	株高/cm	穗位高/cm	有效穗/hm^2	穗长/cm	穗粗/cm	秃尖/cm	穗行数	行粒数	穗粒数	千粒重/g
①	227.0	90.3	59475	16.7	4.91	0.17	16.9	39.1	660.8	280.3
②	235.8	96.2	60135	16.7	4.91	0.17	17.6	37.9	667.0	283.1
③	241.1	99.0	60240	16.6	4.82	0.24	17.1	38.7	661.8	278.4
④	230.5	90.9	60465	16.4	4.82	0.35	16.7	37.5	626.3	271.7
⑤	235.6	92.8	60135	17.1	4.90	0.25	17.1	39.0	666.9	282.0
⑥	232.7	91.2	60690	17.0	4.88	0.29	16.7	39.8	664.7	274.2
⑦	232.8	90.6	60255	16.9	4.82	0.30	16.7	38.8	648.0	272.1

先在表中某一空白单元格中（这里选 C13）求得标准差（图 3-52）。

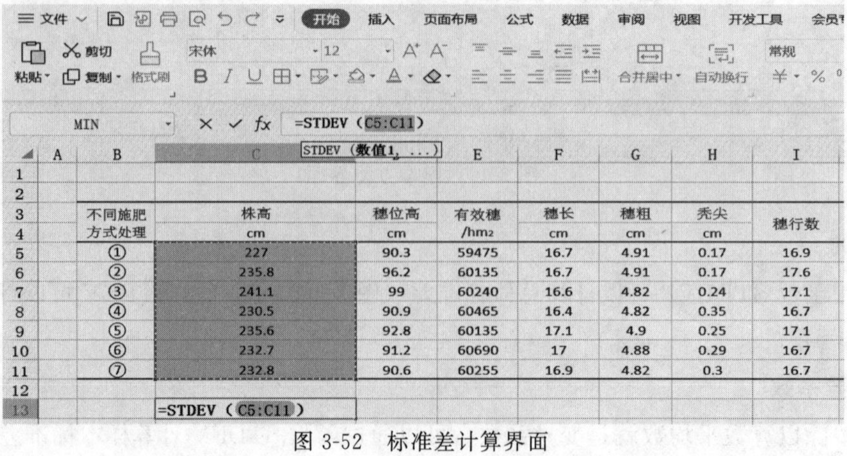

图 3-52 标准差计算界面

再在另一空白单元格中（这里选 C14）求得算数平均数（图 3-53）。

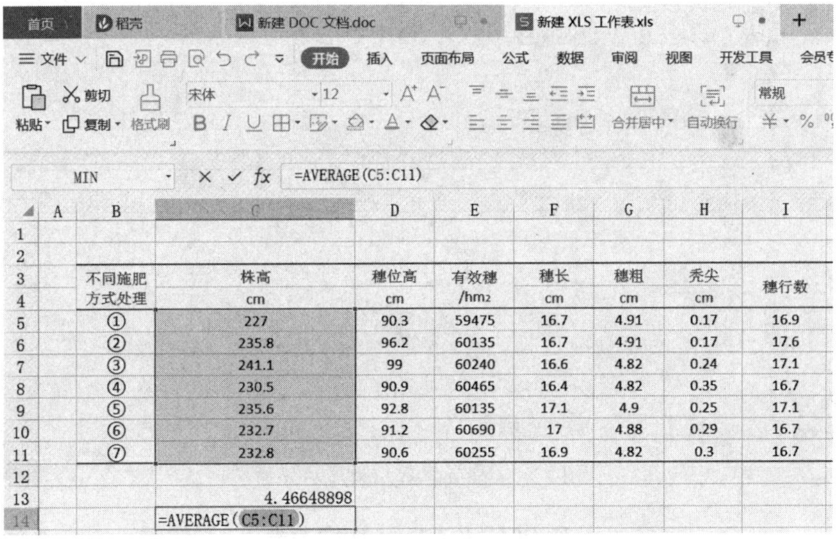

不同施肥方式处理	株高 cm	穗位高 cm	有效穗 /hm2	穗长 cm	穗粗 cm	秃尖 cm	穗行数
①	227	90.3	59475	16.7	4.91	0.17	16.9
②	235.8	96.2	60135	16.7	4.91	0.17	17.6
③	241.1	99	60240	16.6	4.82	0.24	17.1
④	230.5	90.9	60465	16.4	4.82	0.35	16.7
⑤	235.6	92.8	60135	17.1	4.9	0.25	17.1
⑥	232.7	91.2	60690	17	4.88	0.29	16.7
⑦	232.8	90.6	60255	16.9	4.82	0.3	16.7
	4.46648898						
	=AVERAGE(C5:C11)						

图 3-53　算数平均数计算界面

最后在第三个空白单元格中输入“＝C13/C14”（图 3-54）（注意：C13 和 C14 是计算标准差和算数平均数所在单元格的位置，是随操作者操作而定的）。

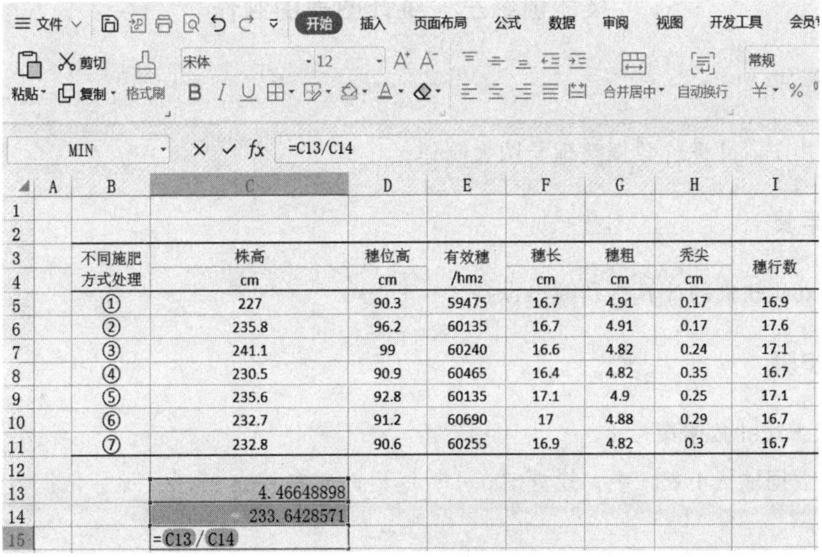

不同施肥方式处理	株高 cm	穗位高 cm	有效穗 /hm2	穗长 cm	穗粗 cm	秃尖 cm	穗行数
①	227	90.3	59475	16.7	4.91	0.17	16.9
②	235.8	96.2	60135	16.7	4.91	0.17	17.6
③	241.1	99	60240	16.6	4.82	0.24	17.1
④	230.5	90.9	60465	16.4	4.82	0.35	16.7
⑤	235.6	92.8	60135	17.1	4.9	0.25	17.1
⑥	232.7	91.2	60690	17	4.88	0.29	16.7
⑦	232.8	90.6	60255	16.9	4.82	0.3	16.7
	4.46648898						
	233.6428571						
	=C13/C14						

图 3-54　输入公式界面

最终结果如图 3-55 所示。

四、作业

测得某一大豆品种 10 个样品脂肪含量（%）的数据为：20.7、20.1、19.3、19.7、20.8、19.5、20.6、19.7、19.5、19.9，请利用 Excel 进行基本特征数的计算，并完成表 3-63 的填写。

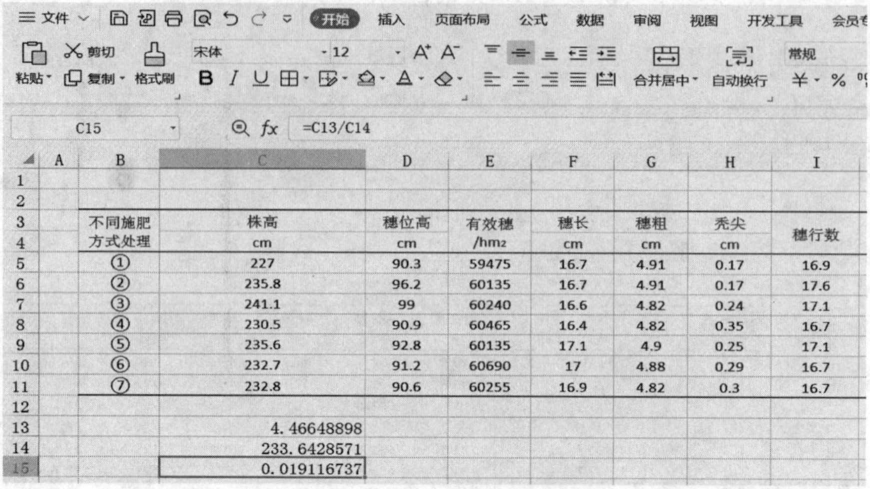

C15 =C13/C14

不同施肥方式处理	株高 cm	穗位高 cm	有效穗 /hm²	穗长 cm	穗粗 cm	秃尖 cm	穗行数
①	227	90.3	59475	16.7	4.91	0.17	16.9
②	235.8	96.2	60135	16.7	4.91	0.17	17.6
③	241.1	99	60240	16.6	4.82	0.24	17.1
④	230.5	90.9	60465	16.4	4.82	0.35	16.7
⑤	235.6	92.8	60135	17.1	4.9	0.25	17.1
⑥	232.7	91.2	60690	17	4.88	0.29	16.7
⑦	232.8	90.6	60255	16.9	4.82	0.3	16.7
	4.46648898						
	233.6428571						
	0.019116737						

图 3-55　变异系数结果显示界面

表 3-63　基本特征数计算结果

基本特征数	算术平均数	几何平均数	中数	众数	调和平均数	极差	方差	标准差	变异系数
计算结果									

技能训练三　统计图表的制作

一、目的要求

学会利用 Excel 进行数据整理与图表制作。

二、材料用具

装有 Excel 软件的计算机及输出设备。

三、方法步骤

1. 建立 Excel 数据集

首先将数据输入 Excel 中，建立 Excel 数据集，如表 3-64 所示。然后依据数据集进行图表制作。

表 3-64　不同施肥方式对玉米产量构成因素的影响

不同施肥方式处理	株高/cm	穗位高/cm	穗长/cm	行粒数	千粒重/g
①	227	90.3	16.7	39.1	280.3
②	235.8	96.2	16.7	37.9	283.1
③	241.1	99	16.6	38.7	278.4
④	230.5	90.9	16.4	37.5	271.7
⑤	235.6	92.8	17.1	39	282
⑥	232.7	91.2	17	39.8	274.2
⑦	232.8	90.6	16.9	38.8	272.1

2. 选定数据区域

框选数据表格（如图 3-56），然后点击命令栏中的“插入”，将出现图 3-57 界面。

不同施肥方式处理	株高	穗位高	穗长	行粒数	千粒重
	cm	cm	cm		g
①	227	90.3	16.7	39.1	280.3
②	235.8	96.2	16.7	37.9	283.1
③	241.1	99	16.6	38.7	278.4
④	230.5	90.9	16.4	37.5	271.7
⑤	235.6	92.8	17.1	39	282
⑥	232.7	91.2	17	39.8	274.2
⑦	232.8	90.6	16.9	38.8	272.1

图 3-56　框选数据示意图

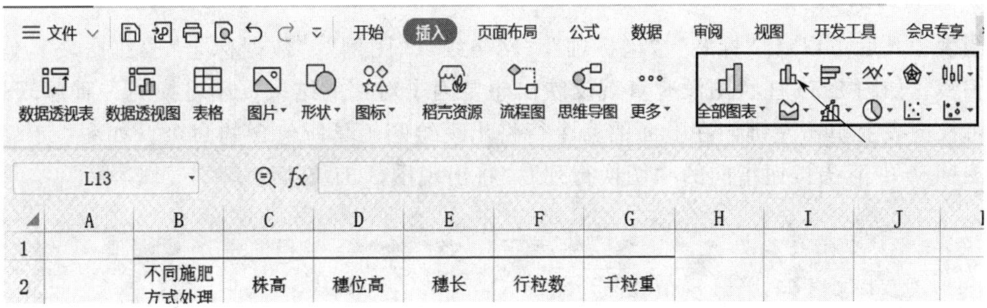

图 3-57　插入图表界面

3. 选择图表类型

图 3-57 的框里有一些常用图表和“全部图表”，可以选择想要的图表样式，例如选择常用的柱状图，即点击图 3-57 中的箭头指向的按钮，出现图 3-58 界面。

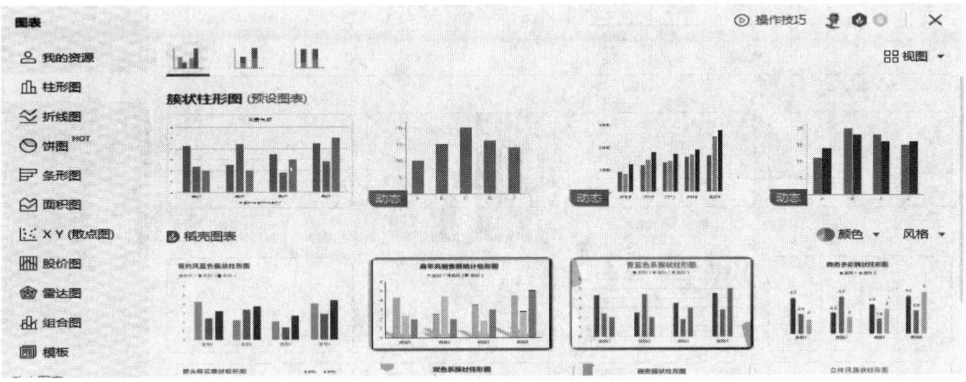

图 3-58　常用柱状图对话框

例如选择第一个，会在表格中悬浮一个柱状图（如图 3-59），可以左键拖动它到任一位置。

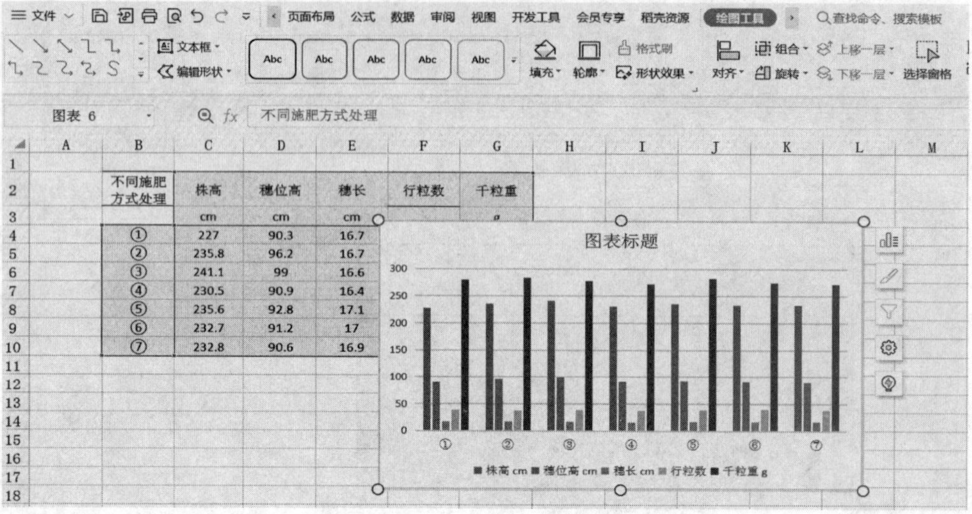

图 3-59　柱状图示意界面

4. 编辑图表

图表插入后可以对“标题”“坐标轴”“网格线”“图例”“数据标志”“数据表”等选项作出编辑。如图 3-59 柱状图没有直观反映出想要因子对比的结果，还可换另一种展现形式。此时可在图表上单击左键，在上面的命令行将出现绘图工具所包含的命令，如图 3-60 所示。点击图 3-60 中箭头按钮指向的“切换行列”，将出现图 3-61 界面。

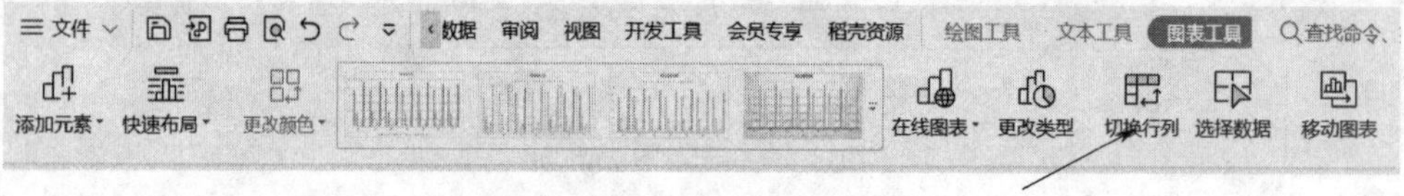

图 3-60　图表工具栏

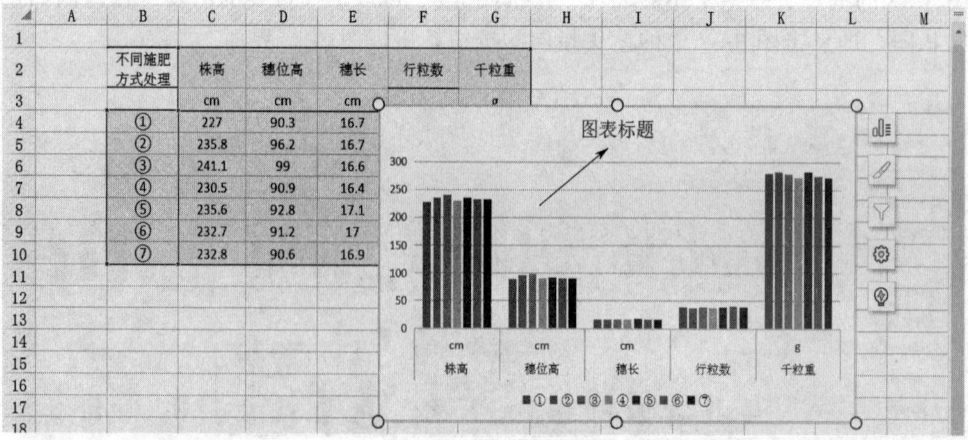

图 3-61　切换行列示意图

在 Excel 中，点击图表的任一位置，选中图表（即在图表边框上出现 6 个空心点），再单击图 3-61 箭头指向的“图表标题”，则“图表标题”四个字的边框也出现了四个空心点，此时用光标涂选文字（如图 3-62）即可输入所要的标题（如图 3-63 方框）。

在 Excel 中完成图表后，选中图表，复制，即可以在 Excel、Word 文档等中粘贴。

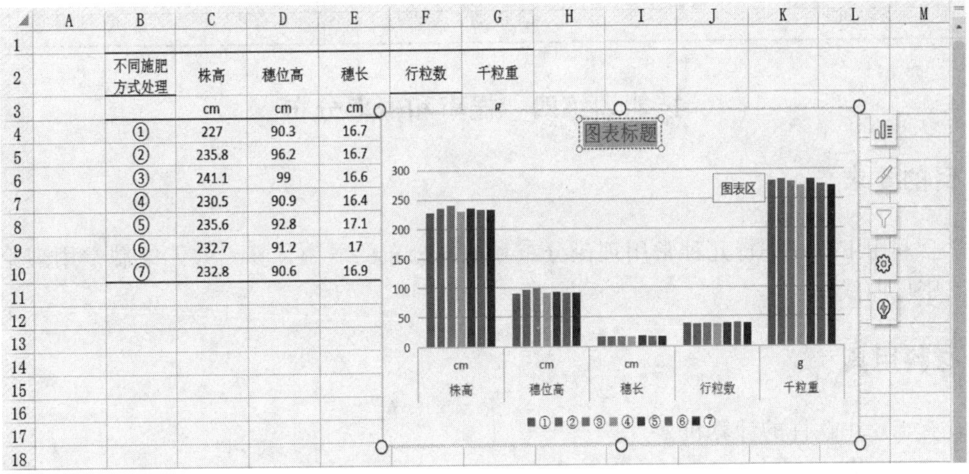

图 3-62　涂选文字示意图

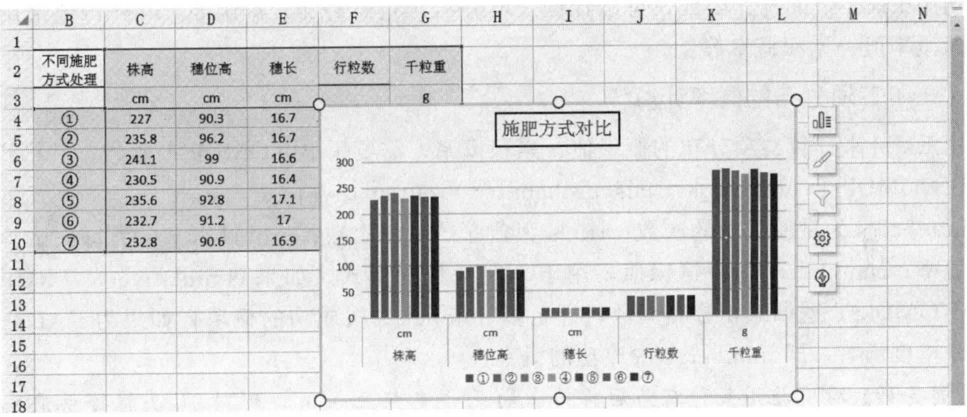

图 3-63　标题输入界面

四、技能要求

① 根据表 3-65 中数据，用 Excel 作出折线图，对比不同大豆品种脂肪含量差异。

表 3-65　A、B 二大豆品种的脂肪含量

品种	脂肪含量/%									
A	20.7	20.1	19.3	19.7	20.8	19.5	20.6	19.7	19.5	19.9
B	18.9	20.1	19.3	19.7	21.4	19.4	20.6	19.7	20.6	20.1

② 根据不同施肥处理对水稻分蘖消长动态影响数据（表 3-66），用 Excel 作出图表（图表自选适合类型），并根据图表数据显示得出肥效结论。

表 3-66 不同施肥处理对水稻分蘖消长动态影响数据

不同施肥处理	有效穗数/(万穗/hm^2)	成穗率/%
处理 1	147.41	64.76
处理 2	254.54	87.29
处理 3	150.63	65.85
处理 4	206.21	73.69
处理 5	215.87	75.58

技能训练四 概率和概率分布

一、目的要求

学会利用 Excel 进行几种常用理论分布和抽样分布的概率计算，并能绘制常用理论分布的概率密度曲线图。

二、材料用具

装有 Excel 软件的计算机。

三、方法步骤

利用 Excel 中的统计函数，可以计算二项分布、正态分布、t 分布、F 分布等常用概率分布的概率值、累积概率等。

（一）二项分布的概率计算

用 Excel 来计算二项分布的概率值、累积概率，需要用 BINOMDIST 函数，其格式为：

BINOMDIST(number_s,trials,probability_s,cumulative)

number_s 为试验成功的次数；trials 为独立试验的次数；probability_s 为每次试验中成功的概率；cumulative 为一逻辑值，用于确定函数的形式。如果 cumulative 为 TRUE，函数 BINOMDIST 返回累积分布函数，即至多 number_s 次成功的概率；如果为 FALSE，返回概率密度函数，即 number_s 次成功的概率。

【例 3-39】 观察施用某种农药后棉铃虫的死亡概率为 0.65，现对 10 头棉铃虫喷施该农药，问死亡 8 头及死亡 8 头以下的概率是多少？

棉铃虫死亡头数服从二项分布。上述两个概率可以用 Excel 中的函数 BINOMDIST 来计算，操作方法如下：

在 Excel 工作表中单击要输出这一计算结果的单元格，然后单击按钮“fx”，在“选择类别”下拉列表框中选择“统计”，在其下方的“选择函数”列表中选择 BINOMDIST 函数，单击“确定”按钮，弹出 BINOMDIST 函数的对话框。在对话框中的 Number_s 框中输入 8，表示 8 头死亡；在 Trials 框中输入 10，表示一共进行了 10 次独立的试验；在 Probability_s 框中输入 0.65，表示棉铃虫死亡率为 0.65；在 Cumulative 框中，有两项 FALSE 和 TRUE 供选择，FALSE 用于计算单一概率，TRUE 用于计算累积概率。如输入 FALSE，计算的是死亡 8 头的概率；如输入 TRUE，计算的是死亡 8 头和 8 头以下的概率。按“确定”按钮后，在选定的单元格中就显示所需要的结果（图 3-64）。

如果需要改变刚才的计算内容，单击该单元格，此时在编辑栏中显示 BINOMDIST

（8，10，0.65，TRUE），在此可以直接改变其中的内容。

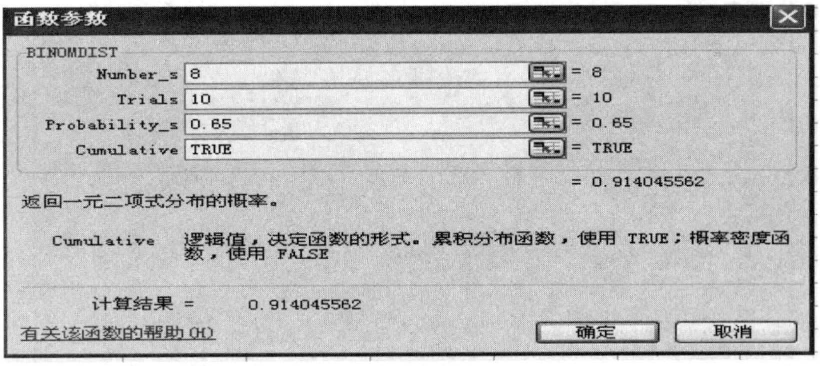

图 3-64 二项分布函数对话框

（二）正态分布的概率计算

1. 一般正态分布概率的计算

（1）NORMDIST 函数 用来计算指定平均值和标准差的正态分布的累积分布函数值和概率密度函数值。其格式为：

NORMDIST(x,mean,standard_dev,cumulative)

x 为需要计算正态分布概率的数值；mean 为正态分布的算术平均值；standard_dev 为正态分布的标准差；cumulative 为一逻辑值，指明函数的形式。如果 cumulative 为 TRUE，函数 NORMDIST 返回累积分布函数；如果为 FALSE，返回概率密度函数。

（2）NORMINV 函数 指定平均值和标准差的正态累积分布函数的反函数。其格式为：

NORMINV(probability,mean,standard_dev)

probability 为正态分布的累积概率值；mean 为正态分布的算术平均值；standard_dev 为正态分布的标准差。

【例 3-40】 有一玉米果穗长度的正态总体，其平均数 $\mu=20$cm，标准差 $\sigma=3.4$cm，试计算：

① 果穗长度 $x\leqslant 13$cm 的概率。

② 短果穗中，概率占 10%的临界果穗长度是多少？

用 NORMDIST 函数计算上例①中概率的步骤为：打开 NORMDIST 函数对话框，在 X 后的编辑框中输入 13，在 Mean 后的编辑框中输入 20，在 Standard _ dev 后的编辑框中输入 3.4，在 Cumulative 后的编辑框中输入 TRUE，然后按确定按钮，显示累积分布函数值为 0.0197。如果在 Cumulative 后的编辑框中输入 FALSE，这时函数 NORMDIST 就返回概率密度函数值，结果显示 0.0141，即正态曲线在 $x=13$ 时的纵高（图 3-65）。

用 NORMINV 函数计算上例②中 x 的步骤为：打开 NORMINV 函数对话框，在 Probability 后的编辑框中输入 0.1，在 Mean 后的编辑框中输入 20，在 Standard _ dev 后的编辑框中输入 3.4，然后按确定按钮，显示区间点为 15.6，即果穗长在 15.6cm 以下的果穗占总体的 10%（图 3-66）。

2. 标准正态分布概率的计算

Excel 提供了标准正态分布概率计算的两个函数 NORMSDIST 和 NORMSINV。其操作

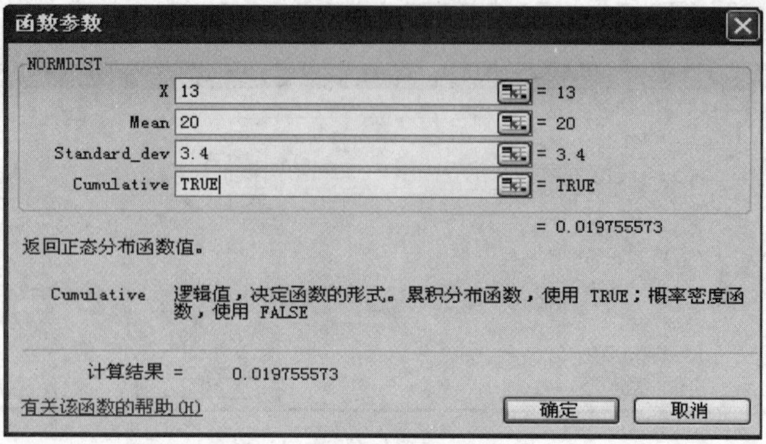

图 3-65 正态分布函数（一）

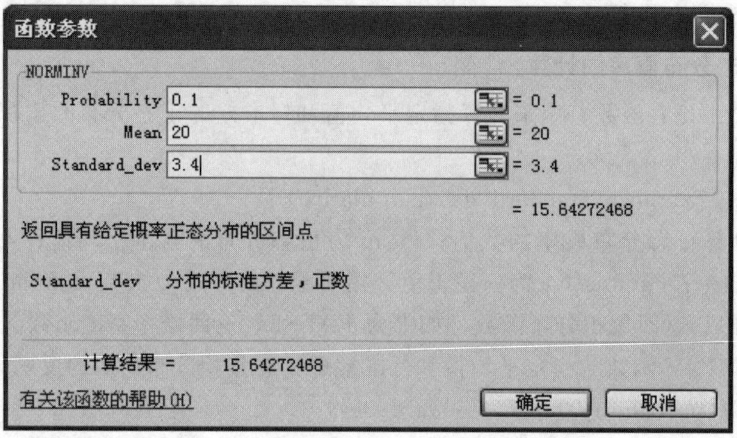

图 3-66 正态分布函数（二）

步骤与一般正态分布基本一致。

（1）NORMSDIST 函数 NORMSDIST 函数用来计算标准正态分布的累积分布函数值，该分布的平均值为 0，标准差为 1。可以使用该函数代替标准正态分布表（附录 2）。其格式为：

NORMSDIST（z）

z 为需要计算标准正态分布累积概率的数值。

（2）NORMSINV 函数 NORMSINV 函数用来计算标准正态分布累积分布函数的逆函数，可以使用该函数代替正态离差值表（附录 3）。其格式为：

NORMSINV（probability）

probability 为标准正态分布的累积概率值。

（三）t 分布的概率计算

1. TDIST 函数

在 Excel 中 TDIST 函数用于计算 t 分布的单尾概率值和双尾概率值。其格式为：

TDIST(x,degrees_freedom,tails)

x 为需要计算 t 分布概率的数值；degrees_freedom 为 t 分布的自由度；tails 为指明计算

的概率值是单尾的还是双尾的。如果 tails=1，函数 TDIST 计算单尾概率；如果 tails=2，函数 TDIST 计算双尾概率。

2. TINV 函数

TINV 函数用于计算双尾概率值函数 TDIST(x,degrees_freedom,2)的逆函数，该函数的计算可代替学生氏 t 值表（附录 4）。其格式为：

TINV(probability,degrees_freedom)

probability 为对应于 t 分布的双尾概率值；degrees_freedom 为 t 分布的自由度。

（四） F 分布的概率计算

1. FDIST 函数

在 Excel 中 FDIST 函数用于计算 F 分布的单侧概率值。其格式为：

FDIST(x,degrees_freedom1,degrees_freedom2)

x 为用来计算 F 分布单侧概率的数值；degrees_freedom1 为 F 分布的第一（分子）自由度；degrees_freedom2 为 F 分布的第二（分母）自由度。

2. FINV 函数

FINV 函数是 FDIST 函数的逆函数，FINV 函数的计算可代替 F 值表（附录 5）。其格式为：

FINV(probability,degrees_freedom1,degrees_freedom2)

probability 为对应于 F 分布的单侧概率值；degrees_freedom1 为 F 分布的第一（分子）自由度；degrees_freedom2 为 F 分布的第二（分母）自由度。

（五）绘制概率密度曲线图

1. 二项分布概率密度曲线的制作

第一步：打开 Excel 新工作簿，在工作表的 A 列 A1：A31 依次输入事件出现次数为 0～30 的数据。在工作表的 B 列 B1 单元格中插入 BINOMDIST 函数公式，其中 Number_s、Trials、Probability_s、Cumulative 分别为事件出现次数 A1、试验总次数 $n=30$、概率 $p=0.1$ 以及逻辑值 FALSE（图 3-67）。

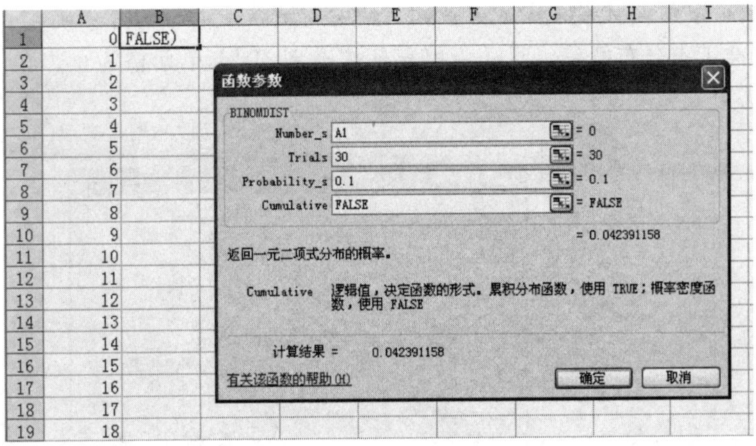

图 3-67　数据输入方法

第二步：按“确定”后，B1单元格出现概率值，用填充柄下拉到B列B31单元格，在B列出现完整的一组二项分布概率值。

第三步：选择A1：B31，点击工具栏的“图表向导”，在弹出的选项框“标准类型”中选择“XY散点图”，在“子图表类型”的图案中选择不带点的平滑线图案或折线图案，按“确定”后，按照对话提示继续下去，最后点击“完成”，就能得到二项分布概率密度曲线图（图3-68）。

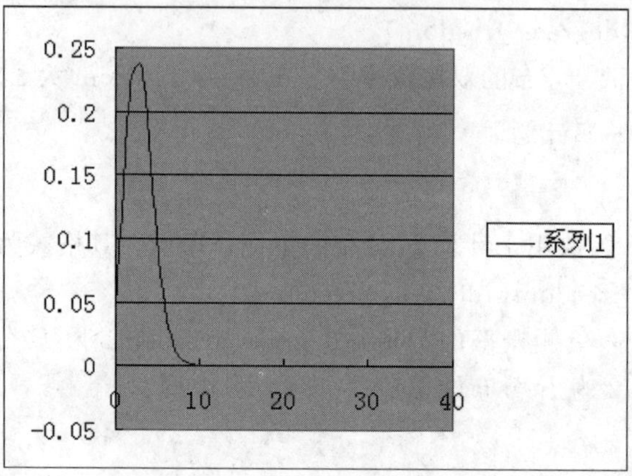

图3-68　二项分布概率密度曲线图

第四步：通过修改 n 和 p 的值，图表也随着数值的改变而变化，做到动态随变。

第五步：按照不同的需要对二项分布概率密度曲线图进行格式修改，修改后的曲线图还可以复制到其他的Excel工作表中，也可以复制到有关的Word文档中去。

2. 正态分布概率密度曲线的制作

第一步：打开Excel新工作簿，在A列中输入服从标准正态分布的 x 值。为了方便计算和图表的直观性，通常采用比平均值低3倍标准差的数值作为初始量，其每两个数值之间的增量（步长）可以设计为标准差的5%。因此，在A1单元格中输入−3，在A2单元格中输入−2.95，然后用填充柄填充到A121单元格为止。

第二步：在B列B1单元格中插入NORMDIST函数公式，其中X、Mean、Standard_dev、Cumulative分别输入A1、0、1和FALSE（图3-69）。点击“确定”则可以得到 $x=-3$ 时的标准正态分布概率，同样用填充柄填充到B121单元格为止。在B列出现完整的一组标准正态分布概率值。

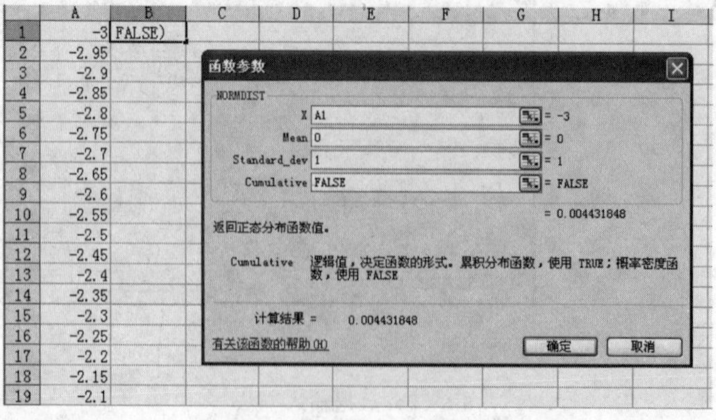

图3-69　数据输入方法示意图

第三步：选定 A1：B121，通过工具栏的“图表向导”，和二项分布概率密度曲线图的制作类似，得到标准正态分布的概率密度曲线图（图 3-70）。

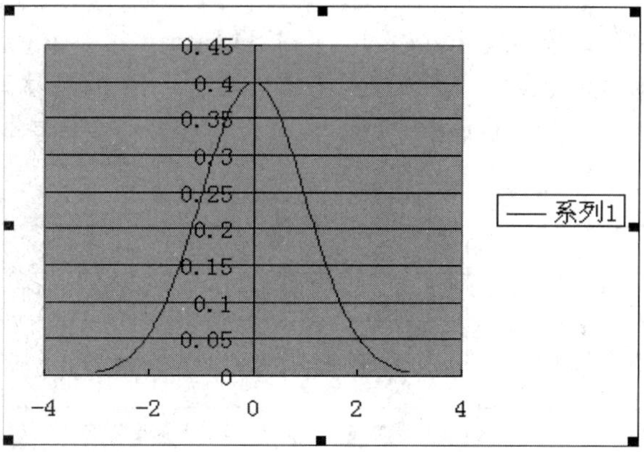

图 3-70　标准正态分布概率密度曲线图

第四步：按照不同需要也可以对标准正态分布概率密度曲线图进行格式修改，修改后的曲线图还可以复制到其他的 Excel 工作表中，也可以复制到有关的 Word 文档中去。

四、作业

根据教材中的实例进行验证性练习。

技能训练五　统计假设检验

一、目的要求

学会利用 Excel 进行统计假设检验和区间估计。

二、材料用具

装有 Excel 软件的计算机。

三、方法步骤

（一）假设检验

1. 单个正态总体均值检验

在 Excel 中，总体方差已知时，进行单个正态总体均值的 Z 检验可利用函数 ZTEST。其格式为：

ZTEST(array，μ_0，sigma) 返回 Z 检验的单尾概率值

array 为用来检验的数组或数据区域；μ_0 为被检验的已知总体均值 μ_0；sigma 为已知的样本总体标准差，如果省略，则使用样本标准差。

ZTEST 表示当假设总体平均值为 μ_0 时，H_0：样本总体平均值 $\mu<\mu_0$ 成立与否的概率。

1－ZTEST 表示当假设总体平均值为 μ_0 时，H_0：样本总体平均值 $\mu>\mu_0$ 成立与否的

概率。

下面的 Excel 公式可用于计算双尾概率（H_0：样本总体平均值 $\mu=\mu_0$ 成立与否的概率）：

=2* MIN(ZTEST(array, μ_0, sigma), 1−ZTEST(array, μ_0, sigma))

例如，要检验样本数据 3、6、7、8、6、5、4、2、1、9 的总体均值是否等于 4（或等于 6）。输入数据至工作表 A2：A11 单元格中，函数公式及检验结果见表 3-67。

表 3-67　函数公式及检验结果说明

公式	说明(结果)
=ZTEST(A2:A11,4)	假设总体平均值为 4,以上数据集的 Z 检验单尾概率值(0.090574)
=2* MIN(ZTEST(A2:A11,4), 1−ZTEST(A2:A11,4))	假设总体平均值为 4,以上数据集的 Z 检验双尾概率值(0.181149)
=ZTEST(A2:A11,6)	假设总体平均值为 6,以上数据集的 Z 检验单尾概率值(0.863043)
=2* MIN(ZTEST(A2:A11,6), 1−ZTEST(A2:A11,6))	假设总体平均值为 6,以上数据集的 Z 检验双尾概率值(0.273913)

当总体方差未知时，单个正态总体均值的检验对于大样本（$n>30$）问题可归结为上述 Z 检验，对于小样本则可利用函数工具和自己输入公式的方法计算统计量，并进行检验。

2. 两个正态总体均值比较检验

检验方法因试验设计的不同而分为成组设计数据假设检验和成对设计数据假设检验。这里以成对设计数据为例介绍假设检验方法。

【例 3-41】 研究不同处理方法的钝化病毒效果，选基本条件比较一致的两株辣椒组成一对，其中一株接种 A 处理病毒，另一株接种 B 处理病毒，重复 10 次，结果见表 3-68。试检验两种处理方法的差异显著性。

表 3-68　A、B 两种方法处理的病毒在辣椒上产生的病斑数

组别	x_1(A 法)	x_2(B 法)
1	8	14
2	3	15
3	20	27
4	21	20
5	10	25
6	13	12
7	15	21
8	6	20
9	10	15
10	9	16

(1) 在 Excel 工作表中输入数据（图 3-71）

(2) 选择分析工具

选择“工具”菜单的“数据分析”命令，在弹出的“数据分析”对话框中，双击“t-检验：平均值的成对二样本分析”选项，则弹出“t-检验：平均值的成对二样本分析”对话框（图 3-72）。

	A	B	C
1	组别	x_1（A法）	x_2（B法）
2	1	8	14
3	2	3	15
4	3	20	27
5	4	21	20
6	5	10	25
7	6	13	12
8	7	15	21
9	8	6	20
10	9	10	15
11	10	9	16

图 3-71　原始数据示意图

图 3-72　“t-检验：平均值的成对二样本分析”对话框

（3）填写相关区域

分别填写变量 1 的区域：$B$1：$B$11，变量 2 的区域：$C$1：$C$11，由于进行的是等均值的检验，填写假设平均差为 0。由于数据的首行包括标志项，所以选择“标志”复选框，再填写显著水平 α 为 0.05，如图 3-72 所示，然后点击“确定”按钮，则可以得到图 3-73 所示的结果。

	A	B	C
1	t-检验：成对双样本均值分析		
2			
3		（A法）	（B法）
4	平均	11.5	18.5
5	方差	33.61111111	24.27777778
6	观测值	10	10
7	泊松相关系数	0.484262613	
8	假设平均差	0	
9	df	9	
10	t Stat	-4.026566191	
11	P(T<=t) 单尾	0.001494187	
12	t 单尾临界	1.833112923	
13	P(T<=t) 双尾	0.002988375	
14	t 双尾临界	2.262157158	
15			

图 3-73　t-检验输出结果

（4）结果分析说明

如图 3-73 所示，表中分别给出了两种处理方法病斑数的平均值、方差和样本个数。其中，“df”是假设检验的自由度，“t Stat”是 t 检验的计算结果，“P（T＜＝t）单尾”是单尾检验的概率值，“t单尾临界”是单尾检验 t 的临界值，“P（T<=t）双尾”是双尾检验的概率值，“t双尾临界”是双尾检验 t 的临界值。

由图中的结果可以看出“t Stat”结果（取绝对值）均大于两个临界值，所以，在5%显著水平下，A、B两种处理方法对钝化病毒的效应差异显著。

在Excel中，假设检验相应的结果通常给出概率值（P 值），根据概率值（P 值）与显著性水平 α 的比较就可作出对 H_0 的判断，而无须去和临界值比较后再做判断。

对于成组设计数据的假设检验可以用“t-检验：双样本等方差假设”或“t-检验：双样本异方差假设”来进行。对于总体方差已知的两个正态总体均值比较检验可以用“Z-检验：双样本平均差检验”来进行。上述检验步骤与前面介绍的“t-检验：平均值的成对二样本分析”基本相同，限于篇幅这里不再详细介绍。

（二）区间估计

1. 总体方差已知时，求总体均值的置信区间

在Excel中，利用样本均值函数AVERAGE（使用方法见项目三技能二）和置信区间函数CONFIDENCE就可以分别得到样本均值和置信区间半径的值，由此即可得到置信区间的上、下限。

置信区间函数的格式为：

CONFIDENCE(alpha,standard_dev,size)　　返回总体平均值的置信区间

alpha为显著水平 α，对应的置信度等于 $100\times(1-\alpha)\%$，即如果alpha为0.05，则置信度为95%；standard_dev为数据区域的总体标准差，假设为已知；size为样本容量。

【例3-42】 某春小麦良种的千粒重是一随机变量，服从方差为1.642的正态分布。现将该良种在8个小区种植，得其千粒重（g）为：35.6、37.6、33.4、35.1、32.7、36.8、35.9、34.6，求该良种千粒重总体均值 μ 的95%置信区间。

在Excel中，为计算例3-42中所求的置信区间，在工作表中输入下列内容：

A列输入样本数据，C列输入指标名称，D列输入计算公式，即可得到所需估计的95%置信区间上、下限，见图3-74。由图3-74中计算结果知，所求该良种千粒重总体均值 μ 的95%置信区间为：(34.1，36.3)。

	A	B	C	D	E	F
1	样本数据		计算指标	计算公式		计算结果
2	35.6		样本均值	=AVERAGE(A2:A9)		35.2125
3	37.6		置信半径	=CONFIDENCE(0.05, 1.64, 8)		1.136441
4	33.4		置信下限	=F2-F3		34.07606
5	35.1		置信上限	=F2+F3		36.34894
6	32.7					
7	36.8					
8	35.9					
9	34.6					

图3-74　计算公式与计算结果示

说明：

① 在图3-74中，F列为D列的计算结果，当输入公式后，回车即显示出F列结果，这里只是为了看清公式，才给出了D列的公式形式。

② 对于不同的样本数据，只要输入新的样本数据，再对 D 列公式中的样本数据区域相应修改，置信区间就会自动给出。如果需要不同的置信水平，只需改变置信区间函数 CONFIDENCE 的相应数值即可。

2. 总体方差未知时，求总体均值的置信区间

在 Excel 中，利用“工具”菜单的“数据分析”选项的“描述统计”计算结果中“平均”和“置信度”，就可分别得到样本均值和置信半径的值，由此即可得到所求置信区间。具体操作步骤详见项目三技能五。

四、作业

根据教材中的实例进行验证性练习。

技能训练六　方差分析

一、目的要求

了解方差分析的意义和基本原理，掌握方差分析的步骤，能够利用 Excel 进行方差分析。

二、材料用具

练习纸、铅笔、装有 Excel 软件的计算机及输出设备或计算器。

三、方法步骤

（1）资料 1：以 A、B、C、D 4 种药剂处理水稻种子，其中 A 为对照，每处理各得 4 个苗高观察值（cm），得结果如表 3-69，试进行方差分析。

表 3-69　不同药剂处理的水稻苗高　　单位：cm

药剂	A	B	C	D
观察值	19	21	20	22
	23	24	18	25
	21	27	19	27
	13	20	15	22

① 将资料 1 表 3-69 中的数据复制到 Excel 表中，其输入格式如图 3-75 所示。

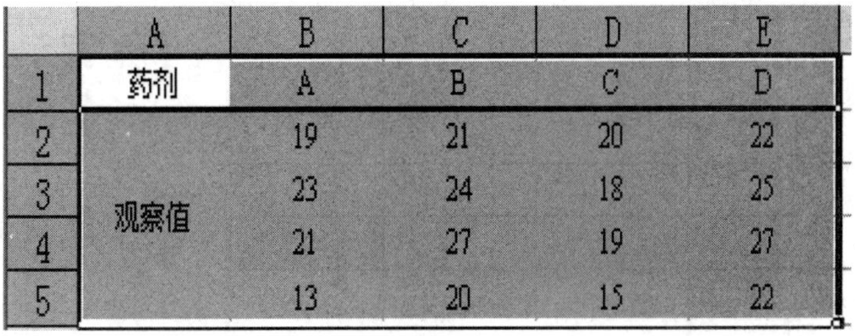

	A	B	C	D	E
1	药剂	A	B	C	D
2	观察值	19	21	20	22
3		23	24	18	25
4		21	27	19	27
5		13	20	15	22

图 3-75　原始数据示意图

② 在“工具”菜单选择“数据分析”命令，弹出“分析工具”对话框，选中列表中“方差分析：单因素方差分析”选项，单击“确定”按钮，在接着弹出的对话框中输入数据范围$B$2:$E$5，α 值设为0.05或0.01。

③ 单击“确定”按钮，得方差分析表，如图3-76所示。

11	方差分析						
12	差异源	SS	df	MS	F	P-value	F crit
13	组间	104	3	34.66667	3.525424	0.048713	3.490295
14	组内	118	12	9.833333			
15							
16	总计	222	15				

图3-76　资料1的方差分析示意图

$F>F_{0.05}$，不同药剂处理苗高差异达到显著水平。

(2) 资料2：用生长素处理豌豆，共6次处理。豌豆种子发芽后，分别在每一箱中移植4株，每组6个木箱，每箱1个处理。试验共有4组24箱，试验时按组排于温室中，使同组各项环境一致，然后记录各箱开第一朵花时4株豌豆的总节间数，结果如表3-70所示，试作方差分析。

表3-70　不同生长素处理豌豆的试验结果

处理	区组			
	Ⅰ	Ⅱ	Ⅲ	Ⅳ
对照(未处理)	60	62	61	60
赤霉素	65	65	68	65
动力精	63	61	61	60
吲哚乙酸	64	67	63	61
硫酸腺嘌呤	62	65	62	64
马来酸	61	62	62	65

① 将资料2表3-70中数据资料复制到Excel中，输入格式如图3-77所示。

	A	B	C	D	E
1		I	II	III	IV
2	对照（未处理）	60	62	61	60
3	赤霉素	65	65	68	65
4	动力精	63	61	61	60
5	吲哚乙酸	64	67	63	61
6	硫酸腺嘌呤	62	65	62	64
7	马来酸	61	62	62	65

图3-77　原始数据示意图

② 在“工具”菜单中选择“数据分析”命令，弹出“分析工具”对话框，选中“方差分析：无重复双因素方差分析”选项，单击“确定”按钮，在接着弹出的对话框中输入数据范围$B$2:$E$7，α 值设为0.05或0.01。

③ 单击“确定”按钮，得方差分析表，如图 3-78 所示。

17	方差分析						
18	差异源	SS	df	MS	F	P-value	F crit
19	行	65.875	5	13.175	4.564966	0.009918	4.555614
20	列	5.458333	3	1.819444	0.630414	0.606622	5.416965
21	误差	43.29167	15	2.886111			
22							
23	总计	114.625	23				

图 3-78　资料 2 的方差分析示意图

在变异来源栏目中，行代表不同处理，列代表不同区组。分析结果 $F>F_{0.01}$，不同处理间差异达到极显著。

（3）资料 3：施用 A_1、A_2、A_3 3 种肥料于 B1、B2、B3 3 种土壤，以小麦为指示作物，每处理组合种 3 盆，得产量结果（g）于表 3-71，试作方差分析。

表 3-71　种肥料施入 3 种土壤的小麦产量　　单位：g

肥料种类	盆	土壤种类		
		B_1（油砂）	B_2（二合）	B_3（白僵）
A_1	1	21.4	19.6	17.6
	2	21.2	18.8	16.6
	3	20.1	16.4	17.5
A_2	1	12.0	13.0	13.3
	2	14.2	13.7	14.0
	3	12.1	12.0	13.9
A_3	1	12.8	14.2	12.0
	2	13.8	13.6	14.6
	3	13.7	13.3	14.0

① 将资料 3 表 3-71 中数据资料复制到 Excel 中，输入格式如图 3-79 所示。

	A	B	C	D
1		B_1（油砂）	B_2（二合）	B_3（白僵）
2	A_1	21.4	19.6	17.6
3		21.2	18.8	16.6
4		20.1	16.4	17.5
5	A_2	12	13	13.3
6		14.2	13.7	14
7		12.1	12	13.9
8	A_3	12.8	14.2	12
9		13.8	13.6	14.6
10		13.7	13.3	14

图 3-79　原始数据示意图

② 在“工具”菜单中选择“数据分析”命令，在弹出“分析工具”对话框中选中“方差分析：可重复双因素方差分析”命令，单击“确定”按钮，在接着弹出的对话框中输入数据范围 $A$1：$D$10，α 值设为 0.05 或 0.01。

③ 单击“确定”按钮，得方差分析表，如图 3-80 所示。

29	方差分析						
30	差异源	SS	df	MS	F	P-value	F crit
31	样本	179.3807	2	89.69037	96.67226	2.36E-10	6.012905
32	列	3.960741	2	1.98037	2.134531	0.147277	6.012905
33	交互	19.24148	4	4.81037	5.18483	0.005873	4.579036
34	内部	16.7	18	0.927778			
35							
36	总计	219.283	26				

图 3-80　资料 3 的方差分析示意图

在变异来源栏里，样本代表肥类因素，列代表土类，交互代表肥类×土类的互作，内部代表误差。F 检验结果表明：肥类间和肥类×土类的互作的效应达到极显著。

多重比较请参考教材，可自行进行比较。

技能训练七　卡平方（χ^2）检验

一、目的要求

学会利用 Excel 进行卡平方（χ^2）检验。

二、材料用具

装有 Excel 软件的计算机。

三、方法步骤

（一）卡平方（χ^2）检验相关的函数

1. CHIDIST 函数

在 Excel 中，CHIDIST 函数用于计算卡平方（χ^2）分布的单尾概率值。其格式为：

CHIDIST(x,degrees_freedom)

x 为用来计算卡平方（χ^2）分布单尾概率的数值；degrees_freedom 为卡平方（χ^2）分布的自由度。

2. CHIINV 函数

CHIINV 函数是计算单尾概率的 CHIDIST 函数的逆函数。该函数的计算可代替卡平方（χ^2）值表（附录 8）。其格式为：

CHIINV(probability,degrees_freedom)

probability 为卡平方（χ^2）分布的单尾概率；degrees_freedom 为卡平方（χ^2）分布的自由度。

3. CHITEST 函数

返回独立性检验概率值。函数 CHITEST 可以用于检验确定期望值（理论次数）是否被试验所证实。其格式为：

CHITEST(actual_range, expected_range)

actual_range 为包含观察值（实际次数）的数据区域；expected_range 为包含期望值（理论次数）的数据区域。

（二）卡平方（χ^2）检验的方法

【例 3-43】 按表 3-72 所列次数检验茎用芥菜的播种期与病毒病是否有关。

表 3-72　茎用芥菜不同播种期的病株观测株数

播种期	病株	健康株	总数
8 月上旬	94	57	151
8 月中旬	74	54	128
总数	168	111	279

（1）建立工作表　打开 Excel 工作表，输入数据（图 3-81）。

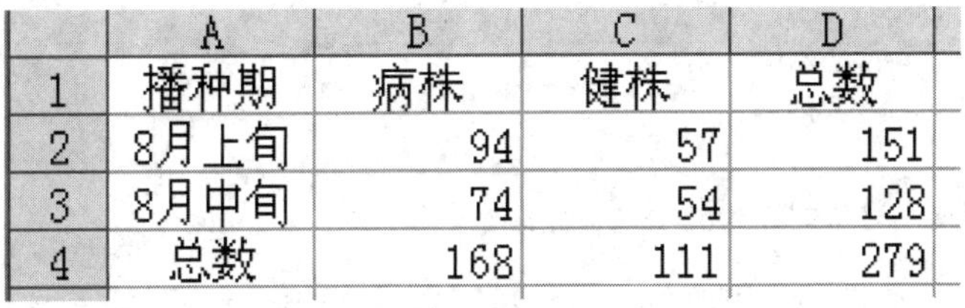

	A	B	C	D
1	播种期	病株	健株	总数
2	8月上旬	94	57	151
3	8月中旬	74	54	128
4	总数	168	111	279

图 3-81　原始数据示意图

（2）求出理论次数　在 B5 单元格内输入公式"＝B4 * D2/D4"，在 C5 单元格内输入公式"＝C4 * D2/D4"，在 B6 单元格内输入公式"＝B4 * D3/D4"，在 C6 单元格内输入公式"＝C4 * D3/D4"，便可以分别得出对应的理论次数为：90.92473、60.07527、77.07527、50.92473，如图 3-82 所示。

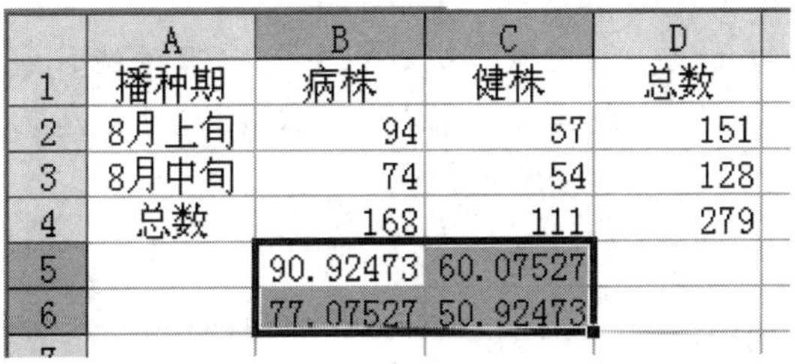

	A	B	C	D
1	播种期	病株	健株	总数
2	8月上旬	94	57	151
3	8月中旬	74	54	128
4	总数	168	111	279
5		90.92473	60.07527	
6		77.07527	50.92473	

图 3-82　理论次数输出结果示意图

（3）求得概率 P 值　打开 CHITEST 函数对话框，在"Actual_range"输入框中输入实际次数，单元格引用 B2：C3（先单击单元格 B2，然后按鼠标左键拖至单元格 C3 即可），在"Expected _ range"输入框中输入理论次数，单元格引用 B5：C6，此时便可得出概率 P 值为 0.450319029（图 3-83）。

（4）χ^2 值得出　打开 CHIINV 函数对话框，在"Probability"输入框中输入概率 P 值 0.450319029，在"Deg_freedom"输入框中输入本例自由度 1，即可以反过来得出 χ^2 值为 0.569848752（图 3-84）。

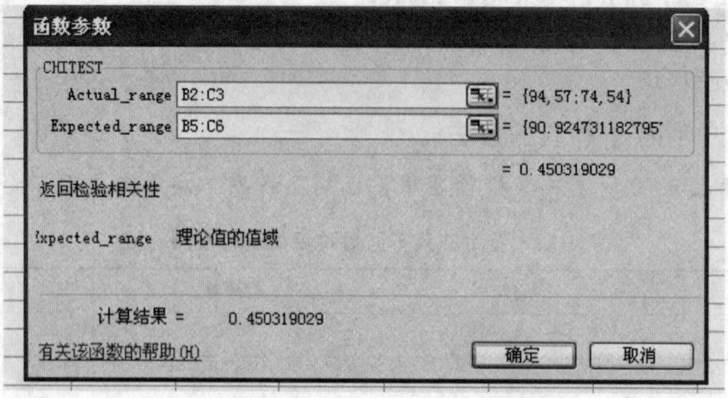

图 3-83 CHITEST 函数对话框

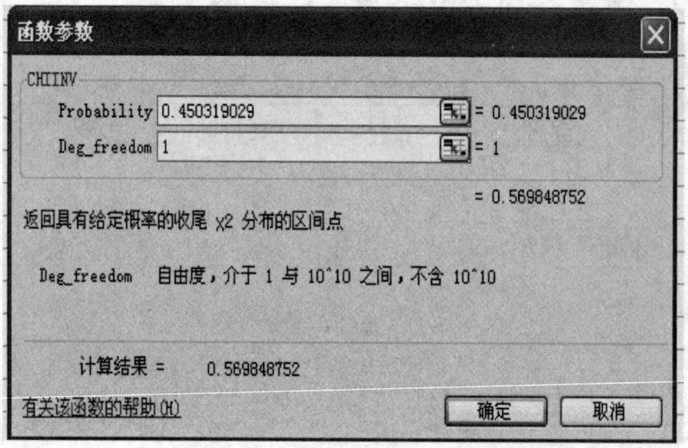

图 3-84 CHIINV 函数对话框

（5）说明 Excel 中的统计函数 CHITEST 具有返回检验相关性的功能，利用该函数可以计算出 χ^2 检验的概率值 P，但未能计算出 χ^2 值；CHIINV 统计函数具有返回给定概率的收尾 χ^2 分布的区间点的功能，利用这一统计函数可以通过统计函数 CHITEST 计算出的概率值 P，反过来求出 χ^2 值。也就是说，将两个统计函数结合起来应用就可以轻松完成 χ^2 检验的运算。

四、作业

使用 Excel 进行卡平方（χ^2）检验，完成表 3-73 数据填写并检测表 3-73 资料中喷施农药与玉米瘆黑穗病的发生是否有关，写出检验结论。

表 3-73 喷施农药与玉米黑穗病发生率的数据表

项目	发病株数	未发病株数	总数
不喷农药	142	238	
喷农药	26	50	
总数			

思考与练习

项目三思考题参考答案

1. 名词解释：总体；样本；大样本；小样本；特征数；参数；统计数；组限；组中值；极差；方差；标准差；变异系数。

2. 调查某块水稻田的水稻负泥虫，查得 10 个 $1m^2$，每平方米内水稻负泥虫的数量分别为：2、3、0、5、1、4、6、7、8、11，试指出总体、样本、观察值各是多少？

3. 调查不同处理对玉米籽粒品质的影响，数据如表 1 所示，请用柱形图和折线图表示各处理间玉米籽粒品质的差异。

表 1　不同处理对玉米籽粒品质的影响

处理	蛋白质/%	脂肪/%	淀粉/%
测土配方施肥	14.60	3.70	62.30
常规施肥	13.90	3.40	60.50
空白对照	12.50	3.30	58.10

4. 方差分析的基本原理是什么？

5. 方差分析的基本步骤包括哪些？

6. 最小显著差数法与新复极差检验法的主要区别是什么？

7. 设有 A、B、C、D、E 5 个大豆品种（$k=5$），其中 E 为对照，进行大区比较试验，成熟后分别在 5 块地测产，每块地随机抽取 4 个样点（$n=4$），每点产量（kg）列于表 2，试作方差分析。

表 2　大豆品比试验结果　　单位：(kg/小区)

品种	取样点				T_t	$\bar{x}_t$
	1	2	3	4		
A	23	21	24	21	89	22.25
B	21	19	18	18	76	19.00
C	22	23	22	20	87	21.75
D	19	20	19	18	76	19.00
E	15	16	16	17	64	16.00
结果					392	$\bar{x}=19.6$

8. 什么叫事物间的相关关系？举例说明。

9. 什么叫事物间的回归关系？举例说明。

10. 什么叫相关分析？什么叫回归分析？它们的区别是什么？

11. 利用直线回归和相关分析方法时，应注意哪些问题？

12. 怎样计算相关系数？怎样用相关系数说明事物间的关系的性质和密切程度？

13. 试述直线回归方程及其含义。什么是回归系数？什么是回归截距？各自怎样计算？

14. 什么是卡平方（χ^2）适合性检验和卡平方（χ^2）独立性检验？它们有何区别？

15. χ^2 检验的主要步骤有哪些？什么情况下需要进行连续性矫正？怎样矫正？

16. 某菠菜品种的雌株与雄株的比例为 1∶1，今观察 200 株菠菜，其中雌株 92 株，雄株 108 株，根据表 3 数据计算，填全表 3，并试检验此二数是否符合 1∶1 的性别比例。

表 3　菠菜雌株与雄株的观察株数与理论株数

性别	观察株数 O	理论株数 E	$O-E$	$(\lvert O-E\rvert-0.5)^2/E$
雌	92(O_1)	100(E_1)		
雄	108(O_2)	100(E_2)		
合计	200	200		

17. 大豆花色的遗传研究，在 F_2 代获得红花植株 210 株、白花植株 80 株。问这一资料的实际观测数是否符合 3∶1 的理论比例？

18. 某一杂交组合，在 F_2 得到四种表现型：AB、Abb、aaB、aabb，其实际观察次数为 315、108、101、32，问是否符合 9∶3∶3∶1 的遗传比例？根据计算结果，是独立遗传还是连锁遗传？

19. 有一大麦杂交组合，在 F_2 代的芒性状表现型有钩芒、长芒和短芒三种，观察其株数分别为 348、115、157。试检验是否符合 9∶3∶4 的理论比例？

项目四

田间试验结果的统计分析

项目目标

掌握顺序排列的试验设计主要有对比法和间比法两种，由于各处理顺序排列，不能无偏估计处理效应和试验误差，因此，不宜对试验结果进行方差分析。对此类试验，主要采用百分比法进行统计分析。掌握随机区组试验设计是把试验各处理随机排列在一个区组中，区组内条件基本上是一致的，区组间可以有适当的差异。掌握随机区组试验由于引进了局部控制原理，可以从试验的误差方差中分解出区组变异的方差（即由试验地土壤肥力、试材、操作管理等方面的非处理效应所造成的变异量），从而减少试验误差，提高 F 检验和多重比较的灵敏度和精确度。

任务一　顺序排列设计试验结果的统计分析

【知识目标】 掌握顺序排列、随机排列田间试验结果统计分析方法。

【技能目标】 具备绘制对比法、间比法、随机区组法设计田间布置图的能力，能够独立（或协作）完成顺序排列、随机排列田间试验结果统计分析工作。

【素质目标】 培养爱岗敬业、踏实肯干、客观公正的职业道德和高度的社会责任感，培养学农、爱农的职业理念和服务“三农”的职业理想、职业态度、职业责任、职业作风及创业、就业能力。

一、对比法试验结果的统计分析

对比法设计试验的产量分析，处理的结果一般都与邻近对照比较，处理间不直接进行比较。结果分析的方法用百分比法，以对照的产量为 100，用处理产量与相邻对照产量相比较，计算出各处理对相邻对照产量的百分比（即相对生产力），用以评定处理的优劣（位次）。

【例 4-1】 设有 A、B、C、D、E、F 6 个小麦品种的比较试验，设标准品种为 CK，采用对比法设计，小区面积 $35m^2$，3 次重复，田间小区排列和产量（$kg/35m^2$）如图 4-1 所示，试进行统计分析。

（1）列产量结果　将图 4-1 中各品种及对照各次重复的产量列为表 4-1，并计算其产量总和与平均小区产量。

Ⅰ	A 26	CK 21	B 22	C 21	CK 24	D 30	E 26	CK 25	F 26
Ⅱ	C 31	CK 29	D 27	E 25	CK 25	F 30	A 30	CK 25	B 23
Ⅲ	E 28	CK 27	F 25	A 29	CK 25	B 24	C 24	CK 26	D 30

图 4-1　小麦品种比较试验田间小区排列和产量

表 4-1　小麦品种比较试验（对比法）的产量结果分析

品种	各重复小区产量/(kg/35m²)					与邻近 CK 的百分比/%	矫正产量/(kg/hm²)	位次
	Ⅰ	Ⅱ	Ⅲ	总和	平均			
A	26	30	29	85	28.33	119.72	8626.68	1
CK	21	25	25	71	23.67	100.00	7205.71	(5)
B	22	23	24	69	23.00	97.18	7002.51	6
C	21	31	24	76	25.33	96.20	6931.89	7
CK	24	29	26	79	26.33	100.00	7205.71	(5)
D	30	27	30	87	29.00	110.13	7935.65	2
E	26	25	28	79	26.33	102.60	7393.06	4
CK	25	25	27	77	25.67	100.00	7205.71	(5)
F	26	30	25	81	27.00	105.19	7579.69	3

（2）计算各品种与邻近对照区产量的百分比　例中 A 品种对邻近 CK 的百分比＝85÷71×100%＝119.72%，依此类推，将算得的各品种与邻近 CK 的百分比填入表 4-1。

$$与邻近\ CK\ 的百分比=\frac{某品种各小区产量总和}{邻近\ CK\ 产量总和}\times 100\% \tag{4-1}$$

（3）计算各品种的矫正产量　各品种的小区产量是在不同土壤肥力条件下形成的，这些产量可能因小区土壤肥力的差异而偏高或偏低，而对照品种在整个试验区分布比较普遍，其平均产量能够代表对照品种在试验区一般肥力条件下的产量水平。作物产量习惯于用每公顷产量表示，可用对照品种的平均产量为标准，计算各品种在一般肥力条件下的矫正产量（kg/hm^2）。

计算对照区的平均产量：

$$对照区平均产量=\frac{对照区产量总和}{对照区总和} \tag{4-2}$$

例中对照区平均产量$=\frac{71+79+77}{9}=25.22(kg/35m^2)$

计算对照品种单产：

$$对照品种单产=对照区平均产量\times\frac{10000}{小区面积} \tag{4-3}$$

例中对照品种单产$=25.22\times\frac{10000}{35}=7205.71(kg/hm^2)$

计算各品种的矫正产量：

$$品种的矫正产量=对照品种单产\times 品种与邻近\ CK\ 产量的百分比 \tag{4-4}$$

本例中 A 品种的矫正产量＝7205.71×119.72%＝8626.68(kg/hm^2)，以此类推，将算得的各品种矫正产量数据列入表 4-1。

(4) 确定位次　按照品种（包括对照）矫正产量的高低排列名次（见表 4-1）。

(5) 试验结论　相对生产力大于 100%的品种，其百分数愈高，就愈可能优于对照品种。但不能认为超过 100%的所有品种都是显著地优于对照品种的，因为将品种与相邻对照相比只是减少了误差，而不能排除误差。所以，一般田间试验认为：相对生产力比对照超过 10%，即可判定处理的生产力确实优于对照；凡相对生产力仅超过 5%左右的品种，应继续试验再做结论。当然，由于不同试验的误差大小不同，上述标准也仅供参考。

本例的结论为：A 品种产量最高，比对照增产 19.72%；D 品种占第 2 位，比对照增产 10.13%，大体上可以认为它们确实优于对照；F 品种占第 3 位，比对照增产 5.19%，应继续试验后再做结论；B、E、C 品种与对照差异均不显著。

二、间比法试验结果的统计分析

与对比法不同，间比法设计的两个对照区中间不是相隔两个处理，而是相隔 4 个、9 个或更多个处理，这样有些处理就与对照区不相邻。因此，与各处理相比较的是前后两个对照区指标值的平均数（记作 $\overline{CK}$），称为理论对照标准。

现举例说明如下：

［**例 4-2**］有一 12 个品系的马铃薯品种比较试验，以当地标准品种为对照（CK），采用间比法设计，每隔 4 个品系设一对照，重复 3 次，小区面积 13.3m^2，所得产量（kg）列于表 4-2。试分析各品系的相对生产力。

分析方法与步骤如下：

(1) 列出产量结果　即将各个品系及对照的各个重复小区的产量分别相加，得总产量（T_t），再分别除以重复次数（n），便得各品系及对照区的平均产量（$\overline{x}_i$），如表 4-2 所列。

(2) 计算各品系的理论对照标准（$\overline{CK}$）　例如，品系 1、2、3、4 的 $\overline{CK}=\frac{1}{2}(28.2+31.5)=29.9$(kg)。依此类推，逐项计算，列于表 4-2 中。

(3) 计算各品系产量对相应$\overline{CK}$ 的百分数（%）　此即计算各品系的相对生产力。例如，品系 1 对相应 $\overline{CK}$ 的百分数$=\frac{29.6}{29.9}\times100\%=99.0\%$。依此类推，将算得的结果列于表 4-2 中。

表 4-2　马铃薯间比法品种比较试验的小区产量和相对生产力分析　　单位：kg

品系代号	各重复小区产量			总和 T_t	平均 x_i	$\overline{CK}$	品系对相应$\overline{CK}$ 的百分数/%
	Ⅰ	Ⅱ	Ⅲ				
CK_1	33.4	27.0	24.2	84.6	28.2		
1	32.4	30.4	26.0	88.8	29.6	29.9	99.0
2	32.0	33.6	30.0	95.6	31.9	29.9	106.7
3	35.5	29.2	30.8	95.5	31.8	29.9	106.4
4	33.2	30.0	30.0	93.2	31.1	29.9	104.0
CK_2	33.8	31.0	29.8	94.6	31.5		
5	34.8	36.4	30.0	101.2	33.7	33.0	102.1

续表

品系代号	各重复小区产量			总和 T_t	平均 x_i	$\overline{CK}$	品系对相应$\overline{CK}$的百分数/%
	Ⅰ	Ⅱ	Ⅲ				
6	35.6	34.4	27.6	97.6	32.5	33.0	98.5
7	42.0	41.6	42.4	126.0	42.0	33.0	127.3
8	40.4	37.2	34.0	111.6	37.2	33.0	112.7
CK_3	37.4	35.0	31.0	103.4	34.5		
9	36.4	42.0	35.2	113.6	37.9	32.8	115.5
10	35.2	34.4	38.0	107.6	35.9	32.8	109.5
11	37.2	34.8	30.8	102.8	34.3	32.8	104.6
12	36.4	36.4	34.4	107.2	35.7	32.8	108.8
CK_4	30.2	35.8	27.0	93.0	31.0		

由此可见，相对生产力超过理论对照标准 $\overline{CK}$ 的有7、8、9三个品系（均>10%），一般可以认为优于对照。其中品系7增产幅度最大，达27.3%；品系9次之，增产15.5%；品系8又次之，也增产12.7%。品系10和12增产接近10%，品系2和3增产超过5%，这四个品系有必要做进一步试验观察。其余品系均不优于对照，可予以淘汰。

任务二　随机排列设计试验结果的统计分析

一、完全随机设计试验结果的统计分析

完全随机设计是一种最简单的随机排列设计方法，其特点是试验中的各处理或处理组合随机分配到各个试验小区中。由于没有局部控制，因此要求在尽可能一致的环境中进行试验。广泛应用与盆栽试验及田间试验中其他因素相对一致的条件下进行的试验。

二、随机区组设计试验结果的统计分析

（一）单因素随机区组试验方差分析

单因素随机区组试验设计的试验结果可将处理作为一个因素，区组看作另一个因素，因此试验所得资料的总变异可以划分为处理间变异、区组间变异和由误差引起的变异。可应用两向分组资料的方差分析方法进行分析，处理看作A因素，区组看作B因素，剩余部分则为试验误差。设试验有 k 个处理，n 个区组，则其平方和与自由度分解如下：

$$\sum_{1}^{k}\sum_{1}^{n}(x-\overline{x})=k\sum_{1}^{n}(\overline{x}_{\mathrm{r}}-\overline{x})^2+n\sum_{1}^{k}(\overline{x}_{\mathrm{t}}-\overline{x})^2+\sum_{1}^{k}\sum_{1}^{n}(x-\overline{x}_{\mathrm{r}}-\overline{x}_{\mathrm{t}}+\overline{x})^2 \tag{4-5}$$

总平方和＝区组平方和＋处理平方和＋试验误差平方和

上式中，x 表示各小区数据；$\overline{x}_{\mathrm{r}}$ 表示区组平均数；$\overline{x}_{\mathrm{t}}$ 表示处理平均数；$\overline{x}$ 表示全试验平均数。

矫正数和平方和计算式为：

$$\left.\begin{aligned}
&\text{矫正数 } C=\frac{T^2}{nk}\\
&\text{总平方和 } SS_T=\sum x^2-C\\
&\text{处理平方和 } SS_t=\frac{\sum T_t^2}{n}-C\\
&\text{区组平方和 } SS_r=\frac{\sum T_r^2}{k}-C\\
&\text{误差平方和 } SS_e=SS_T-SS_t-SS_r
\end{aligned}\right\} \tag{4-6}$$

自由度分解及计算式为：

$$(nk-1)=(k-1)+(n-1)+(k-1)(n-1) \tag{4-7}$$

总变异自由度＝处理自由度＋区组自由度＋误差自由度

$$\left.\begin{aligned}
&\text{总变异自由度 } DF_T=nk-1\\
&\text{处理自由度 } DF_t=k-1\\
&\text{区组自由度 } DF_r=n-1\\
&\text{误差自由度 } DF_e=DF_T-DF_t-DF_r=(k-1)(n-1)
\end{aligned}\right\} \tag{4-8}$$

［**例 4-3**］有一夏玉米新品种比较试验，共有 A、B、C、D、E、F、G 7 个品种（$k=7$），其中 D 是标准品种，采用随机区组设计，重复 3 次（$n=3$），小区计产面积 $20m^2$，其田间排列和产量（kg）结果列于图 4-2，试作分析。

Ⅰ	B 14.0	D 11.8	E 15.3	C 14.4	A 14.2	G 12.1	F 13.1
Ⅱ	E 18.1	A 11.8	G 13.5	B 16.0	F 13.8	D 13.9	C 16.3
Ⅲ	G 15.7	C 13.7	D 13.1	A 15.9	E 18.8	F 15.3	B 18.2

图 4-2　夏玉米品种比较试验田间排列和产量

（1）资料整理　将图 4-2 资料按区组与处理作两向表，如表 4-3 所示。

表 4-3　夏玉米品种比较试验产量结果　　单位：kg

品种	区组			T_t	$\bar{x}_t$
	Ⅰ	Ⅱ	Ⅲ		
A	14.2	11.8	15.9	41.9	14.0
B	14.0	16.0	18.2	48.2	16.1
C	14.4	16.3	13.7	44.4	14.8
D	11.8	13.9	13.1	38.8	12.9
E	15.3	18.1	18.8	52.2	17.4
F	13.1	13.8	15.3	42.2	14.1
G	12.1	13.5	15.7	41.3	13.8
T_r	94.9	103.4	110.7	$T=309.0$	
$\bar{x}_r$	13.6	14.8	15.8		$\bar{x}=14.7$

(2) 平方和与自由度的分解

矫正数 $C=\frac{T^2}{nk}=\frac{309.0^2}{3\times7}=4546.71$

总平方和 $SS_T=\sum x^2-C=14.2^2+11.8^2+\cdots+15.7^2-C=81.45$

品种平方和 $SS_t=\frac{\sum T_t^2}{n}-C=\frac{41.9^2+48.2^2+\cdots+41.3^2}{3}-C=42.30$

区组平方和 $SS_r=\frac{\sum T_r^2}{k}-C=\frac{94.9^2+103.4^2+110.7^2}{7}-C=17.87$

误差平方和 $SS_e=SS_T-SS_r-SS_t=81.45-17.87-42.30=21.28$

总自由度 $DF_T=nk-1=3\times7-1=20$

品种自由度 $DF_t=k-1=7-1=6$

区组自由度 $DF_r=n-1=3-1=2$

误差自由度 $DF_e=(k-1)(n-1)=(3-1)\times(7-1)=12$

(3) F 检验　将上述计算结果列入表 4-4，算得各变异来源的 MS 值。

表 4-4　表 4-3 结果的方差分析

变异来源	DF	SS	MS	F	$F_{0.05}$
区组间	2	17.87	8.93	5.05	3.89
品种间	6	42.30	7.05	3.98*	3.00
误差	12	21.28	1.77		
总变异	20	81.45			

对区组间 MS 做 F 检验，在此有 H_0：$\mu_1=\mu_2=\mu_3$，H_A：μ_1、μ_2、μ_3 不全相等（μ_1、μ_2、μ_3 分别代表区组Ⅰ、Ⅱ、Ⅲ的总体平均数），得 $F=8.93/1.77=5.05>F_{0.05}$，所以 H_0 应予以否定，说明 3 个区组间的土壤肥力有显著差别。在这个试验中，区组作为局部控制的一项手段，对于减少误差是相当有效的（一般区组间的 F 检验可以不必进行，因为试验目的不是研究区组效应）。

对品种间 MS 做 F 检验，有 H_0：$\mu_A=\mu_B=\cdots=\mu_H$，H_A：μ_A、$\mu_B\cdots\mu_H$ 不全相等（μ_A、$\mu_B\cdots\cdots\mu_H$ 分别代表品种 A、B、…、G 的总体平均数），得 $F=7.05/1.77=3.98>F_{0.05}$，所以 H_0 应予以否定，说明 7 个供试品种的总体平均数有显著差异，需进一步做多重比较。

(4) 多重比较

① 最小显著差数法（LSD 法）　根据品种比较试验要求，各供试品种应分别与对照品种进行比较，宜应用 LSD 法。

首先应算得品种间平均数差数的标准误。在利用 LSD 法进行比较时，平均数差数标准误为：$s_{\overline{x}_1-\overline{x}_2}=\sqrt{\frac{2MS_e}{n}}=\sqrt{\frac{2\times1.77}{3}}=1.09(\text{kg})$

由于 $\nu=12$ 时，$t_{0.05}=2.179$，$t_{0.01}=3.055$，故

$$LSD_{0.05}=1.09\times2.179=2.38(\text{kg}),LSD_{0.01}=1.09\times3.055=3.33(\text{kg})$$

从而得到各品种与对照品种（D）的差数及显著性，并列于表 4-5。

表 4-5　图 4-2 资料各品种与对照产量相比较差异显著性

品种	小区平均产量($\overline{x}_t$)	与 D(CK)差异
E	17.4	4.5**
B	16.1	3.2
C	14.8	1.9
F	14.1	1.2
A	14.0	1.1
G	13.8	0.9
D(CK)	12.9	

从表 4-5 可以看出，仅有品种 E 与对照品种有极显著差异，其余品种与对照比较均没有显著差异。

② 最小显著相差法（*LSR* 法）　如果不仅要检验品种和对照相比的差异显著性，而且要检验品种间相互比较的差异显著性，则宜用 *LSR* 法。用这种方法比较，首先应算得品种的标准误 *SE*。其标准误为

$$SE=\sqrt{\frac{MS_e}{n}}=\sqrt{\frac{1.77}{3}}=0.77$$

查 *SSR* 值表（附录 6），当 $\nu=12$ 时得 $k=2$、3…7 的 SSR_α 值，并根据公式 $LSR_\alpha=SE\times SSR_\alpha$，算得 LSR_α 值列于表 4-6，然后用字母标记法以表 4-6 的 LSR_α 衡量不同品种间产量差异显著性，将比较结果列于表 4-7。

表 4-6　图 4-2 资料最小显著极差法检验 LSR_α 值

k	2	3	4	5	6	7
$SSR_{0.05}$	3.08	3.23	3.33	3.36	3.40	3.42
$SSR_{0.01}$	4.32	4.55	4.68	4.76	4.84	4.92
$LSR_{0.05}$	2.37	2.49	2.56	2.59	2.62	2.63
$LSR_{0.01}$	3.33	3.50	3.60	3.67	3.73	3.79

表 4-7　图 4-2 资料最小显著极差法检验结果

品种	产量 $\overline{x}_t$/kg	差异显著性	
		$\alpha=0.05$	$\alpha=0.01$
E	17.4	a	A
B	16.1	ab	AB
C	14.8	bc	AB
F	14.1	bc	AB
A	14.0	bc	AB
G	13.8	bc	AB
D(CK)	12.9	c	B

结果表明：E 品种与 C、F、A、G、D 5 个品种有 5%水平上的差异显著性，E 品种与 D 品种有 1%水平上的差异显著性，其余各品种之间都没有显著差异。

（二）两因素随机区组试验方差分析

有两个以上试验因素的试验称为多因素试验。这里重点说明两因素随机区组试验结果的统计分析方法。

设有 A 和 B 两个因素，各具有 a 和 b 个水平，则有 ab 个处理组合（处理）。采用随机区组设计，有 r 次重复，共有 rab 个观察值。由于处理项是 A 和 B 两个因素不同水平的组合，因此处理间差异又可分解为 A 因素水平间差异（A）、B 因素水平间差异（B）和 A 与 B 的互作（A×B）三部分。

$$\sum_{1}^{rab}(x-\overline{x})^2=ab\sum_{1}^{r}(\overline{x}_r-\overline{x})^2+r\sum_{1}^{ab}(\overline{x}_t-\overline{x})^2+\sum_{1}^{rab}(x-\overline{x}_r-\overline{x}_t+\overline{x})^2 \tag{4-9}$$

总平方和 SS_T＝区组平方和 SS_r＋处理平方和 SS_t＋误差平方和 SS_e

其中处理项平方可进一步分解：

$$r\sum_{1}^{ab}(\overline{x}_t-\overline{x})^2=rb\sum_{1}^{a}(\overline{x}_A-\overline{x})^2+ra\sum_{1}^{b}(\overline{x}_B-\overline{x})^2+ra\sum_{1}^{ab}(\overline{x}_t-\overline{x}_A-\overline{x}_B+\overline{x})^2 \tag{4-10}$$

即：处理平方和 SS_t＝A 的平方和 SS_A＋B 的平方和 SS_B＋A×B 平方和 $SS_{A\times B}$

式中，x 代表任意一个观察值；$\overline{x}_r$ 为任意一个区组平均数；$\overline{x}_t$ 为任意一个处理平均数；$\overline{x}_A$、$\overline{x}_B$ 分别为 A 因素和 B 因素某一水平平均数；$\overline{x}$ 为试验总的平均数。

矫正数和平方和计算式为：

$$\left.\begin{aligned}
&\text{矫正数 } C=\frac{T^2}{abr}\\
&\text{总平方和} SS_T=\sum x^2-C\\
&\text{区组平方和 } SS_r=\frac{\sum T_r^2}{ab}-C\\
&\text{处理平方和 } SS_t=\frac{\sum T_t^2}{r}-C\\
&\text{A 平方和 } SS_A=\frac{\sum T_A^2}{rb}-C\\
&\text{B 平方和 } SS_B=\frac{\sum T_B^2}{ra}-C\\
&\text{A×B 平方和 } SS_{AB}=SS_t-SS_A-SS_B\\
&\text{误差平方和 } SS_e=SS_T-SS_t-SS_r
\end{aligned}\right\} \tag{4-11}$$

自由度分解及计算式为：

$$abr-1=(r-1)+(ab-1)+(r-1)(ab-1) \tag{4-12}$$

总变异自由度 DF_T＝区组间自由度 DF_r＋处理自由度 DF_t＋误差自由度 DF_e

总变异自由度分解与单因素随机区组试验相同，但处理自由度可进一步分解为：

$$(ab-1)=(a-1)+(b-1)+(a-1)(b-1) \tag{4-13}$$

处理自由度 DF_t＝A 自由度 DF_A＋B 自由度 DF_B＋A×B 自由度 $DF_{A\times B}$

$$\left.\begin{aligned}
&\text{总变异自由度 } DF_T=rab-1\\
&\text{区组自由度 } DF_r=r-1\\
&\text{处理间自由度 } DF_t=ab-1\\
&\text{A 因素间自由度 } DF_A=a-1\\
&\text{B 因素间自由度 } DF_B=b-1\\
&\text{A×B 互作自由度 } DF_{AB}=(a-1)(b-1)\\
&\text{误差自由度 } DF_e=(r-1)(ab-1)=DF_T-DF_t-DF_r
\end{aligned}\right\} \tag{4-14}$$

【例 4-4】 有 A_1、A_2、A_3 三个豌豆品种，按 B_1(20cm)、B_2(26cm)、B_3(33cm) 三个株

距（行距相同）进行品种和密度两因素试验，共有 9 个处理（组合），采取随机区组设计，重复 4 次，其田间排列和小区产量（kg）列于图 4-3，试作分析。

区组Ⅰ	A_1B_1 28.0	A_2B_2 30.0	A_3B_3 36.5	A_2B_3 26.5	A_3B_2 31.0	A_1B_3 33.0	A_3B_1 30.0	A_1B_2 30.0	A_2B_1 32.5
区组Ⅱ	A_2B_3 26.5	A_3B_2 34.0	A_1B_2 25.0	A_3B_1 30.5	A_1B_3 28.5	A_2B_1 30.5	A_2B_2 29.0	A_3B_3 38.5	A_1B_1 22.5
区组Ⅲ	A_3B_1 25.0	A_1B_3 25.0	A_2B_1 30.0	A_1B_2 22.5	A_2B_2 28.0	A_3B_3 38.5	A_1B_1 21.5	A_2B_3 24.0	A_3B_2 33.5
区组Ⅳ	A_3B_3 32.5	A_3B_1 26.5	A_3B_2 30.0	A_1B_1 23.0	A_2B_3 27.5	A_1B_2 24.0	A_2B_1 31.5	A_1B_3 25.0	A_2B_2 30.0

图 4-3　豌豆品种和密度两因素随机区组试验的田间排列和产量

（1）资料整理　将所得结果按处理和区组作两向分组整理成表 4-8，按品种和密度做两向分组整理成表 4-9。

表 4-8　豌豆品种和密度试验小区产量　　单位：kg

处理	区组				T_t	$\bar{x}_t$
	Ⅰ	Ⅱ	Ⅲ	Ⅳ		
A_1B_1	28.0	22.5	21.5	23.0	95.0	23.75
A_1B_2	30.0	25.0	22.5	24.0	101.5	25.38
A_1B_3	33.0	28.5	25.0	25.0	111.5	27.88
A_2B_1	32.5	30.5	30.0	31.5	124.5	31.13
A_2B_2	30.0	29.0	28.0	30.0	117.0	29.25
A_2B_3	26.5	26.5	24.0	27.5	104.5	26.13
A_3B_1	30.0	30.5	25.0	26.5	112.0	28.00
A_3B_2	31.0	34.0	33.5	30.0	128.5	32.13
A_3B_3	36.5	38.5	38.5	32.5	146.0	36.50
T_r	277.5	265.0	248.0	250.0	T=1040.5	$\bar{x}$=28.90

表 4-9　豌豆品种和密度两向表

品种	密度			T_A	$\bar{x}_A$
	B_1	B_2	B_3		
A_1	95.0	101.5	111.5	308.0	25.67
A_2	124.0	117.0	104.5	346.0	28.83
A_3	112.0	128.5	146.0	386.5	32.21
T_B	331.5	347.0	362.0	T=1040.5	
$\bar{x}_B$	27.63	28.92	30.17		$\bar{x}$=28.90

（2）自由度和平方和的分解

矫正数 $C=\dfrac{T^2}{abr}=\dfrac{1040.5^2}{3\times3\times4}=30073.34$

总平方和 $SS_T=\sum x^2-C=28.0^2+22.5^2+\cdots+32.5^2-30073.34=656.91$

区组平方和 $SS_r=\frac{\sum T_r^2}{ab}-C=\frac{277.5^2+265.0^2+248.0^2+250.0^2}{3\times3}-30073.34=63.91$

处理平方和 $SS_t=\frac{\sum T_t^2}{r}-C=\frac{95.0^2+101.5^2+\cdots+146.0^2}{4}-30073.34=486.97$

A 平方和 $SS_A=\frac{\sum T_A^2}{br}-C=\frac{308.0^2+346.0^2+386.5^2}{3\times4}-30\,073.34=256.85$

B 平方和 $SS_B=\frac{\sum T_B^2}{ra}-C=\frac{311.5^2+347.0^2+362.0^2}{3\times4}-30\,073.34=38.76$

A×B 平方和 $SS_{AB}=SS_t-SS_A-SS_B=486.97-256.85-38.76=191.36$

误差平方和 $SS_e=SS_T-SS_r-SS_t=656.91-63.91-486.97=106.03$

总变异自由度 $DF_T=abr-1=3\times3\times4-1=35$

区组间自由度 $DF_r=r-1=4-1=3$

处理间自由度 $DF_t=ab-1=3\times3-1=8$

A 因素间自由度 $DF_A=a-1=3-1=2$

B 因素间自由度 $DF_B=b-1=3-1=2$

A×B 互作自由度 $DF_{AB}=(a-1)(b-1)=(3-1)(3-1)=4$

误差自由度 $DF_e=(r-1)(ab-1)=(4-1)(3\times3-1)=24$

(3) F 检验　列表 4-10 进行 F 检验。

表 4-10　豌豆品种和密度两因素试验的 F 检验

变因	SS	DF	MS	F	$F_{0.05}$	$F_{0.01}$
区组间	63.91	3	21.30	4.82**	3.01	4.72
处理间	486.97	8	60.87	13.77**	2.36	3.36
A 因素	256.85	2	128.43	29.06**	3.40	5.61
B 因素	38.76	2	19.38	4.38*	3.40	5.61
AB 互作	191.36	4	47.84	10.82**	2.78	4.22
误 差	106.03	24	4.42			
总变异	656.91	35				

F 检验结果表明：品种间、密度间、品种×密度两因素的互作均达差异极显著水平，除区组间变因外其余四项均需做多重比较。

(4) 多重比较（均采用 SSR 法）

① 品种（A）间的多重比较

$$SE_A=\sqrt{\frac{MS_e}{br}}=\sqrt{\frac{4.42}{3\times4}}=0.61$$

当 $v=DF_e=24$，$k=2$、3 时的 SSR 值和 LSR 值列于表 4-11。

表 4-11　图 4-3 资料品种（A）间比较的 LSR 值

k	2	3
$SSR_{0.05}$	2.92	3.07
$SSR_{0.01}$	3.96	4.14
$LSR_{0.05}$	1.78	1.87
$LSR_{0.01}$	2.41	2.52

不同品种小区平均产量间的差异显著性比较见表 4-12。

表 4-12 品种（A）间的多重比较

品种	平均产量 $\bar{x}_A$	显著水平	
		$\alpha=0.05$	$\alpha=0.01$
A_3	32.21	a	A
A_2	28.83	b	B
A_1	25.67	c	C

检验表明，三个品种小区平均产量间彼此差异均极显著。

② 密度（B）间的多重比较

$$SE_B=\sqrt{\frac{MS_e}{ra}}=\sqrt{\frac{4.42}{4\times3}}=0.61$$

因为 $SE_B=SE_A$，所以密度（B）间的比较也用表 4-11 的 LSR 值，比较结果见表 4-13。

表 4-13 密度（B）间的多重比较

品种	平均产量 $\bar{x}_B$	显著水平	
		$\alpha=0.05$	$\alpha=0.01$
B_3	30.17	a	A
B_2	28.92	ab	AB
B_1	27.63	b	B

检验表明，B_3 与 B_1 差异极显著，B_3 与 B_2 及 B_2 与 B_1 间差异均不显著。

③ 处理间的多重比较 在 AB 互作不显著时，A、B 两因素最优水平的搭配就是试验的最优处理（组合），但如果 AB 互作显著或极显著（如本例），则两因素最优水平的搭配就不一定是最优处理（组合）。为此，就需要做处理（组合）间的多重比较。所用标准误为 SE_t（或 SE_{AB}）：

$$SE_t=\sqrt{\frac{MS_e}{r}}=\sqrt{\frac{4.42}{4}}=1.05$$

此项比较的 LSR 值，经查表计算列于表 4-14，比较结果列于表 4-15。

表 4-14 处理（组合）间多重比较的 *LSR* 值

k	2	3	4	5	6	7	8
$SSR_{0.05}$	2.92	3.07	3.15	3.22	3.28	3.31	3.34
$SSR_{0.01}$	3.96	4.14	4.24	4.33	4.39	4.44	4.49
$LSR_{0.05}$	3.07	3.23	3.31	3.38	3.45	3.48	3.51
$LSR_{0.01}$	4.16	4.35	4.46	4.55	4.61	4.67	4.72

表 4-15 处理（组合）间的多重比较

处理组合	小区平均产量 $\bar{x}_t$	显著水平	
		$\alpha=0.05$	$\alpha=0.01$
A_3B_3	36.50	a	A
A_3B_2	32.13	b	B
A_2B_1	31.13	bc	B

续表

处理组合	小区平均产量 $\bar{x}_t$	显著水平	
		$\alpha=0.05$	$\alpha=0.01$
A_2B_2	29.25	bcd	BC
A_3B_1	28.00	cde	BCD
A_1B_3	27.88	cde	BCD
A_2B_3	26.13	def	CD
A_1B_2	25.38	ef	CD
A_1B_1	23.75	f	D

检验表明，A_3B_3（品种 A_3 配以 33cm 的株距）产量最高，是最优处理组合，与其他处理的差异均达到极显著。

项目小结

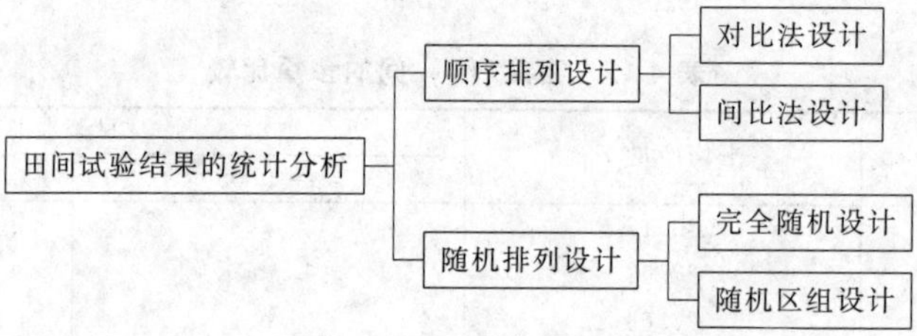

知识拓展

任务三　拉丁方设计试验结果的统计分析

拉丁方试验设计区组数相等，使得纵横两向皆成区组，这种设计可以从两个方向控制土壤肥力差异，减少误差，提高试验的精确度。其试验结果统计分析比随机区组多一项组间变异，在方差分析时要将总变异量分解成列区组间、行区组间、处理间以及误差四个变量。

设试验有 k 个处理，则行区组数和列区组数必各有 k 个。其平方和分解及计算式为：

$$\sum_1^{k^2}(x-\bar{x})^2=k\sum_1^k(\bar{x}_r-\bar{x})^2+k\sum_1^k(\bar{x}_c-\bar{x})^2+k\sum_1^k(\bar{x}_t-\bar{x})^2+\sum_1^{k^2}(x-\bar{x}_r-\bar{x}_c-\bar{x}_t+2\bar{x})^2 \quad (4\text{-}15)$$

总平方和＝行平方和＋列平方和＋处理平方和＋误差平方和

式中，x 表示各观察值；$\bar{x}_r$ 表示行区组平均数，$\bar{x}_c$ 表示列区组平均数；$\bar{x}_t$ 表示处理平均数；$\bar{x}$ 表示全试验平均数。

矫正数和平方和计算式为：

$$\left.\begin{aligned}&\text{矫正数 } C=\frac{T^2}{k^2}\\&\text{总平方和 } SS_T=\sum x^2-C\\&\text{行区组平方和 } SS_r=\frac{\sum T_r^2}{k}-C\\&\text{列区组平方和 } SS_c=\frac{\sum T_c^2}{k}-C\\&\text{处理平方和 } SS_t=\frac{\sum T_t^2}{k}-C\\&\text{误差平方和 } SS_e=SS_T-SS_r-SS_c-SS_t\end{aligned}\right\}\tag{4-16}$$

自由度分解及计算式

$$k^2-1=(k-1)+(k-1)+(k-1)+(k-1)(k-2)\tag{4-17}$$

总自由度=行自由度+列自由度+处理自由度+误差自由度

$$\left.\begin{aligned}&\text{总变异自由度 } DF_T=k^2-1\\&\text{行区组自由度 } DF_r=k-1\\&\text{列区组自由度 } DF_c=k-1\\&\text{处理自由度 } DF_t=k-1\\&\text{误差自由度 } DF_e=(k-1)(k-2)\end{aligned}\right\}\tag{4-18}$$

[例 4-5] 用 A、B、C、D、E 5 个小麦品种做比较试验，其中 E 为标准品种，采用 5×5 拉丁方设计，其田间布置和小区产量结果见表 4-16，试作方差分析。

表 4-16　小麦品比试验田间布置与小区产量　　单位：kg

行区组	列区组					T_r
	Ⅰ	Ⅱ	Ⅲ	Ⅳ	Ⅴ	
Ⅰ	D(36)	E(32)	B(39)	A(42)	C(35)	184
Ⅱ	A(45)	B(37)	C(40)	D(36)	E(32)	190
Ⅲ	C(35)	D(35)	A(45)	E(35)	B(36)	186
Ⅳ	B(38)	A(39)	E(37)	C(45)	D(36)	195
Ⅴ	E(39)	C(38)	D(35)	B(42)	A(49)	203
T_c	193	181	196	200	188	$T=958$

此即纵横区组两向表，据此再整理出表 4-17，算出各品种的总和 T_t 和小区平均产量 $\bar{x}_t$。然后进入以下步骤：

表 4-17　小麦品比试验各品种的产量　　单位：kg

参数	A	B	C	D	E
品种总和 T_t	220	192	193	178	175
品种平均 $\bar{x}_t$	44	38.4	38.6	35.6	35

(1) 平方和与自由度的分解

矫正数 $C=\frac{T^2}{k^2}=\frac{958^2}{5^2}=36710.56$

总 $SS_T=\sum x^2-C=36^2+32^2+\cdots+49^2-36710.56=439.44$

行区组 $SS_r=\frac{\sum T_r^2}{k}-C=\frac{184^2+190^2+\cdots+203^2}{5}-C=46.64$

列区组 $SS_c=\frac{\sum T_c^2}{k}-C=\frac{193^2+181^2+\cdots+188^2}{5}-C=43.44$

品种 $SS_t=\frac{\sum T_t^2}{k}-C=\frac{220^2+192^2+\cdots+175^2}{5}-C=253.84$

误差 $SS_e=SS_T-SS_r-SS_c-SS_t=439.44-46.64-43.44-253.84=95.52$

总 $DF_T=k^2-1=5^2-1=24$

行 $DF_r=k-1=5-1=4$

列 $DF_c=k-1=5-1=4$

品种 $DF_t=k-1=5-1=4$

误差 $DF_e=(k-1)(k-2)=(5-1)(5-2)=12$

(2) F 检验　列表计算各项 MS 和 F 值于表 4-18，并作 F 检验。

表 4-18　表 4-16 资料的 F 检验

变异来源	DF	SS	MS	F	$F_{0.05}$	$F_{0.01}$
行区组	4	46.64	11.66			
列区组	4	43.44	10.86			
品种	4	253.84	63.46	7.97*	3.26	5.41
试验误差	12	95.52	7.96			
总变异	24	439.44				

对品种间作 F 检验，有 H_0：$\mu_A=\mu_B=\cdots=\mu_E$，H_A：μ_A、μ_B……μ_E 不全相等（μ_A、μ_B……μ_E 分别代表 A、B……E 品种的总体平均数），得 $F=63.46/7.96=7.97$，$F_{0.01}=5.41$，所以 H_0 应被否定，即各供试品种的产量有极显著差异。

(3) 多重比较　新复极差检验（LSR 法）

$$SE=\sqrt{\frac{MS_e}{n}}=\sqrt{\frac{7.97}{5}}=1.26(\text{kg})$$

再根据 $\nu=12$ 时的 $SSR_{0.05}$ 和 $SSR_{0.01}$ 的值（附录 6）算得 $k=2$、3、4、5 时的 $LSR_{0.05}$ 和 $LSR_{0.01}$ 的值于表 4-19，并做多重比较于表 4-20。

表 4-19　小麦品种小区平均产量（$\overline{x}_t$）比较的 LSR 值

k	2	3	4	5
$SSR_{0.05,12}$	3.08	3.23	3.33	3.36
$SSR_{0.01,12}$	4.32	4.55	4.68	4.76
$LSR_{0.05,12}$	3.88	4.07	4.20	4.23
$LSR_{0.01,12}$	5.44	5.73	5.90	6.00

表 4-20　小麦品种比较试验的新复极差检验结果

品种	小区平均产量($\overline{x}_t$)	差异显著性	
		$\alpha=0.05$	$\alpha=0.01$
A	44.0	a	A
C	38.6	b	AB
B	38.4	b	AB
D	35.6	b	B
E	35.0	b	B

检验表明A品种与其他各品种的差异都达到 $\alpha=0.05$ 水平，小区平均产量最高；而A品种与D、E品种的差异达到 $\alpha=0.01$ 水平，C、B、D、E 4品种之间则无显著差异。

任务四　裂区设计试验结果的统计分析

裂区试验设计分为主区和副区两部分，因而观察值的变异来源也可分为主区和副区两个部分。主区部分变异可分为区组、主处理和主区误差；副区部分的变异可分为副处理、主副处理互作和主区误差。

设试验有A和B两个试验因素，A因素为主处理，具 a 个水平，B因素为副处理，具 b 个水平，设有 r 个区组，则该试验共得 rab 个观察值。则其主区总平方和可分解为区组平方和 SS_R、A因素水平间平方和 SS_A、主区误差平方和 SS_{E_a}。副区总平方和可分解为B因素水平间平方和 SS_B、A×B平方和 $SS_{A\times B}$ 及副区误差平方和 SS_{E_b}。则平方和的计算式为：

$$\left.\begin{aligned}
&\text{矫正数 } C=\frac{T^2}{rab}\\
&\text{总平方和 } SS_T=\sum x^2-C\\
&\text{主区总平方和 } SS_M=\frac{\sum T_m^2}{b}-C\\
&\text{区组平方和 } SS_R=\frac{\sum T_r{}^2}{ab}-C\\
&\text{A 水平间平方和 } SS_A=\frac{\sum T_A^2}{rb}-C\\
&\text{主区误差平方和 } SS_{E_a}=SS_M-SS_R-SS_A\\
&\text{处理平方和 } SS_t=\frac{\sum T_{AB}^2}{r}-C\\
&\text{B 水平间平方和 } SS_B=\frac{\sum T_B^2}{ra}-C\\
&\text{A×B 平方和 } SS_{AB}=SS_t-SS_A-SS_B\\
&\text{副区误差平方和 } SS_{E_b}=SS_T-SS_M-SS_B-SS_{A\times B}
\end{aligned}\right\}\qquad(4\text{-}19)$$

各变异自由度计算式：

$$\left.\begin{aligned}
&\text{总自由度 } DF_T=rab-1\\
&\text{主区总自由度 } DF_M=ra-1\\
&\text{区组自由度 } DF_R=r-1\\
&\text{A 因素自由度 } DF_A=a-1\\
&\text{主区误差自由度 } DF_{E_a}=(r-1)(a-1)\\
&\text{B 因素自由度 } DF_B=b-1
\end{aligned}\right\}\qquad(4\text{-}20)$$

$$\left.\begin{array}{l} A\times B\text{ 自由度 } DF_{AB}=(a-1)(b-1) \\ \text{副区误差自由度 } DF_{E_b}=a(r-1)(b-1) \end{array}\right\} \qquad (4\text{-}20)$$

［**例 4-6**］设有一小麦中耕次数和施肥量二因素试验，中耕次数为主处理（A），分 A_1、A_2、A_3 3 个水平，施肥量为副处理（B），分 B_1、B_2、B_3、B_4 4 个水平，采取裂区设计，重复 3 次，副区计产面积为 $33m^2$，其田间排列和产量（$kg/33m^2$）见图 4-4，试作分析。

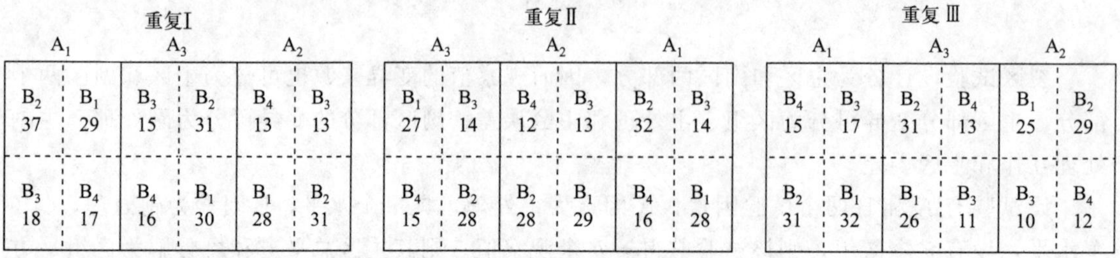

图 4-4　小麦中耕次数和施肥量裂区试验的田间排列和产量（$kg/33m^2$）

1. 结果整理

将图 4-4 资料按区组和处理做两向分组整理成表 4-21，按 A 因素和 B 因素做两向分类整理成表 4-22。

表 4-21　图 4-4 资料区组和处理两向表

主处理 A	副处理 B	区组			T_{AB}	T_A
		Ⅰ	Ⅱ	Ⅲ		
A_1	B_1	29	28	32	89	
	B_2	37	32	31	100	
	B_3	18	14	17	49	
	B_4	17	16	15	48	
	T_m	101	90	95		286
A_2	B_1	28	29	25	82	
	B_2	31	28	29	88	
	B_3	13	13	10	36	
	B_4	13	12	12	37	
	T_m	85	82	76		243
A_3	B_1	30	27	26	83	
	B_2	31	28	31	90	
	B_3	15	14	11	40	
	B_4	16	15	13	44	
	T_m	92	84	81		257
T_r		278	256	252	$T=786$	

表 4-22　图 4-4 资料 A 因素和 B 因素的两向表

处理	B_1	B_2	B_3	B_4	T_A
A_1	89	100	49	48	286
A_2	82	88	36	37	243
A_3	83	90	40	44	257
T_B	254	278	125	129	$T=786$

2. 自由度与平方和的分解

各变异来源的平方和计算如下：

矫正数 $C=\frac{T^2}{rab}=\frac{786^2}{3\times3\times4}=17161$

总 $SS_T=\sum x^2-C=29^2+37^2+\cdots+13^2-C=2355$

主区总 $SS_M=\frac{\sum T_m^2}{b}-C=\frac{101^2+85^2+\cdots+81^2}{4}-C=122$

区组 $SS_R=\frac{\sum T_r^2}{ab}-C=\frac{278^2+256^2+252^2}{3\times4}-C=32.67$

A 因素 $SS_A=\frac{\sum T_A^2}{rb}-C=\frac{286^2+243^2+257^2}{3\times4}-C=80.17$

主区误差 $SS_{E_a}=SS_M-SS_R-SS_A=122-32.67-80.17=9.16$

处理 $SS_t=\frac{\sum T_{AB}^2}{r}-C=\frac{89^2+100^2+\cdots+44^2}{3}-C=2267$

B 水平间平方和 $SS_B=\frac{\sum T_B^2}{ra}-C=\frac{254^2+278^2+125^2+129^2}{3\times3}-C=2179.67$

A×B 平方和 $SS_{AB}=SS_t-SS_A-SS_B=2267-80.17-2179.67=7.16$

副区误差平方和

$SS_{E_b}=SS_T-SS_M-SS_B-SS_{AB}=2355-122-2\,179.67-7.16=46.17$

总自由度 $DF_T=rab-1=3\times3\times4-1=35$

主区总自由度 $DF_M=ra-1=3\times3-1=8$

区组自由度 $DF_R=r-1=3-1=2$

A 因素自由度 $DF_A=a-1=3-1=2$

主区误差自由度 $DF_{E_a}=(r-1)(a-1)=(3-1)\times(3-1)=4$

B 因素自由度 $DF_B=b-1=4-1=3$

A×B 自由度 $DF_{AB}=(a-1)(b-1)=(3-1)\times(4-1)=6$

副区误差自由度 $DF_{E_b}=a(r-1)(b-1)=3\times(3-1)\times(4-1)=18$

3. F 检验

列小麦裂区试验方差分析表 4-23。在表 4-23 中，MS_{E_a} 是主区误差均方，用于检验区组间和主处理 A 间方差的显著性；而 MS_{E_b} 是副区误差均方，用于检验副处理 B 间和 A×B 互作间方差的显著性。

表 4-23　小麦裂区试验方差分析表

变异来源		DF	SS	MS	F	$F_{0.05}$	$F_{0.01}$
主区部分	区组	2	32.67	16.34	7.14*	6.94	18.00
	A	2	80.17	40.09	17.51*	6.94	18.00
	E_a	4	9.16	2.29			
主区总变异		8	122				
副区部分	B	3	2179.67	726.56	282.71*	3.16	5.09
	A×B	6	7.16	1.19	<1		
	E_b	18	46.17	2.57			
总变异		35	2355				

F 检验结果表明：区组间、A因素水平间、B因素水平间均有显著差异，但A×B互作不显著。由此说明：①本试验的区组在控制土壤肥力上有显著效果，从而显著地减少了误差；②不同的中耕次数间有显著差异；③不同的施肥量间有极显著差异；④中耕的效应不因施肥量多少而异，施肥量的效应也不因中耕次数多少而异。

4. 多重比较

(1) 中耕次数A间比较　在此以各种中耕次数处理的小区平均产量（将表4-22中的各个 T_A 值除以 $rb=3\times4=12$）进行新复极差检验。

算得各种中耕次数处理的小区产量平均数的标准误为：

$$SE=\sqrt{\frac{MS_{E_a}}{rb}}=\sqrt{\frac{2.29}{3\times4}}=0.44$$

查 SSR 值表（附录6），当 $v=4$，$k=2$、3时的 $SSR_{0.05}$ 和 $SSR_{0.01}$ 值，并计算 LSR 值列于表4-24。再以表4-24值检验A因素各水平的差数，其结果列于表4-25。

表4-24　三种中耕处理平均数间比较的 *LSR* 值

k	2	3
$SSR_{0.05}$	3.93	4.01
$SSR_{0.01}$	6.51	6.80
$LSR_{0.05}$	1.73	1.76
$LSR_{0.01}$	2.86	2.99

表4-25　三种中耕处理小区产量平均数间比较的新复极差检验

中耕次数	小区平均产量 /(kg/33m^2)	差异显著性	
		$\alpha=0.05$	$\alpha=0.01$
A_1	23.83	a	A
A_3	21.42	b	AB
A_2	20.25	b	B

由表4-25得知，中耕次数各水平的差数，A_1 与 A_3 间差异达显著水平，A_1 与 A_2 间差异达极显著水平，故以 A_1 为最优。

(2) 施肥量(B)间比较　在此以各种施肥量处理的小区平均产量（将表4-22中的各个 T_B 值除以 $ra=3\times3=9$）进行新复极差检验。

算得各种施肥量处理的小区产量平均数的标准误为：

$$SE=\sqrt{\frac{MS_{E_b}}{ra}}=\sqrt{\frac{2.57}{3\times3}}=0.53$$

查 SSR 值表（附录6），当 $v=18$，$k=2$、3、4时的 SSR 值，并计算 LSR 值列于表4-26。再以表4-26值检验B因素各水平的差数，其结果列于表4-27。

表4-26　四种施肥量平均数比较的 *LSR* 值

k	2	3	4
$SSR_{0.05}$	2.97	3.12	3.21
$SSR_{0.01}$	4.07	4.27	4.38
$LSR_{0.05}$	1.57	1.65	1.70
$LSR_{0.05}$	2.16	2.26	2.32

表 4-27　四种施肥量小区产量平均数间比较的新复极差检验

施肥量	小区平均产量/(kg/33m²)	差异显著性	
		α=0.05	α=0.01
B_2	30.89	a	A
B_1	28.22	b	B
B_4	14.33	c	C
B_3	13.89	c	C

由表 4-27 得知，施肥量各水平中以 B_2 最好，它与 B_1、B_4、B_3 间差异极显著；其次是 B_1，它与 B_4、B_3 间差异也极显著。

由于本试验中耕次数×施肥量的互作经 F 检验差异不显著，说明中耕次数和施肥量的作用是彼此独立的，不需再进行互作间多重比较。

5. 试验结论

本试验中耕次数以 A_1 显著优于 A_2、A_3，施肥量以 B_2 极显著优于 B_1、B_4、B_3。由于 A×B 互作不存在，故最佳 A 处理与最佳 B 处理的组合将为最优组合，即 A_1B_2 为最优组合。

项目技能

技能训练一　顺序排列试验结果统计方法

一、目的要求

熟练掌握顺序排列试验设计的结果统计分析方法。

二、材料用具

练习纸、铅笔、装有 Excel 软件的计算机及输出设备或计算器。

三、方法步骤

［资料一］大白菜品种比较试验，采用对比法设计，三次重复，阶梯式排列，小区田间排列和产量（kg/20m²）如图 4-5 所示，试进行产量分析。

Ⅰ	A 16	CK 14	B 13	C 14	CK 15	D 12	E 15	CK 12	F 13
Ⅱ	C 13	CK 14	D 11	E 13	CK 13	F 14	A 18	CK 13	B 13
Ⅲ	E 16	CK 14	F 14	A 17	CK 14	B 14	C 14	CK 15	D 13

图 4-5　大白菜品种比较试验田间布置图

［资料二］有一柑橘品系比较试验，12个品系和一个对照品种，其代号分别为1、2…12和CK。单株小区，采用间比法设计，每隔4个品系设一对照（CK），4次重复。所得小区产量（kg）如表4-28所示，试做分析。

表4-28　柑橘品系比较试验（间比法）产量结果　　单位：kg

品系代号	重复			
	Ⅰ	Ⅱ	Ⅲ	Ⅳ
CK_1	67	54	48	43
1	65	61	52	50
2	64	67	60	58
3	71	58	62	61
4	66	60	60	57
CK_2	68	62	60	58
5	70	73	60	62
6	71	69	55	58
7	84	83	85	80
8	81	74	68	72
CK_3	75	70	62	64
9	73	84	70	72
10	70	69	76	75
11	74	71	62	65
12	73	74	69	73
CK_4	60	72	54	58

四、作业

对上述两个资料分别进行分析。

技能训练二　随机排列设计试验结果的统计分析

一、目的要求

学会利用Excel进行随机区组、拉丁方和裂区设计试验结果的方差分析。

二、材料用具

装有Excel软件的计算机。

三、方法步骤

（一）单因素随机区组设计试验结果的方差分析

【例4-7】有一水稻品种比较试验，采用随机区组设计，重复3次，G为对照，小区计产面积为$30m^2$，其田间布置及产量结果（$kg/30m^2$）如图4-6所示，试进行方差分析。

（1）将数据整理后输入Excel表中，其输入格式如图4-7所示。

（2）在“工具”菜单选择“数据分析”命令，弹出“数据分析”对话框，选中列表中“方差分析：无重复双因素分析”选项，单击“确定”按钮，在接着弹出的对话框中输入：

① 在“输入区域”方框内输入“$B$2：$D$8”。

Ⅰ	B 29.7	G 21.0	D 24.0	E 22.0	C 27.6	A 30.5	F 22.4
Ⅱ	E 22.4	C 25.2	A 33.2	F 23.9	D 24.9	B 28.5	G 21.8
Ⅲ	A 31.1	F 21.0	B 27.9	C 28.1	G 23.0	E 23.0	D 27.2

图 4-6　水稻品比试验田间排列和产量

	A	B	C	D
1		Ⅰ	Ⅱ	Ⅲ
2	A	30.5	33.2	31.1
3	B	29.7	28.5	27.9
4	C	27.6	25.2	28.1
5	D	24	24.9	27.2
6	E	22	22.4	23
7	F	22.4	23.9	21
8	G	21	21.8	23
9				

图 4-7　原始数据示意图

② 本例不选“标志”。

③ α 值设为“0.05”。

④ 在“输出选项”中选择输出区域（在此选“新工作表组”）。

(3) 单击“确定”按钮，得方差分析表，如图 4-8 所示。

17	方差分析						
18	差异源	SS	df	MS	F	P-value	F crit
19	行	242.4362	6	40.40603	22.60226	7E-06	2.99612
20	列	1.240952	2	0.620476	0.347081	0.713614	3.885294
21	误差	21.45238	12	1.787698			
22							
23	总计	265.1295	20				

图 4-8　方差分析结果示意图

在图 4-8 中的方差分析表中，“行”即处理，“列”即区组。

由方差分析表结果知，处理间变异达到了显著水平，区组间没有达到显著水平。

多重比较请参考教材自行进行比较。

（二）二因素随机区组设计试验结果的方差分析

【例 4-8】 有一早稻二因素试验，A 因素为品种，分 A_1（早熟）、A_2（中熟）、A_3（迟熟）3 个水平（$a=3$）；B 因素为密度，分 B_1（16.5 cm×6.6cm）、B_2（16.5 cm×9.9cm）、B_3（16.5 cm×13.2cm）3 个水平（$b=3$），共 $ab=3\times3=9$ 个处理，重复 3 次（$r=3$），小

区计产面积 20 m^2。其田间排列和小区产量（$kg/20m^2$）列于图 4-9，试做分析。

区组Ⅰ	A_1B_1 8	A_2B_2 7	A_3B_3 10	A_2B_3 8	A_3B_2 8	A_1B_3 6	A_3B_1 7	A_1B_2 7	A_2B_1 9
区组Ⅱ	A_2B_3 7	A_3B_2 7	A_1B_2 7	A_3B_1 7	A_1B_3 5	A_2B_1 9	A_2B_2 9	A_3B_3 9	A_1B_1 8
区组Ⅲ	A_3B_1 6	A_1B_3 6	A_2B_1 8	A_1B_2 6	A_2B_2 6	A_3B_3 9	A_1B_1 8	A_2B_3 6	A_3B_2 8

图 4-9　早稻品种和密度二因素随机区组试验的田间排列和产量（$kg/20m^2$）

（1）数据整理　将原始资料整理成处理×区组二向表（表 4-29）和品种×密度二向表（表 4-30）。

表 4-29　处理×区组二向表

处理	区组Ⅰ	区组Ⅱ	区组Ⅲ
A_1B_1	8	8	8
A_1B_2	7	7	6
A_1B_3	6	5	6
A_2B_1	9	9	8
A_2B_2	7	9	6
A_2B_3	8	7	6
A_3B_1	7	7	6
A_3B_2	8	7	8
A_3B_3	10	9	9

表 4-30　品种×密度二向表

因素	B_1	B_2	B_3
	8	7	6
A_1	8	7	5
	8	6	6
	9	7	8
A_2	9	9	7
	8	6	6
	7	8	10
A_3	7	7	9
	6	8	9

（2）对处理×区组二向表进行数据分析（“无重复双因素分析”）　选择“工具”菜单中的“数据分析”选项，再选“方差分析：无重复双因素分析”程序，在弹出的对话框中的“输入区域”项中输入处理×区组二向表所在的地址，若有表头则选择“标志”项，选择好显著标准值 α 和输出结果的位置，按“确定”后即可得到结果（见表 4-31）。得到的结果中“行”即处理，“列”即区组，而处理又涵盖了品种（A）、密度（B）与品种×密度（A×B）互作三项变异，需对其进行进一步分解。

表 4-31 处理×区组二向表方差分析结果

差异源	SS	DF	MS	F	P-value	F crit
行	30	8	3.75	7.714286	0.000291	2.591096
列	2.888889	2	1.444444	2.971429	0.079912	3.633723
误差	7.777778	16	0.486111			
总计	40.66667	26				

（3）对品种×密度二向表进行数据分析（"可重复双因素分析"） 选择"工具"菜单中的"数据分析"选项，再选"方差分析：可重复双因素分析"程序，在弹出的对话框中的"输入区域"项中输入品种×密度二向表所在的地址（必须包括横纵表头），"每一样本的行数"项中输入区组数，选择好显著标准值 α 和输出结果的位置，按"确定"后即可得到结果（见表 4-32）。得到的结果中"样本"即品种（A），"列"即密度（B），"交互"即品种×密度（A×B）互作。

表 4-32 品种×密度二向表方差分析结果

差异源	SS	DF	MS	F	P-value	F crit
样本	6.222222	2	3.111111	5.25	0.01599	3.554557
列	1.555556	2	0.777778	1.3125	0.293702	3.554557
交互	22.22222	4	5.555556	9.375	0.000281	2.927744
内部	10.66667	18	0.592593			
总计	40.66667	26				

（4）方差分析表的重新整合 在步骤（2）所得结果的"行"后插入三行，在"差异源"项中分别填写"A""B"和"A×B"，将步骤（3）所得的"样本"各值复制到"A"相应位置，"列"各值复制到"B"相应位置，"交互"各值复制到"A×B"相应位置。

（5）*F* 检验的重新计算 新得到的方差分析表是由原来的两个方差分析表的数据组合而来的，"*F*""*P*-value""*F* crit"三项的数据必须按正确的方法进行重新计算（方法见项目三 技能六）。分析结果见表 4-33。

表 4-33 实得的方差分析结果

差异源	SS	DF	MS	F	P-value	F crit
处理	30	8	3.75	7.714286	0.000291	2.591096
A	6.222222	2	3.111111	6.4	0.009074	3.633723
B	1.555556	2	0.777778	1.6	0.232568	3.633723
A×B	22.22222	4	5.555556	11.42857	0.000141	3.006917
区组	2.888889	2	1.444444	2.971429	0.079912	3.633723
误差	7.777778	16	0.486111			
总计	40.66667	26				

多重比较请参考教材自行进行比较。

思考与练习

1. 对比法设计和间比法设计有何异同？各在什么情况下适用？

2. 有小麦品种比较试验，采用对比法设计，3 次重复，阶梯式排列，小区田间排列和产量（kg/35m^2）如下图。试作分析，最后结果用每 667m^2 产量（kg）表示。

项目四思考题参考答案

Ⅰ	A	CK	B	C	CK	D	E	CK	F
	16	14	13	14	15	12	15	12	13

Ⅱ	C	CK	D	F	CK	E	A	CK	B
	13	14	11	13	13	14	18	13	13

Ⅲ	E	CK	F	A	CK	B	C	CK	D
	16	14	14	17	14	14	14	15	13

3. 有一马铃薯品系比较试验，12 个品系和一个对照品种，其代号分别为 1、2、3……12 和 CK。单株小区，采用间比法设计，每隔 4 个品系设一 CK，重复 4 次。所得小区产量（kg）见下表。试分析各品系的相对生产力。

品系代号	重复			
	Ⅰ	Ⅱ	Ⅲ	Ⅳ
CK_1	67	54	48	43
1	65	61	52	50
2	64	67	60	58
3	71	58	62	61
4	66	60	60	57
CK_2	68	62	60	58
5	70	73	60	62
6	71	69	55	58
7	84	83	85	80
8	81	74	68	72
CK_3	75	70	62	64
9	73	84	70	72
10	70	69	76	75
11	74	71	62	65
12	73	74	69	73
CK_4	60	72	54	58

4. 有一包括 A、B、C、D、E、F、G 7 个高蛋白大豆品种的蛋白质含量比较试验，其中 E 品种为对照，采用随机区组设计，3 次重复，蛋白质含量结果如下图所示，试做分析。

Ⅰ	B 43.33	D 44.26	E 43.73	C 43.72	A 45.48	G 41.14	F 43.15

Ⅱ	E 43.25	A 44.73	G 43.43	B 42.94	F 43.78	D 44.65	C 42.26

Ⅲ	G 42.21	C 43.25	D 44.1	A 44.25	E 41.22	F 44.0	B 43.1

【公式总结】

单因子随机区组试验资料方差分析所用公式

变因	SS	DF	s^2	F	SE
区组间	$SS_r=\dfrac{\sum T_r^2}{k}-C$	$DF_r=n-1$	$s_r^2=\dfrac{SS_r}{DF_r}$	$F_r=\dfrac{s_r^2}{s_e^2}$	$SE=\sqrt{\dfrac{s_e^2}{n}}$
处理间	$SS_t=\dfrac{\sum T_t^2}{n}-C$	$DF_t=k-1$	$s_t^2=\dfrac{SS_t}{DF_t}$	$F_t=\dfrac{s_t^2}{s_e^2}$	
误差	$SS_e=SS_T-SS_r-SS_t$	$DF_e=(n-1)(k-1)$ $=DF_T-DF_r-DF_t$	$s_e^2=\dfrac{SS_e}{DF_e}$		
总变异	$SS_T=\sum x^2-C$	$DF_T=kn-1$			

项目五

田间试验总结

项目目标

了解农业科学研究工作中，为了创造新品种、探索新技术、观察植物的生育表现等，在田间调查、观察记载、收获计产、室内鉴定和统计分析等完成后，最后获得试验结果，一般都要求写一份试验总结。熟悉它是对研究成果的总结和记录，是进行新技术推广的重要手段。通常把表达试验全过程的文字材料称试验报告，或试验总结。

掌握田间试验总结是农业科学研究中的重要环节。本项目在介绍农业科学研究的基本方法的基础上，依序讲解课题的选定与申请、课题的准备及试验总结的撰写格式和要求。在我国现行经济体制下，作为科技工作者，应站在时代与科技的前沿，在自己的研究领域内，不断提出新的研究课题，积极申报并获得资金资助，最后撰写出一份高质量的试验总结报告，这对于科研工作的顺利进行非常重要。

任务一　农业科学研究的基本方法

【知识目标】 了解农业科学研究选题的原则和主要途径，掌握农业科学研究的一般程序等。

【技能目标】 具备进行农业科学研究的基本能力；能够独立运用农业科学研究的基本方法。

【素质目标】 培养科研创新能力和素质，激发科学研究的热情，提高系统分析问题和综合解决问题的职业能力。

科学研究是人类认识自然、改造自然、服务社会的原动力。农业和生物学领域的科学研究推动了人们认识生物界的各种规律，促进人们发掘出新的农业技术和措施，从而不断提高农业生产水平，改善人类生存环境。自然科学中有两大类科学：一类是理论科学，另一类是实验科学。理论科学研究主要运用推理，包括演绎和归纳的方法进行探究；实验科学研究主要通过周密设计的实验来探新。农业和生物学领域中与植物生产有关的专业包括农学、园艺、植物保护、生物技术等，所涉及的学科大多数是实验科学。这些领域中科学实验的方法主要有两类：一类是抽样调查，另一类是科学试验。生物界千差万别，变化万端，要准确地描述自然，通常必须通过抽样的方法，使所做的描述具有代表性。同理，要准确地获得试验结果，必须严格控制试验条件，使所比较的对象间尽可能少受干扰而能把差异突出地显示出来。

科学研究的目的在于探求新的知识、理论、方法、技术和产品。基础性或应用基础性研究在于揭示新的知识、理论和方法；应用性研究则在于获得某种新的技术或产品。在农业科学领域中不论是基础性研究还是应用性研究，基本过程均包括 3 个环节：

① 根据本人的观察（了解）或前人的观察（通过文献）对所研究的命题形成一种认识或假说；

② 根据假说所涉及的内容安排相斥性的试验或抽样调查；

③ 根据试验或调查所获得的资料进行推理，肯定或否定或修改假说，从而形成结论，或开始新一轮的试验以验证修改完善后的假说，如此循环发展，使所获得的认识或理论逐步发展、深化。

一、选题

科学研究的基本要求是探新、创新。研究课题的选择决定了该项研究创新的潜在可能性。优秀的科学研究人员主要在于选题时的明智，而不仅仅在于解决问题的能力。最有效的研究是去开拓前人还未涉及过的领域。不论理论性研究还是应用性研究，选题时必须明确其意义或重要性，理论性研究着重看所选课题在未来学科发展上的重要性，而应用性研究则着重看其对未来生产发展的作用和潜力。选题流程如图 5-1 所示。

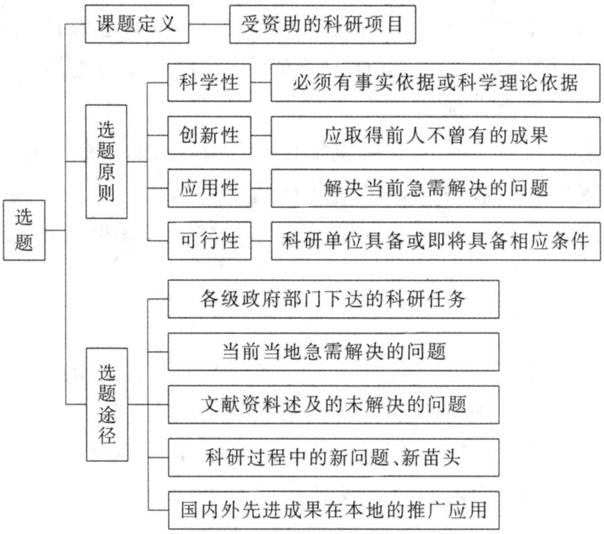

图 5-1　选题的流程图

科学研究不同于平常一般的工作，它需要进行独创性的思维，因此要求所选的课题能激起研究者强烈的兴趣，促使研究者心理状态保持十分敏感。若所选的课题并不激发研究者的兴趣，那么这项研究是难以获得新颖的见解和成果的。有些课题是资助者设定的，这时研究者必须认真体会它的确实意义并激发出对该项研究的热情和信心。

二、文献

科学的发展是累积性的，每一项研究都是在前人建筑的大厦顶层上添砖加瓦，这就要求首先要登上顶层，然后才能增加新的层次，文献便是把研究者推到顶层，掌握大厦总体结构的通道。选题要有文献的依据，设计研究内容和方法更需文献的启示。查阅文献可以少走弯路，所花费的时间将远远能为因避免重复、避免弯路所节省的时间所补偿，因此绝对不要吝啬查阅文献的时间和功夫。

科学文献随着时代的发展越来越丰富。百科全书是最普通的资料来源，它对于进入一个新领域的最初了解是极为有用的；文献索引是帮助科学研究人员进入某一特定领域做广泛了解的重要工具；专业书籍可为所进入的领域提供一个基础性的了解；评论性杂志可使科学研究人员了解有关领域已取得的主要成绩；文摘可帮助研究人员查找特定领域研究的结论性内容，使之跟上现代科学前进的步伐；科学期刊和杂志登载最新研究的论文，它介绍一项研究的目的、材料、方法以及由试验资料推论到结果的全过程，优秀的科研论文，可给人们以研究思路和方法上的启迪。

三、假说

在提出一项课题时，对所研究的对象总有一些初步的了解，有些来自以往观察的累积，有些来自对文献的分析。因而围绕研究对象和预期结果之间的关系，研究者通常已有某种见解或想法，即已构成了某种假说，而须通过进一步的研究来证实或修改已有的假说。一项研究的目的和预期结果总是和假说相关联的，没有形成假说的研究，常常是含糊的、目的性不甚明确的。即便最简单的研究，例如进行若干个外地品种与当地品种的比较试验，实际上也有其假说，即“某地引入品种可能优于当地对照品种”，只不过说这类研究的假说比较简单而已。假说只是一种尝试性的设想，即对于所研究对象的试探性概括，在它没有被证实之前，决不能与真理、定律混为一谈。

科学的基本方法之一是归纳，从大量现象中归纳出真谛；演绎是科学的另一基本方法，当构思出一个符合客观事实的假说时，可据此推演出更广泛的结论，这中间形式逻辑是必要的演绎工具。每个科研人员都应自觉地训练并用好归纳、演绎以及形式逻辑的方法。

四、假说检验

假说有时也表示为假设。在许多研究中假设是简单的，它们的推论也很明确。对假说进行检验，可以重新对研究对象进行观察，更多的情况是进行实验或试验，这是直接的检验。有时也可对假说的推理安排试验进行验证，这是一种间接的检验，验证了所有可能的推理的正确性，也就验证了所作的假说本身，当然这种间接的检验要十分小心，防止出现漏洞。

五、试验的规划与设计

围绕检验假说而开展的试验，需要全面、仔细地规划与设计。试验所涉及的范围要覆盖假说涉及的各个方面，以便对待检验的假说可以作出无遗漏的判断。

六、农业科学研究的一般程序

农业科研程序同其他科学研究程序相似，可划分为三个阶段。准备阶段：包括科研课题选题和申报、试验计划书拟定、查新论证、制订试验方案等；实施阶段：包括田间试验的实施、试验数据的调查、试验结果的统计分析等；总结及应用阶段：包括试验总结或论文的撰写、研究工作的验收、研究成果的鉴定和推广应用等。

农业科学研究程序如图5-2所示。图中每一个环节都与科研成败密切相关，必须认真对待。

选题：科研工作能否取得成功，能否推动科技与生产的发展，很大程度上取决于能否正确选题。可以说，选题是科学研究中具有战略意义的重要问题。应选择科研、生产中亟待解决的问题，要有科学性、创新性、实用性，还要考虑实现的可能性。

拟定试验计划书：即拟定科学研究全过程的蓝图。应具有先进性、预见性和切实可行性。

论证：由项目主管部门或资助方组织专家对科研单位提交的课题进行多方论证，确定其是否能够立项，并对试验计划进行把关，避免课题研究出现偏差。

制订试验方案：根据试验目的、要求，按照试验设计原理确定试验的内容、方法、调查项目和具体实施计划。

试验实施：将试验方案在田间准确无误地执行。

结果调查：利用合理的取样技术，分调查项目及时进行调查和测定，并如实记载。

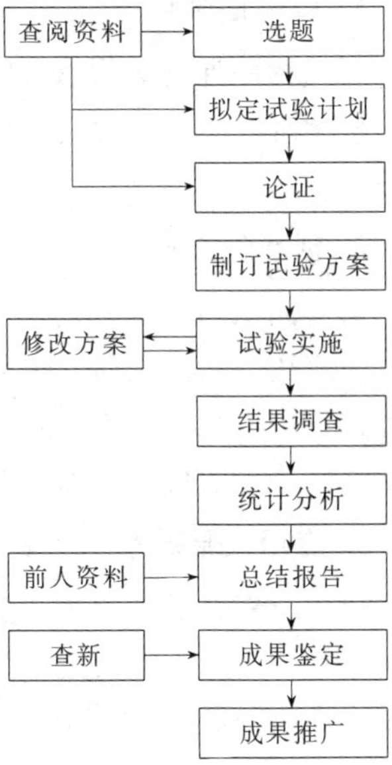

图5-2　农业科学研究流程图

统计分析：采用相应的统计方法对试验结果进行正确的统计分析，得出可靠的结论。

总结报告：对试验结果进行分析总结，肯定科研成果，同时也从中发现一些新问题、新苗头，为进一步研究提供参考。

成果鉴定：由项目主管部门组织同行专家对研究工作完成情况及研究水平进行评价。

成果推广：是逐步扩大科研成果（新品种、新技术等）应用范围的过程，也是科技转化为生产力的过程。

任务二　课题的选定与申请

【知识目标】熟悉如何把握课题的选题定位；掌握课题申报的特点与要求等。

【技能目标】具备能根据本单位或个人的实际情况进行课题的定位与选定的能力；能够对选定的课题进行申报等。

【素质目标】培养感性认识与理性认识及理论联系实际的职业素养，培养实事求是的学风和分析问题、解决问题的基本能力。

选题是科学研究中具有战略意义的重要问题。选题恰当，在课题申请中就有可能得到同行专家的高度评价及有关科技计划部门或其他科技组织的认可而获得经费资助，且研究工作进展快、成效大乃至取得可喜成绩或重大突破。相反，选题不当，则难以获得资助，即使获得资助，也会影响科研工作，有的甚至半途而废，造成人力、物力、财力和时间上的浪费。

一、选题的基本原则

农业科研的目的性和应用性很强，选题时应遵循以下原则。

1. 科学性原则

所选择的课题必须有事实依据或科学理论依据，或源于农业生产实际或其立论已具有必要的科学理论知识和实验方法、手段等。科学性原则是保证科研方向正确和取得成功的关键。

2. 创新性原则

选定的课题，应是前人没有解决或没有完全解决的问题，或是对前人已经解决的问题提出新的解决办法。其研究成果应是前人未曾取得的，它可以是理论上的新发现、新结论或新见解，也可以是新技术、新品种（品系）、新工艺、新产品和新方法等。这就是选题的创新性原则，是农业科研价值所在。

3. 应用性原则

选题应着眼于农业生产实践和农业科技发展的需要，选择当前农业科技发展和生产实践中最急需、最重要的问题作为研究课题，以求推动农业科技和生产的发展。为此，选题时，一要注意收集科技信息，避免重复研究；二要充分估计课题的完成时间，争取尽快加以应用。

4. 可行性原则

科研选题不仅要考虑立题的必要性，还应考虑完成任务的现实可行性。可行性原则是指申报课题的科研单位实际已经具备或经过努力能够达到完成该课题研究任务应具备的条件。这些条件包括：被研究的问题已经成熟到可以解决的程度；已经具备解决该问题所需的试验条件和技术；科研人员具有完成该课题所应有的科研态度、研究能力、知识结构、业务素质和学术水平等。

5. 经济合理性原则

科研选题及研究设计上应尽可能做到投入最少的财力、物力，用最短的时间，取得最理想的科研成果。

二、选题的主要途径

在选题原则指导下，注意从以下途径选题，就会又快又好地选到理想的课题。

① 根据各级政府部门下达的科研任务选定课题。这些任务就是项目计划，政府部门就是项目或课题的申报渠道。如科技部的国家科技成果重点推广计划、星火计划、火炬计划、“863”计划等，农业农村部的全国农牧渔业丰收计划、农业农村部重点科技计划等。要详细了解国际国内有哪些农业科研项目申报渠道和项目计划，可查阅有关的参考书籍。

② 通过调查研究，找出当前本地区农业生产上急需解决的问题作为课题。比如，在发展区域特色经济，进行种植业结构调整中，涉及名、特、优品种开发利用的问题就是农业生产中急需解决的问题。

③ 收集资料，阅读文献，掌握研究进展，找出农业科学研究中急需解决的问题作为科研课题。各种期刊、资料集中了最新科研成果，最能反映当前研究的前沿。在广泛收集国内外资料的基础上，经阅读并进行综合分析，深入了解前人研究了哪些问题，还没有研究哪些问题，解决了哪些问题，还有哪些问题尚未得到肯定的结果，有何分歧，哪些问题需进一步探索等，以此作为选定科研课题的依据。

④ 根据科研过程中发现的新问题、新苗头确定研究课题。随着研究的深入，许多科技工作者都会从自己的研究中不断发现新问题、新苗头，并以此确定自己的下一个研究课题。例如在“苹果无毒苗快繁技术”研究中，发现苹果组培苗存在严重的玻璃化现象，且是制约苹果无毒苗快繁的关键因子之一，由此便确立了新的研究课题：苹果组培苗玻璃化机制的研究。

⑤ 把国内外先进科研成果在本地区的推广应用作为课题。将对国内外新品种、新技术等的引用、鉴定、改进和推广作为一类课题，既是最方便、最快捷地发展我国和本地科技和经济的重要途径，也是科研选题的好途径。

⑥ 在多学科交叉的“边缘地带”选题。例如，在计算机在农业生产和农业科研中的应用中选题等。无论从哪条途径选题，都要把它当作一项科研工作来认真对待。

三、选题定位的关键问题

农业科研项目的获准关键是选题定位，人人都可以选题，但不是每个人都能利用自己优势选准题，即使选对了题，定准位也是十分重要的。农业科研项目选题定位的原则是：根据课题组自身的科研实际水平和对农业领域科技发展的综合判断能力，尽量选择紧紧围绕我国社会、经济和科技自身发展的重大需求，解决农业生产中长期面临的重大的关键性问题；或是虽然以前有过研究，但又有所突破和创新的课题，课题研究的目标定位要超过竞争对手，而成本和代价要降到最低。这就需要在项目的选题定位时注意以下几个关键问题。

1. 课题的正确起点

课题的起点即研究启动的突破口，起点定位有时也指研究对象的定位。起点定位过低，将来很难达到或超过同行的研究水平，且实际应用价值不大，也就没有什么立项意义可言，甚至形式审查就被淘汰；起点定位过高，脱离了现实条件、能力及自身研究水平，使课题成了空中楼阁，不能保证课题计划正常完成，最后也不会被获准。正确的起点定位实际上包含着课题的科研基础设施、材料及研究人员的实力水平和课题组长较深厚的理论基础及实践经验。如某单位承担的农业农村部和省农业科技攻关项目：玉米新品种选育，就是定位在选育优质高抗新品种的高起点基础上获准的。

2. 课题的性质定位

课题性质定位就是指项目的性质分类，即属于基础研究还是应用研究。基础研究是科研领域的上游，它的理论性、学术性较强，要求实验、试验条件较高，研究周期也较长，它取得的科研成果一般不能直接应用于农业生产中，如国家自然科学基金等；应用研究是科研领域的下游，它往往与农业生产实践联系密切，试验条件要求相对较低，成果可直接转化应用于农业生产，如丰收计划、成果转化资金等。另外，对那些基础性研究取得成果但不能直接为农业生产服务而又专门成立了几个计划、基金，如跨越计划等。例如，某单位是一个省级专业研究所，直接申报基础性研究项目获准机会极小，应把目光瞄准在应用研究上。因此，在课题的定位中一定要分清性质，按不同的性质选题，进而申报某种计划。

3. 课题的方向确定

课题的方向也就是课题的主攻方向。重大的农业科研项目选题定位首先立足于农业生产中亟待解决的重大问题、农业科研的前沿问题和农业可持续发展问题；其次，要与所属单位性质、实力、特色学科及学术带头人的专长直接相符。如某单位是以应用研究为主的科研单位，特色学科领域为农作物中的玉米品种选育及病虫害防治、作物品种收集与创新，因此，就要根据不同学术带头人分别将课题的主攻方向定位在玉米的新品种选育、玉米的配套栽培技术及病虫害防治、作物的资源收集和整理、新品种选育，这样在申报项目时才能有的放矢。所以说，在选题的同时方向定位一定要明确，它可直接影响到整个课题的布局和安排，甚至整个科研单位的总体规划和趋向。同时，一旦明确课题的主攻方向，不能轻易改变。

4. 课题的深度研究

即课题完成时应达到的理想程度。课题深度定位过浅，容易给人以敷衍了事之感，当然也不会取得什么更有价值的成果；但过高强调深度，则使课题研究困难重重，无法进行下去，使自己陷入迷宫，也就不会取得任何成果。因此，对重大农业科研项目的课题深度定位，一定要适当控制，进行系统周密的筹划，切不可一味追求深度，专攻太高、太深的难题，这样会使得结果事与愿违。

5. 课题研究方法可行

也就是确定采用何种方法来研究课题对象。方法的选择要以实用、简便、快速、准确为原则，要根据具体的科研实验条件和课题目标的具体要求来选择切实可行的方法与途径。如某单位“十三五”期间承担的省科委科技攻关项目“优质多抗玉米新品种选育及配套技术”和“农作物品种资源收集、整理、保存与利用研究”，所采用的研究方法——“杂交优势利用、常规系统选育和广泛收集整理农作物资源及创新”，就是在多年科研经验和试验设施条件基础上，进行方法定位的一个典型范例。

6. 目标定位

即课题的阶段性目标和最终达到目标定位，这也是课题确立的一个关键指标。定位时需要特别注意以下几点：一是课题的目标是否有创新突破，二是课题研究的预期成果能否为生产解决问题或形成产业化。一定要将起点时的目标定位和课题完成时的目标定位放在国家和世界水平范围内来考虑。目标定位准确实例也有很多，如某单位“十三五”期间农业农村部生产专项资金项目“大豆优质高产抗逆品种选育”，在选题时就把目标定位在解决我国早熟大豆优质抗病问题上。

7. 充分分析优势，认清实际情况

任何项目都必须在充分分析自己的优势的基础上，根据实际情况，针对将要解决的问题客观地分析自身水平，确立是独立主持还是参与其中。若本来自己不具备独立主持的地位或竞争非常激烈，与其两败俱伤、空手而归，不如合为上，以一定的方式与其他对手联合，这样既能解决难以攻克的难点问题，又可学习别人的经验和技术，积累财富，为以后继续主持完成打下坚实的基础。如某单位近期申报的跨越计划项目，就是在充分分析优势、认清形势的前提下，先与中国农业大学合作参加跨越计划，再图今后的大发展，这也是该单位的成功之处，因为该单位首次申报国家跨越计划，能参与其中也是一次难得的体验。

总之，上述几个定位之间的关系不是独立的、绝对的，而是联系的、相对的和变化的。在实施的过程中应随机应变，根据国内外的最新动态和在课题研究实践过程中的新发现、新进展而做相应的改变，使得课题研究始终保持一定的先进性、创新性，也确保课题任务的顺利完成。因此，项目选题定位是一种主客观、诸多因素相互平衡的动态过程，而不是科研选题的最终定位。

四、课题申报程序

课题的申报是科研工作中一项十分重要的工作，许多专家每年要花相当多的时间从事这项工作，以便争取多方支持。科研课题申报的程序大致可概括为文件（指南）研究→课题选择→申请书填写→课题申报四个阶段。前三个阶段可按顺序进行也可交叉或同时进行。

选好科研课题后，关键的工作就是填写好申请书，并进行申报，通过申请书将自己的学术思想、研究思路充分表达出来，争取同行专家和项目主管部门的认可。有关课题申报程序的详细内容及申请书填写的内容和要求，请查阅有关的参考书籍。

五、课题申报

申报工作是课题在选题定位后又一项重要工作，也是项目成功的关键所在，同时也是科研工作者重要的责任和任务。课题申报的要点如下所述。

1. 充分调动科研人员申报的主观能动性

科研人员的主观能动性是重大农业科研项目定位及申报的关键因素。科研课题申报中，核心部分是要求科技人员的主动定位，这种主动性来源于科研人员的创造动机，主动定位的各自历史背景不同、实验条件不同、社会需求不同，申报课题的动力也就各不相同。但无论是单位大小、科研设施、实力水平如何，科室是否为重点研究室，项目的申报者有无高职称、职务，在争取重大农业科研项目时都应充分发挥主观能动性，主动去争取，要有主人翁的责任感，不能依赖科研管理部门将科研项目分配到自己手中去做。在科研体制改革的今天，任何科研项目的获准，首先要有主动争取的意识，只有自己亲自花时间、精力去思考、研究、探索、设计，才能在前进的道路上有所作为。

2. 注重项目的创新性、科学性

项目申报成功与否的关键是：课题要有原始创新性和科学性，这除了需要本身具备的研究基础、水平和设施条件外，还需有信息反馈和更新。这就要求科研管理部门及时准确地了解国家、省、市根据国民经济和社会发展需要，提出与农业相关的宏观计划、基金、资金等项目，根据不同计划的总体目标、主攻方向、总体要求，及时有效地让科研人员了解该研究领域的国内外动态、趋势、重点支持领域、方向，确定课题，准确定位，这种定位应当是对相应计划的具体领域的起点、性质、方向、深度、方法及目标的定位。这样才能使项目在原有的科研基础上有所创新和突破，才能提出科学论断。如某单位申报的农业农村部项目："早熟、高油大豆新品种选育"，和农业科研成果转化资金项目："早熟多抗大豆新品种及高产栽培技术开发"，在申报前就在网上查找材料和项目指南、申报信息，向课题组人员提供了国家农业农村部、成果转化资金的要求，使科研人员弄清该项目的性质、总体目标、总体方向、总体要求、申报时间、申报方法、遴选原则、经费情况等，在此基础上，充分发挥科研人员的主观能动性，积极组织协调关系，形成了具有高起点、准确的主攻方向、理想的深度、可行的方法和高水平目标的项目。

3. 加强对申报项目的形式审查

重大农业科研项目的审批都要经过严格的形式审查、初审、复审、报批等几个阶段。从以前申报的获准情况来看，在初审前就有70％～80％以上的项目被淘汰，究其原因，大多是没有注重申报形式具体要求，因这样或那样的不合格未进入复审。而一旦进入复审，被淘汰的概率就下降到20%～30%。因此，加强对申报项目的各种形式审查是极为重要的。一般农业科研项目申报时都包括申请书和可行性研究报告及附件等内容，不同的项目计划将申请书、可行性研究报告或合或分，但大体上包括的内容是一致的，而附件根据不同的项目计划也有区别。形式审查重点要看申报材料的各项是否齐全、填写有无遗漏、附件是否准确无误、按申报材料要求各项顺序排列是否正确，同时还要了解申报的时间、受理单位、申请程序，理解项目的申报要求。比如说，申报材料要求用 Word 和 PDF 两种方式保存文件，书面材料需正反打印一式十份，分别装订等。若其中一项被忽视就可能铸成大错。当然，这并不是强调申报项目只在形式上做文章，而忽视了真正的内容和水平，但也决不能忽视科研项目的申报形式。

总之，重大农业科研项目的选题定位至关重要，申报工作更是成败关键。因此，如何把握课题的选题定位，能否真正解决生产中的重大问题，充分发挥科研人员的主观能动性，申报形式准确无误、顺利进入复审，提高项目中标率，是每个科研人员和科研计划管理人员都面临的问题。而能正确把握选题定位和申报工作对于提高科研单位承担重大农业科研项目的能力，培养人才队伍，促进我国农业科研事业与农业可持续发展也同样至关重要。

任务三　课题的准备

【知识目标】了解课题的准备方法和主要途径；掌握课题准备的一般流程等。

【技能目标】具备自主开展课题的准备的基本能力；能够独立开展专业文献资料的收集、阅读与分析。

【素质目标】培养自主探究学习课题准备的习惯，培养严肃、严密、严格的科学态度和良好的实验素养及实事求是的学风和创新精神以及良好的职业道德。

课题选定之后，一方面，要围绕课题广泛收集、仔细研读有关资料，从而了解国内外该课题研究的现状和趋势，以便对立题依据、题目的合理性和课题实施的可行性进行论证；另一方面，也应着手搜集准备试验材料，并对其进行初步的观察和鉴定。

一、资料的收集、阅读与分析

（一）资料的收集

可以通过下列途径收集与课题相关的资料。

1. 查阅文献

大量的信息贮存于各种期刊、杂志、专著、论文集中，它们集中了最近发表的科研成果，最能反映出当前科学研究的情况、动态和前沿。通过查阅文摘、索引，可在很短的时间内追溯到国内外某个时期内主要的有关论文。同时，一般科研论文在文后都附有参考文献目录，这样可追查资料来源，扩大资料收集范围。

2. 计算机文献检索

计算机和网络已被广泛用于文献管理和检索，只需提供关键词，就可迅速获得相关资料，从而大大节省收集文献资料的时间。如中国知网、中国期刊全文数据库、中国优秀博硕士学位论文全文数据库等就管理着大量的文献资料。

3. 参观访问与私人通信

论文发表、专著出版等都需要一定时间，这造成了信息传递的时滞现象，不便于科研人员掌握最新研究动态。为克服此缺陷，可采用参观访问、私人通信的方式直接与同行专家交流。

（二）资料的阅读和分析

1. 资料的阅读

资料的阅读分为粗读和精读。一般文献都先经过粗读阶段，通过粗读序言和研究结果部分，大概了解主要内容，然后筛选一部分非常有用的资料进行精读，精读要了解论文的目的任务、中心内容，明确在什么条件下采用什么研究方法完成该项研究，同时注意结果与分析和讨论部分。

2. 资料的分析

一是校准分析，即根据论文中试验的研究方法，分析其结果的可信度。主要考查试验设计是否合理、取样的代表性如何和标准是否统一、数据是否做了差异显著性检验等。不符合要求的论文可信度较低，只能作一般参考。二是综合分析，即对可信度较高的资料经过思维推理分析，加以去粗取精、去伪存真，从而获得正确的判断和合乎逻辑的理论系统。最终确定自己的立论依据、主攻目标和正确的科研途径。

通过以上资料的收集、阅读和分析，掌握了有关课题的国内外研究现状、水平、存在问题和发展趋势，就可以提出正确的假设和合理的试验设计，同时选择出检验该假设的统计方法。

二、试验材料的准备

课题选定后，还应着手准备试验材料。当然有些试验材料可在课题获得资助后再准备，但有些试验材料则需在选定课题后即着手准备，课题准备流程如图 5-3 所示。例如进行作物育种时，不同生态型的代表品种及优良地方品种必须搜集到，这作为申请课题的基础工作的一部分，有利于课题通过论证和获得资助。

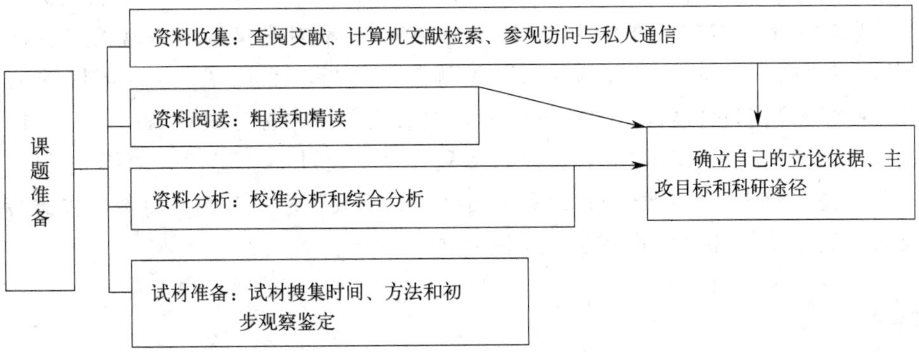

图 5-3　课题准备流程图

试验材料可在当地市场购买，也可向国内外有关单位或个人征集。试验材料搜集到之后，应进行初步的观察鉴定，并做好保存工作。例如，对种子试材，应首先测定发芽率，再观察记载在繁殖过程中表现出来的产量、品质、抗病性和生育期长短等重要经济性状；对病原菌则应测定其活力和致病力；对农药和生长调节剂等也应鉴定其药效。

任务四　试验总结的撰写

【知识目标】 了解试验总结的一般模式；掌握试验总结写作的特点与要求；熟悉试验总结的写作格式等。

【技能目标】 具备根据所给的资料拟写试验总结的能力；能够对试验要求、结果进行总结。

【素质目标】 培养学生从事试验总结撰写工作所应具备的良好职业道德、科学工作态度、严谨细致的工作作风等；激发撰写试验总结的热情；提高系统分析问题和综合解决问题的职业能力。

试验总结是报告和解释试验过程和事实的书面材料，是科研程序中上承试验实施和统计分析，下接成果鉴定和成果推广的重要环节。在农业科学研究工作中，为了创造新品种、探索新技术、观察植物的生育表现等，在田间调查、观察记载、收获计产、室内鉴定和统计分析等完成后，最后获得试验结果，一般都要求写一份试验总结。它是对研究成果的总结和记录，是进行新技术推广的重要手段。

一、标题

标题即试验题目，是试验总结报告内容的高度概括，也是读者窥视全文的窗口，是论文的精髓，它是一些最恰当最简明的词语的逻辑组合，含有研究对象的专业学名，用以集中反映论文中最重要的特定内容，并反映一定的研究范围与界限，因此一定要下功夫拟好标题。标题的拟定要满足以下几点要求：一是确切，即用词准确、贴切。标题的内涵和外延应能清楚且恰如其分地反映出研究的范围和深度，能够准确地表述论文中最重要的特定的内容，名副其实。二是具体，就是不笼统、不抽象。例如：《2021 年北方极早熟春玉米组品种区域试验总结》。三是精短，即标题要精炼，文字得当，忌累赘烦琐。四是鲜明，即表述观点不含混，不模棱两可。五是有特色，即标题要突出论文中的独创内容，使之别具特色。

拟写标题时还要注意：一要题文相符，若研究工作不多或仅做了平常的试验，却冠以“×××的研究”或“×××机理的探讨”等就不太恰当，改成“×××问题的初探”或“对×××观察”等较为合适；二要语言明确，即试验总结的标题要认真推敲，严格限定所述内容的深度和范围；三要新颖简要，标题字数一般不超过 20 字为宜，不宜过长；四要用语恰当，不宜使用化学式、数学公式及商标名称等；五要居中书写，若字数较多需转行，断开处在文法上要自然，且两行的字数不宜差距过大。

二、署名

署名的作用是标明论文责任者和知识产权拥有者。一般写在标题下面，书写顺序是：作者单位—作者姓名—地区（送国外发表的论文，此处为国名＋工作单位所在城市）—邮政编码。

署名只限于那些选定课题和制定方案，直接参加全部或重要研究工作，作出重大贡献，并了解论文全部内容，能对全部内容负责解答的人。署名人数一般不超过六人，其余有关人员应在附注中加以说明或写入致谢中。个人研究成果，个人署名；集体研究成果，按对成果贡献的大小顺序署名。署名要用真实姓名，不用笔名，必要时可注明职称和学位。

三、摘要

摘要又称提要，是对所研究的问题、方法和结果的高度概括，是不加注释和评论的简短陈述，是论文的重要组成部分，是一篇具有独立性和完整性的短文，一般论文的前面都有摘要，极短的文章可省略。其功能是使读者迅速准确地获取论文主要而完整的信息，并确定是否精读全文。学术论文一般应同时具备中文、外文摘要。设立该项的目的是方便读者概略了解论文的内容，以便确定是否阅读全文或其中一部分，同时也是为了方便科技信息人员编文摘和索引检索工具。摘要是论文的基本思想的缩影，虽然放在前面，但它是在全文完稿后才撰写的。

摘要写作形式可以是短文式，也可以是大纲式，避免只摘录论文结论或列举小标题。

摘要内容一般包括：课题的理由、目的、重要性、范围以及前人工作简介，研究内容与研究方法，主要成果及实用价值，最终的结论等。重要的是结果与结论。书写时，一般首行缩进 2 个字符，左右再分别缩进 2 个字符。

摘要要求做到短、精、准、明、完整和客观。“短”即行文简短扼要，一般为正文字数的 5%，字数一般在 200～300 字；“精”即字字推敲，添一字则显多余，减一字则显不足；“准”即忠实于原文，准确、严密地表达论文的内容；“明”即表述清楚明白、不含混；“完整”即做到结构严谨、语言连贯、逻辑性强；“客观”即如实地浓缩本文内容，不加任何评论。摘要有时在试验总结中也可省略，有时为了国际学术交流，还要把中文摘要译成英文或其他文种。中英文摘要内容应一一对应，中文摘要内容前应冠以“【摘要】”，英文摘要内容前应冠以“【Abstract】”作为标志。

四、关键词

关键词（包括中文和英文关键词）是反映文献特征内容的词，是为了文献检索工作而从论文中选取出来的表示全文主题信息的单词或术语，其功能是利于检索，也利于读者掌握论文的主旨。关键词包括主题词和自由词两部分。选取关键词切忌不准、不全，为此，应进行主题分析，不仅从标题，还要从摘要、结论和主要章节做通盘考虑，找出最能表示中心主题并在文中做了具体论述的 3～8 个关键性的概念作为关键词。书写时，首行缩进 2 个字符，每一个关键词之间用分号隔开，最后一个关键词后不用标点符号。中英文关键词应一一对应，中文关键词前应冠以“关键词”，英文关键词前冠以“Key words:”作为标志。

五、引言

引言又称导言、前言、绪言等，是论文主体部分之一，是总结的开场白，写在正文之前，其功能是揭示论文的主题、目的和总纲，引出正文，便于读者阅读和理解正文。主要将试验研究的背景、理由、范围、方法、依据等写清，突出研究目的或要解决的问题。书写时，首行缩进 2 个字符，直接写前言的内容。内容中还应包括前人的研究成果和重大知识空白、本研究的设想、预期结果和意义。引言一般不分段落，写作时要注意谨慎评价，切忌自我标榜、自吹自擂，抬高自己、贬低别人；不说客套话，长短适宜，一般为 300～500 字。

写引言，一要注意写清楚研究的理由、目的、范围与重要性；二要注意不可详述历史过程和文献资料，不可解释共知的知识和基本理论，不可推导公式；三要注意在介绍前人研究经过与结果时，应引述与本课题密切相关的部分；四要注意用自己的语言进行高度概括，层次分明，言简意赅。

六、正文

正文是论文的核心部分，可分层深入，逐层剖析，按层设分层标题。创造性信息主要由这部分反映出来，其功能是科学地、合乎逻辑地用论据证明论点，对引言提出的问题进行分析和解决。

书写时，分层标题采用阿拉伯数字依次编写，多分为 3 级。一级标题序号为 1，二级标题为 1.1，三级标题为 1.1.1，均靠左侧顶格书写。

书写一级标题时，左顶格写一级标题的序号，空一字符，写一级标题名称。如 1××××；2××××；……等。每个一级标题下，可以包括若干个二级标题。书写二级标题时，另起一行，左顶格写二级标题的序号，空一字符，写二级标题名称，空一字符，写内容。如 1.1×××××；1.2××××；……等。若二级标题下，包括三级标题时。书写时，另起一行，左顶格写三级标题的序号，空一字符，写三级标题名称，空一字符，写内容。如 1.1.1×××××；1.1.2××××；1.1.3×××××；……等。

另外，正文中所有图都应有编号和图题。图的编号由“图”和从 1 开始的阿拉伯数字组成，图题置于图的编号之后，与编号之前空一格排写，图的编号和图题置于图下方的居中位置，如图 1××××，图 2××××，……。正文中所有表都应有编号和表题。表的编号由“表”和从 1 开始的阿拉伯数字组成，表题置于表的编号之后，与编号之前空一格排写。表的编号和表题应置于表上方的居中位置，如“表 1××××”“表 2××××”等。正文中的公式书写应在文中另起一行，并缩格书写，多个公式可从“1”开始的阿拉伯数字进行编号，并将编号置于括号内。如 $A=b+c$ (1)。标点符号应遵守中华人民共和国国家标准《标点符号用法》的规定，数字使用应执行中华人民共和国国家标准《出版物上数字用法》的规定。注释采用文中编号（在正文中需要说明字、词或短语的位置采用上标形式的①、②……阴码阿拉伯数字标明）加脚注的方式标注。

实验分析型论文正文的格式比较固定，一般包括“试验材料与方法”“结果与分析”“讨论”三个部分。由于论文的侧重点不同，这部分也会有所变化，有的重点讨论“结果”以揭示新发现，“材料与方法”只需在引言中简要说明；有的重点写“方法”的改进和创新，其他部分写得比较简略。正文部分不以“正文”为标题，而是分别用“试验材料与方法”“结果与分析”“讨论”为三“章”的标题。

1. 试验材料与方法

这部分的要点应详细介绍，以便别人能重复该试验或对文中结果做出检验。其内容包括试验基本条件和情况，如时间、地点、环境条件、管理水平等；试验设计，如试验因素、处理水平、小区大小、重复次数、田间排列方式等；主要观察记载项目与评价标准；观察分析时的取样方法、样本容量、样品制作及分析等；主要试验仪器及其型号和药品等；方法或试验过程。试验方法的叙述应采用研究过程的逻辑顺序，并注意连贯性。对已公开发表的方法只需注明出处，并列入参考文献内，对自己改进的方法只需说明改进点。

2. 结果与分析

结果是论文的价值所在，工作成败由它判断，一切推论由它导出。结果分非数量结果和数量结果两种类型。写作时，要求用简明的文字、准确的数据、具自明性的图表、清晰的照片等将试验结果主要内容表达出来，并逐项进行分析，阐明自己的科研成果，并对其作出正确评价，指出其实用价值。分析推理时，要层次分明、逻辑性强，避免逻辑混乱，避免把所有试验数据和资料都写在论文上。

3. 讨论

当本次试验结果与他人研究结果相矛盾，或本次试验发现了某些规律又没有充分理由肯定时，需将问题提出来进行讨论。讨论是作者创作思维最活跃的部分，论文学术水平高低基本上由此体现出来，删掉这部分的论文基本上就成了一篇试验总结。讨论的具体内容，一是用已有的理论解释和证明试验结果，使表面上孤立的结果变得符合一定的因果关系而易于理解和接受。二是对同自己预期不一致的结果作出合乎逻辑的解释，并大胆提出新的假设，甚至修改或推翻旧理论，提出能解释新结果或新发现的新理论。对那些较有把握或比较成熟的看法，但暂时还不能作结论的问题，可在讨论中提出倾向性意见，以便进一步研究探索。三是把自己的结果与解释同前人的进行比较，弄清相同点与不同点，充分分析本次试验同前人试验结果发生矛盾的原因。四是对本课题存在的问题、改进意见和今后研究设想进行说明等等。

七、结论

该部分是整个课题研究的总结，是全篇论文的归宿，起着画龙点睛的作用。结论的主要内容：一是由正文导出事物的本质和规律；二是说明解决了什么问题或理论及其适用范围；三是说明对前人有关本问题的看法作了哪些检验，哪些与本结果一致，哪些不一致，作了哪些修改和补充等；四是说明本文尚未解决的问题和解决这些问题的可能性以及今后的研究方向；五是对结果提出处理意见等。

结论要用肯定的语气和可靠的数字写作，措辞严谨，绝不含糊其词、模棱两可，不能用“大概”“可能”“或许”等词语；要实事求是，不可大段议论，甚至提高自己贬低别人。如果确实不能导出任何结论，也可以不另立标题撰写结论。

八、致谢

科学研究通常需要与他人合作、借助他人帮助或指导。因此，当研究成果以论文形式发表时，应对整个研究过程中，曾给予本课题资助、支持或协作的组织或个人，给予转载和引用权的资料、图片、文献、研究思想和设想的所有者，以及其他给予实质性帮助的组织或个人，依贡献大小排出名单致谢，以示尊重。特别需要注意的是，对被感谢者不要直书其姓名，而应冠以敬称，如“某教授”“某博士”等学术头衔，尤其要注意不可把他们的工作单位和姓名写错。表示感谢的词语要体现诚恳的态度和热忱的心情，不能让人有轻浮、吹嘘的感觉。

致谢放在论文最后部分，以“致谢”为标识居中放置，字体设置要求同一级标题。有时也可以写在文章第一页的页角处。

九、参考文献

在论文的篇末列出参考文献，既能反映作者严肃的科学态度和研究工作的广泛依据，又便于读者查阅原始资料，从而更全面深入地了解有关内容。实验分析型论文引用的参考文献一般不要超过 10 篇。引用时，文中引用处用右上角方括号内阿拉伯数字进行标注，同时文末参考文献中用方括号内相同阿拉伯数字进行编号。参考文献如为期刊，编号后面依次写明作者、标题、期刊名称、发表年份、卷（期）、起止页码；如为图书，则写明作者、书名、出版地、出版社、出版年份、起止页码。参考文献排列顺序依次为中、日、西（英、德、法）、俄文文献，同一种文字的文献可按文中出现顺序或按著者加出版年份进行编排。具体的标注方法和编排方法应按不同出版单位的要求而定。具体著录格式如下。

[期刊] 序号 作者（不超过 3 人者全部写出，超过者只写前 3 名，后加“等”）. 文章名 [J]. 期刊名，年，卷（期）：起止页码.

[书籍] 序号 作者. 书名 [M]. 译者. 版次（第 1 版不写）. 出版地：出版单位（国外出版单位可用标准缩写不加缩写点），出版年：起止页码.

[论文集] 序号 作者. 题名. //主编. 论文集名 [C]. 出版地：出版者，出版年：起止页码.

[学位论文] 序号 作者. 题名 [D]. 保存地点：保存单位，年份：起止页码.

另外参考的资料还有报纸文章（N）；报告（R）；标准（S）；专利（P）等。

试验总结撰写如图 5-4 所示。

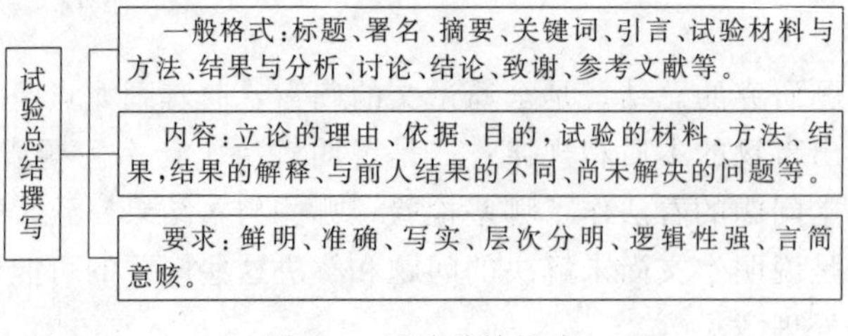

图 5-4　试验总结格式

注意，标题、署名、正文是试验总结必须有的内容，而摘要、关键词、引言、致谢、参考文献等可以没有。

项目小结

试验总结既是对试验资料结果的总结和记录，又有信息交流和资料保存作用，其本身就是具有学术价值的科技文献，是进行新技术推广的重要依据。本项目主要介绍试验总结写作的特点与要求以及试验总结的基本写作格式。

知识拓展

扫描二维码可查看“2021 年国家玉米品种区域试验总结”和“2021 年国家北方春大豆品种试验总结”。

思考与练习

项目五思考题参考答案

1. 简述农业科研的一般程序。
2. 简述选题的原则和途径。
3. 通过一种期刊，怎样才能检索到相关文献资料并扩大文献范围？
4. 以图示方式写出试验总结撰写的格式。
5. 写出参考文献的书写顺序。
6. 试验总结中，摘要、讨论、结论的内容分别是什么？

2021年国家北方春大豆品种试验总结

2021年国家玉米品种区域试验总结

附 录

附录1 10000个随机数字

行数	00～04	05～09	10～14	15～19	20～24	25～29	30～34	35～39	40～44	45～49
00	54463	22662	65905	70639	79365	67382	29085	69831	47058	08186
01	15389	85205	18850	39226	42249	90669	96325	23428	60933	26927
02	85941	40756	82414	02015	13858	78030	16269	65978	01385	15345
03	61149	69440	11286	88218	58925	03638	52862	62733	33451	77455
04	05219	81619	10651	67079	92511	59888	84502	72095	83463	75577
05	41417	98326	87719	92294	46614	50948	64886	20002	97365	30976
06	28357	94070	20652	35774	16249	75019	21145	05217	47286	76305
07	17783	00015	10806	83091	91530	36466	39981	62481	49177	75779
08	40950	84820	29881	85966	62800	70326	84740	62660	77379	90279
09	82995	64157	66164	41180	10089	41757	78258	96488	88629	37231
10	96754	17676	55659	44105	47361	34833	86679	23930	55249	27083
11	34357	88040	53364	71726	45690	66334	60332	22554	90600	71113
12	06318	37403	49927	57715	50423	67372	63116	48888	21505	80182
13	62111	52820	07243	79931	89292	84767	85693	73947	22278	11551
14	47534	09423	67879	00544	23410	12740	02540	54440	32949	13491
15	98614	75993	84460	62846	59844	14922	48730	73443	48167	34770
16	24856	03648	44898	09351	98795	18644	39765	71058	90368	44104
17	96887	12479	80621	66223	86085	78285	02432	53342	42846	94770
18	90801	21472	42815	77408	37390	76766	52615	32141	30268	18106
19	55165	77312	83666	36028	28420	70219	81369	41943	47366	41067
20	75884	12592	84318	95108	72205	64620	91318	89872	45375	85436
21	16777	37116	58550	42958	21460	43910	01175	87894	81378	10620
22	46230	43877	80207	88877	89380	32992	91380	03164	98656	59337
23	42902	66892	46134	01432	94710	23474	20423	60137	60609	13119
24	81007	00333	39693	28309	10154	95425	39220	19774	31782	49037
25	68089	01122	51111	72373	06902	74373	96199	97017	41273	21546
26	20411	67081	89950	16944	93054	87687	96693	87236	77054	33848
27	58212	13160	06468	15718	82627	76999	05999	58680	96739	63700
28	70577	42866	24969	61210	76046	67699	42054	12696	93758	03283
29	94522	74358	71695	62038	79643	79169	44741	05437	39038	13163
30	42626	86819	85651	88678	17401	03252	99547	32404	17918	62880
31	16051	33763	57194	16752	54450	19031	58580	47629	54132	60631
32	08244	27467	33851	44705	94211	46716	11738	55784	95374	72655
33	59497	04392	09419	89964	51211	04894	72882	17805	21896	83864
34	97155	13428	40293	09985	58434	01412	69124	82171	59058	82859
35	98409	66162	95763	47420	20792	61527	20441	39435	11859	41567
36	45476	84882	65109	96597	25930	66790	65706	61203	53634	22557
37	89300	69700	50741	30329	11658	23166	05400	66669	48708	03887
38	50051	95137	91631	66315	91428	12275	24816	68091	71710	33258
39	31753	85178	31310	89642	98364	02306	24617	09609	83942	22716
40	79152	53829	77250	20190	56535	18760	69942	77448	33278	48805
41	44560	38750	83635	56540	64900	42912	13953	79149	18710	68618
42	68328	83378	63369	71381	39564	05615	42451	64559	97501	65747
43	46939	38689	58625	08342	30459	85863	20781	09284	26333	91777
44	83544	86141	15707	96256	23068	13782	08467	89469	93842	55349
45	91621	00881	04900	54224	46177	55309	17852	27491	89415	23466
46	91896	67126	04151	03795	59077	11848	12630	98375	52068	60142
47	55751	62515	21108	80830	02263	29303	37204	96926	30506	09808
48	85156	87689	95493	88842	00664	55017	55539	17771	69448	87530
49	07521	56898	12236	60277	39102	62315	12239	07105	11844	01117

续表

行数	50～54	55～59	60～64	65～69	70～74	75～79	80～84	85～89	90～94	95～99
00	59391	58030	52098	82718	87024	82848	04190	96574	90464	29065
01	99567	76364	77204	04615	27002	86621	43918	01896	83991	51141
02	10363	97518	51400	25670	98342	61891	27101	37855	06235	33316
03	86859	19558	64432	16706	99612	59798	32803	67708	15297	28612
04	11258	24591	36683	55368	31721	94335	34936	02566	80972	08188
05	95068	88628	35911	14530	33020	80428	39936	31855	34334	64865
06	54463	47237	73800	91017	36239	71824	83671	39892	60518	37092
07	16874	62677	57412	13215	31389	62233	80827	73917	82802	84420
08	92494	63157	76593	91316	03505	72389	96363	52887	01087	66091
09	15669	56689	35682	40844	53256	81872	35213	09840	34471	74441
10	99116	75486	84989	23476	52967	67104	39495	39100	17217	74073
11	15696	10703	65178	90637	63110	17622	53988	71087	84148	11670
12	97720	15369	51269	69620	03388	13699	33423	67453	43269	56720
13	11666	13841	71681	98000	35979	39719	81899	07449	47985	46967
14	71628	73130	78783	75691	41632	09847	61547	18707	85489	69944
15	40501	51089	99943	91843	41995	88931	73631	69361	05375	15417
16	22518	55576	98215	82068	10798	86211	36584	67466	69373	40054
17	75112	30485	62173	02132	14878	92879	22281	16783	86352	00077
18	80327	02671	98191	84342	90813	49268	95441	15496	20168	09271
19	60251	45548	02146	05597	48228	81366	34598	72856	66762	17002
20	57430	82270	10421	05540	43648	75888	66049	21511	47676	33444
21	73528	39559	34434	88596	54086	71693	43132	14414	79949	85193
22	25991	65959	70769	64721	86413	33475	42740	06175	82758	66248
23	78388	16638	09134	59880	63806	48472	39318	35434	24057	74739
24	12477	09965	96657	57994	59439	76330	24596	77515	09577	91871
25	83266	32883	42451	15579	38155	29793	40914	65990	16255	17777
26	76970	80876	10237	39515	79152	74798	39357	09054	73579	92359
27	37074	65198	44785	68624	98336	84481	97610	78735	46703	98265
28	83712	06514	30101	78295	54656	85417	43189	60048	72781	72606
29	20287	56862	69727	94443	64936	08366	27227	05158	50326	59566
30	74261	32592	86538	27401	65172	85532	07571	80609	39285	65340
31	64081	49863	08478	96001	18888	14810	70545	89755	59064	07210
32	05617	75818	47750	67814	29575	10526	66192	44464	27058	40467
33	26793	74951	95466	74307	13330	42664	85515	20632	05497	33625
34	65988	72850	48737	54719	52056	01596	03845	35067	03134	70322
35	27366	42271	44300	73399	21105	03280	73457	43093	05192	48657
36	56760	10909	98147	34736	33863	95256	12731	66598	50771	83665
37	72880	43338	93643	58904	59543	23943	11231	83268	65938	81581
38	77888	38100	03062	58103	47961	83841	25878	23746	55903	44115
39	28440	07819	21580	51459	47971	29882	13990	29226	23608	15873
40	63525	94441	77033	12147	51054	49955	58312	76923	96071	05813
41	47606	93410	16359	89033	89096	47231	64498	31776	05383	39902
42	52669	45030	96279	14709	52372	87832	02735	50803	72744	88208
43	16738	60159	07425	62369	07515	82721	37875	71153	21315	00132
44	59348	11695	45751	15865	74739	05572	32688	20271	65128	14551
45	12900	71755	29845	60774	94924	21810	38636	33717	67598	82521
46	75036	23537	49939	33595	13484	97588	28617	17979	70749	35234
47	99495	51434	29181	09993	38190	42553	68922	52125	91077	40197
48	26075	31671	45386	36583	93459	48599	52022	41330	60651	91321
49	13636	93596	23377	51133	95126	61496	42474	45141	46660	42338

续表

行数	00～04	05～09	10～14	15～19	20～24	25～29	30～34	35～39	40～44	45～49
50	64249	63664	39652	40646	97306	31741	07294	84149	46797	82487
51	26538	44219	04050	48174	65570	44072	40192	51153	11397	58212
52	05845	00512	78630	55328	18116	69296	91705	86224	29503	57071
53	74897	68373	67359	51014	33510	83048	17056	72506	82949	54600
54	20872	54570	35017	88132	25730	22626	86723	91691	13191	77212
55	31432	96156	89177	75541	81355	24480	77243	76690	42507	84362
56	66890	61505	01240	00660	05873	13568	76082	79172	57913	93448
57	48194	57790	79970	33106	86904	48119	52503	24130	72824	21627
58	11303	87118	81471	52936	08555	28420	49416	44448	04269	27069
59	54374	57325	16947	45356	78371	10563	97191	53798	12693	27928
60	64852	34421	61046	90849	13966	39810	42699	21753	76192	10508
61	16309	20384	09491	91588	97720	89846	30376	76970	23063	35894
62	42587	37065	24526	72602	57589	98131	37292	05967	26002	51945
63	40177	98590	97161	41682	84533	67588	62036	49967	01990	72308
64	82309	76128	93965	26743	24141	04838	40254	26065	07938	76236
65	79788	68243	59732	04257	27084	14743	17520	95401	55811	76099
66	40538	79000	89559	25026	42274	23489	34502	75508	06059	86682
67	64106	73598	18609	73150	62463	33102	45205	87440	96767	67042
68	49767	12691	17903	93871	99721	79109	09425	26904	07419	76013
69	76974	55108	29795	08404	82684	00497	51126	79935	57450	55671
70	23854	08480	85983	96025	50117	64610	99425	62291	86943	21541
71	68973	70551	25098	78033	98573	79848	31778	29555	61446	23037
72	36444	93600	65350	14971	25325	00427	52073	64280	18847	24768
73	03003	87800	07391	11594	21196	00781	32550	57158	58887	73041
74	17540	26188	36647	78386	04558	61463	57842	90382	77019	24210
75	38916	55809	47892	41968	69760	79422	80154	91486	19180	15100
76	64288	19843	69122	42502	48508	28820	59933	72998	99942	10515
77	86809	51564	38040	39418	49915	19000	58050	16899	79952	57849
78	99800	99566	14742	05028	30033	94889	53381	23656	75787	59223
79	92345	31890	95712	08279	91794	94068	49337	88674	35355	12267
80	90363	65162	32245	82279	79256	80834	06088	99462	56705	06118
81	64437	32242	48431	04835	39070	59702	31508	60935	22390	52246
82	91714	53662	28373	34333	55791	74758	51144	18827	10704	76803
83	20902	17646	31391	31459	33315	03444	55743	74701	58851	27427
84	12217	86007	70371	52281	14510	76094	96579	54853	78339	20839
85	45177	02863	42307	53571	22532	74921	17735	42201	80540	54721
86	28325	90814	08804	52746	47913	54577	47525	77705	95330	21866
87	29019	28776	56116	54791	64604	08815	46049	71186	34650	14994
88	84979	81353	56219	67062	26146	82567	33122	14124	46240	92973
89	50371	26347	48513	63915	11158	25563	91915	18431	92978	11591
90	53422	06825	69711	67950	64716	18003	49581	45378	99878	61130
91	67453	35651	89316	41620	32048	70225	47597	33137	31443	51445
92	07294	85353	74819	23445	68237	07202	99515	62282	53809	26685
93	79544	00302	45338	16015	66613	88968	14595	63836	77716	79596
94	64144	85442	32060	46471	24162	39500	87351	36637	42833	71875
95	90919	11883	58318	00042	52402	28210	34075	33272	00840	73268
96	06670	57353	86275	92276	77591	46924	60839	55437	03183	13191
97	36634	93976	52062	83678	41256	60948	18685	48992	19462	96062
98	75101	72891	85745	67106	26010	62107	60885	37503	55461	71213
99	65112	71222	72654	51583	05228	62056	57390	42746	39272	96659

续表

行数	50～54	55～59	60～64	65～69	70～74	75～79	80～84	85～89	90～94	95～99
50	32847	31282	03345	89593	69214	70381	78285	20054	91018	16742
51	16916	00041	30236	55023	14253	76582	12092	86533	92426	37655
52	66176	34047	21005	27137	03191	48970	64625	22394	39622	79085
53	46299	13335	12180	16861	38043	59292	62675	63631	37020	78195
54	22847	47839	45385	23289	47526	54098	45683	55849	51575	64689
55	41851	54160	92320	69936	34803	92479	33399	71160	64777	83379
56	28444	59497	91586	95917	68553	28639	06455	34174	11130	91994
57	47520	62378	98855	83174	13088	16561	68559	26679	06238	51254
58	34978	63271	13142	82681	05271	08822	06490	44984	49307	62717
59	37404	80416	69035	92980	49486	74378	75610	74976	70056	15478
60	32400	65482	52099	53676	74648	94148	65095	69597	52771	71551
61	89262	86332	51718	70663	11623	29834	79820	73002	84886	03591
62	86866	09127	98021	03871	27789	58444	44832	36505	40672	30180
63	90814	14833	08759	74645	05046	94056	99094	65091	32663	73040
64	19192	82756	20553	58446	55376	88914	75096	26119	83898	43816
65	77585	52593	56612	95766	10019	29531	73064	20953	53523	58136
66	23757	16364	05096	03192	62386	45389	85332	18877	55710	96459
67	45989	96257	23850	26216	23309	21526	07425	50254	19455	29315
68	92970	94243	07316	41467	64837	52406	25225	51553	31220	14032
69	74346	59596	40088	98176	17896	86900	20249	77753	19099	48885
70	87646	41309	27636	45153	29988	94770	07255	70908	05340	99751
71	50099	71038	45146	06146	55211	99429	43169	66259	97786	59180
72	10127	46900	64984	75348	04115	33624	68774	60013	35515	62556
73	67995	81977	18984	64091	02785	27762	42529	97144	80407	64524
74	26304	80217	84934	82657	69291	35397	98714	35104	08187	48109
75	81994	41070	56642	64091	31229	02595	13513	45148	78722	30144
76	59537	34662	79631	89403	65212	09975	06118	86197	58208	16162
77	51228	10937	62396	81460	47331	91403	95007	06047	16846	64809
78	31089	37995	29577	07828	42272	54016	21950	86192	99046	84864
79	38207	97938	93459	75174	79460	55436	57206	87644	21296	73395
80	88666	31142	08474	89712	63153	62333	42212	06140	42594	43671
81	53365	56134	67582	92557	89520	33452	05134	70628	27612	33738
82	89807	74530	38004	90102	11693	90257	05500	79920	62700	43325
83	18682	81038	85662	90915	91631	22223	91588	80774	07716	12548
84	63571	32579	63942	25371	09234	94592	98475	76884	37635	33608
85	68927	56492	67799	95398	77642	54913	91853	08424	81450	76229
86	56401	63186	39389	88798	31356	89235	97036	32341	33292	73757
87	24333	95603	02359	72942	46287	95382	08452	62862	97869	71775
88	17025	84202	95199	62272	06366	16175	97577	99304	41587	03686
89	02804	08253	52133	20224	68034	50865	57868	22343	55111	03607
90	08298	03879	20995	19850	73090	13191	18963	82244	78479	99121
91	59883	01785	82403	96062	03785	03488	12970	64896	38336	30030
92	46982	06682	62864	91837	74021	89094	39952	64158	79614	78235
93	31121	47266	07661	02051	67599	24471	69843	83696	71402	76287
94	97867	56641	63416	17577	30161	87320	37752	73276	48969	41915
95	57364	86746	08415	14621	49430	22311	15836	72492	49372	44103
96	09559	26263	69511	28064	75999	44540	13337	10918	79846	54809
97	53873	55571	00608	42661	91332	63956	74087	59008	47493	99581
98	35531	19162	86408	05299	77511	24311	57257	22826	77555	05941
99	28229	88629	25695	94932	30721	16197	78742	34974	97528	45447

附录 2　累积正态分布 $F_N(u)$ 值表

u	−0.09	−0.08	−0.07	−0.06	−0.05	−0.04	−0.03	−0.02	−0.01	−0.00
−3.0										0.00135
−2.9	0.00139	0.00144	0.00149	0.00154	0.00159	0.00164	0.00169	0.00175	0.00181	0.00187
−2.8	0.00193	0.00199	0.00205	0.00212	0.00219	0.00226	0.00233	0.00240	0.00248	0.00256
−2.7	0.00264	0.00274	0.00280	0.00289	0.00298	0.00307	0.00317	0.00326	0.00336	0.00347
−2.6	0.00357	0.00368	0.00379	0.00391	0.00402	0.00415	0.00427	0.00440	0.00453	0.00466
−2.5	0.00480	0.00494	0.00508	0.00523	0.00539	0.00554	0.00570	0.00587	0.00604	0.00621
−2.4	0.00639	0.00657	0.00676	0.00695	0.00714	0.00734	0.00755	0.00776	0.00798	0.00820
−2.3	0.00842	0.00866	0.00889	0.00914	0.00939	0.00964	0.00990	0.0102	0.0104	0.0107
−2.2	0.0110	0.0113	0.0116	0.0119	0.0122	0.0125	0.0129	0.0132	0.0136	0.0139
−2.1	0.0143	0.0146	0.0150	0.0154	0.0158	0.0162	0.0166	0.0170	0.0174	0.0179
−2.0	0.0183	0.0188	0.0192	0.0197	0.0202	0.0207	0.0212	0.0217	0.0222	0.0228
−1.9	0.0233	0.0239	0.0244	0.0250	0.0256	0.0262	0.0268	0.0274	0.0281	0.0287
−1.8	0.0294	0.0301	0.0307	0.0314	0.0322	0.0329	0.0336	0.0344	0.0351	0.0359
−1.7	0.0367	0.0375	0.0384	0.0392	0.0401	0.0409	0.0418	0.0427	0.0436	0.0446
−1.6	0.0455	0.0465	0.0475	0.0485	0.0495	0.0505	0.0516	0.0526	0.0537	0.0548
−1.5	0.0559	0.0571	0.0582	0.0594	0.0606	0.0618	0.0630	0.0643	0.0655	0.0668
−1.4	0.0681	0.0694	0.0708	0.0721	0.0735	0.0749	0.0764	0.0778	0.0793	0.0808
−1.3	0.0823	0.0838	0.0853	0.0869	0.0885	0.0901	0.0918	0.0934	0.0951	0.0968
−1.2	0.0985	0.1003	0.1020	0.1038	0.1056	0.1075	0.1093	0.1112	0.1131	0.1151
−1.1	0.1170	0.1190	0.1210	0.1230	0.1251	0.1271	0.1292	0.1314	0.1335	0.1357
−1.0	0.1379	0.1401	0.1423	0.1446	0.1469	0.1492	0.1515	0.1539	0.1562	0.1587
−0.9	0.1611	0.1635	0.1660	0.1685	0.1711	0.1736	0.1762	0.1788	0.1814	0.1841
−0.8	0.1867	0.1894	0.1922	0.1949	0.1977	0.2005	0.2033	0.2061	0.2090	0.2119
−0.7	0.2148	0.2177	0.2206	0.2236	0.2266	0.2296	0.2327	0.2358	0.2389	0.2420
−0.6	0.2451	0.2483	0.2514	0.2546	0.2578	0.2611	0.2643	0.2676	0.2709	0.2743
−0.5	0.2776	0.2810	0.2843	0.2877	0.2912	0.2946	0.2981	0.3015	0.3050	0.3085
−0.4	0.3121	0.3156	0.3192	0.3228	0.3264	0.3300	0.3336	0.3372	0.3409	0.3446
−0.3	0.3483	0.3520	0.3557	0.3594	0.3632	0.3669	0.3707	0.3745	0.3783	0.3821
−0.2	0.3859	0.3897	0.3936	0.3974	0.4013	0.4052	0.4090	0.4129	0.4168	0.4207
−0.1	0.4247	0.4286	0.4325	0.4364	0.4404	0.4443	0.4483	0.4522	0.4562	0.4602
−0.0	0.4641	0.4681	0.4721	0.4761	0.4801	0.4840	0.4880	0.4920	0.4960	0.5000
0.0	0.5000	0.5040	0.5080	0.5120	0.5160	0.5199	0.5239	0.5279	0.5319	0.5359
0.1	0.5398	0.5438	0.5478	0.5517	0.5557	0.5596	0.5636	0.5675	0.5714	0.5753
0.2	0.5793	0.5832	0.5871	0.5910	0.5948	0.5987	0.6026	0.6064	0.6103	0.6141
0.3	0.6179	0.6217	0.6255	0.62193	0.6331	0.6368	0.6406	0.6443	0.6480	0.6517
0.4	0.6554	0.6591	0.6628	0.6664	0.6700	0.6736	0.6772	0.6808	0.6844	0.6879

续表

u	0.00	0.01	0.02	0.03	0.04	0.05	0.06	0.07	0.08	0.09
0.5	0.6915	0.6950	0.6985	0.7019	0.7054	0.7088	0.7123	0.7157	0.7190	0.7224
0.6	0.7258	0.7291	0.7324	0.7357	0.7389	0.7422	0.7454	0.7486	0.7517	0.7549
0.7	0.7580	0.7611	0.7642	0.7673	0.7704	0.7734	0.7764	0.7794	0.7823	0.7852
0.8	0.7881	0.7910	0.7939	0.7967	0.7995	0.8023	0.8051	0.8078	0.8106	0.8133
0.9	0.8159	0.8186	0.8212	0.8238	0.8264	0.8289	0.8315	0.8340	0.8365	0.8389
1.0	0.8413	0.8438	0.8461	0.8485	0.8508	0.8531	0.8554	0.8577	0.8599	0.8621
1.1	0.8643	0.8665	0.8686	0.8708	0.8729	0.8749	0.8770	0.8790	0.8810	0.8830
1.2	0.8849	0.8869	0.8888	0.8907	0.8925	0.8944	0.8962	0.8980	0.8997	0.9015
1.3	0.9032	0.9049	0.9066	0.9082	0.9099	0.9115	0.9131	0.9147	0.9162	0.9177
1.4	0.9192	0.9207	0.9222	0.9236	0.9251	0.9265	0.9279	0.9292	0.9306	0.9319
1.5	0.9332	0.9345	0.9357	0.9370	0.9382	0.9394	0.9406	0.9418	0.9429	0.9441
1.6	0.9452	0.9463	0.9474	0.9484	0.9495	0.9505	0.9515	0.9525	0.9535	0.9545
1.7	0.9554	0.9564	0.9573	0.9582	0.9591	0.9599	0.9608	0.9616	0.9625	0.9633
1.8	0.9641	0.9649	0.9656	0.9664	0.9671	0.9678	0.9686	0.9693	0.9699	0.9706
1.9	0.9713	0.9719	0.9726	0.9732	0.9738	0.9744	0.9750	0.9756	0.9761	0.9767
2.0	0.9773	0.9778	0.9783	0.9788	0.9793	0.9798	0.9803	0.9808	0.9812	0.9817
2.1	0.9821	0.9826	0.9830	0.9834	0.9838	0.9842	0.9846	0.9850	0.9854	0.9857
2.2	0.9861	0.9864	0.9868	0.9871	0.9875	0.9878	0.9881	0.9884	0.9887	0.9890
2.3	0.9893	0.9896	0.9898	0.9901	0.9904	0.9906	0.9909	0.9911	0.9913	0.9916
2.4	0.9918	0.9920	0.9922	0.9925	0.9927	0.9929	0.9931	0.9932	0.9934	0.9636
2.5	0.9938	0.9940	0.9941	0.9943	0.9945	0.9946	0.9948	0.9949	0.9951	0.9952
2.6	0.9953	0.9955	0.9956	0.9957	0.9959	0.9960	0.9961	0.9962	0.9963	0.9964
2.7	0.9965	0.9966	0.9967	0.9968	0.9969	0.9970	0.9971	0.9972	0.9973	0.9974
2.8	0.9974	0.9975	0.9976	0.9977	0.9977	0.9978	0.9979	0.9979	0.9980	0.9981
2.9	0.9981	0.9982	0.9982	0.9983	0.9984	0.9984	0.9985	0.9985	0.9986	0.9986
3.0	0.9987									

附录 3　正态离差 u 值表（两尾）

μ	P									
	0.01	0.02	0.03	0.04	0.05	0.06	0.07	0.08	0.09	0.10
0.00	2.575829	2.326348	2.170090	2.053749	1.959964	1.880794	1.811911	1.750686	1.695398	1.644854
0.10	1.598193	1.554774	1.514102	1.475791	1.439521	1.405072	1.372204	1.340755	1.310579	1.281552
0.20	1.253565	1.226528	1.200359	1.174987	1.150349	1.126391	1.103063	1.080319	1.058122	1.036433
0.30	1.015222	0.994458	0.974114	0.954165	0.924589	0.915356	0.896473	0.877896	0.859617	0.841621
0.40	0.823894	0.806421	0.789192	0.772193	0.755415	0.738847	0.722479	0.706303	0.690309	0.674490
0.50	0.658838	0.643345	0.628006	0.612813	0.597760	0.582841	0.568051	0.553385	0.538836	0.524401
0.60	0.510073	0.495850	0.481727	0.467699	0.453762	0.439913	0.426148	0.412463	0.398855	0.385320
0.70	0.371856	0.358459	0.345125	0.331853	0.318639	0.305481	0.292375	0.279319	0.266311	0.253347
0.80	0.240426	0.227545	0.214702	0.201893	0.189118	0.176374	0.163658	0.150969	0.138304	0.125661
0.90	0.113039	0.100434	0.087845	0.075270	0.062707	0.050154	0.037608	0.025069	0.012533	0.00000

概率（P）很小时的 u 值

P	0.001	0.0001	0.00001	0.000001	0.0000001	0.00000001	0.000000001
u	3.29053	3.89059	4.41717	4.89164	5.32672	5.73073	6.10941

附录4　学生氏 t 值表（两尾）

自由度 (ν)	概率值(P)								
	0.500	0.400	0.200	0.100	0.050	0.025	0.010	0.005	0.001
1	1.000	1.376	3.078	6.314	12.706	25.452	63.657		
2	0.816	1.061	1.886	2.920	4.303	6.205	9.925	14.089	31.598
3	0.765	0.978	1.638	2.353	3.182	4.176	5.841	7.453	12.941
4	0.741	0.941	1.533	2.132	2.776	3.495	4.604	5.598	8.610
5	0.727	0.920	1.476	2.015	2.571	3.163	4.032	4.773	6.859
6	0.718	0.906	1.440	1.943	2.447	2.969	3.707	4.317	5.959
7	0.711	0.896	1.415	1.895	2.365	2.841	3.499	4.029	5.405
8	0.706	0.889	1.397	1.860	2.306	2.752	3.355	3.832	5.041
9	0.703	0.883	1.383	1.833	2.262	2.685	3.250	3.690	4.781
10	0.700	0.879	1.372	1.812	2.228	2.634	3.169	3.581	4.587
11	0.697	0.876	1.363	1.796	2.201	2.593	3.106	3.497	4.437
12	0.695	0.873	1.356	1.782	2.179	2.560	3.055	3.428	4.318
13	0.694	0.870	1.350	1.771	2.160	2.533	3.012	3.372	4.221
14	0.692	0.868	1.345	1.761	2.145	2.510	2.977	3.326	4.140
15	0.691	0.866	1.341	1.753	2.131	2.490	2.947	3.286	4.073
16	0.390	0.865	1.337	1.746	2.120	2.473	2.921	3.252	4.015
17	0.689	0.863	1.333	1.740	2.110	2.458	2.898	3.222	3.965
18	0.688	0.862	1.330	1.734	2.101	2.445	2.878	3.197	3.922
19	0.688	0.861	1.328	1.729	2.093	2.433	2.861	3.174	3.883
20	0.687	0.860	1.325	1.725	2.086	2.423	2.845	3.153	3.850
21	0.686	0.859	1.323	1.721	2.080	2.414	2.831	3.135	3.819
22	0.686	0.858	1.321	1.717	2.074	2.406	2.819	3.110	3.792
23	0.685	0.858	1.319	1.714	2.069	2.398	2.807	3.104	3.767
24	0.685	0.857	1.318	1.711	2.064	2.391	2.797	3.090	3.745
25	0.684	0.856	1.316	1.708	2.060	2.385	2.787	3.078	3.725
26	0.684	0.856	1.315	1.706	2.056	2.379	2.779	3.067	3.707
27	0.684	0.855	1.314	1.703	2.052	2.373	2.771	3.056	3.690
28	0.683	0.855	1.313	1.701	2.048	2.368	2.763	3.047	3.674
29	0.683	0.854	1.311	1.699	2.045	2.364	2.756	3.038	3.659
30	0.683	0.854	1.310	1.697	2.042	2.360	2.750	3.030	3.646
35	0.682	0.852	1.306	1.690	2.030	2.342	2.724	2.996	3.591
40	0.681	0.851	1.303	1.684	2.021	2.329	2.704	2.971	3.551
45	0.680	0.850	1.301	1.680	2.014	2.319	2.690	2.952	3.520
50	0.680	0.849	1.299	1.676	2.008	2.310	2.678	2.937	3.496
55	0.679	0.849	1.297	1.673	2.004	2.304	2.669	2.925	3.476
60	0.679	0.848	1.296	1.671	2.000	2.299	2.660	2.915	3.460
70	0.678	0.847	1.294	1.667	1.994	2.290	2.648	2.899	3.435
80	0.678	0.847	1.293	1.665	1.989	2.284	2.638	2.887	3.416
90	0.678	0.846	1.291	1.662	1.986	2.279	2.631	2.878	3.402
100	0.677	0.846	1.290	1.661	1.982	2.276	2.625	2.871	3.39
120	0.677	0.845	1.289	1.658	1.980	2.270	2.617	2.860	3.373
121以上	0.6745	0.8416	1.2816	1.6448	1.9600	2.2414	2.5758	2.8070	3.2905

附录 5 5%（上）和 1%（下）点 F 值（一尾）表

ν_2（小均方值的自由度）	ν_1（大均方值的自由度）1	2	3	4	5	6	7	8	9	10	11	12
1	161	200	216	225	230	234	237	239	241	242	243	244
	4052	4999	5403	5625	5764	5859	5928	5981	6022	6056	6082	6106
2	18.51	19.00	19.16	19.25	19.30	19.33	19.36	19.37	19.38	19.39	19.40	19.41
	98.49	99.00	99.17	99.25	99.30	99.33	99.34	99.36	99.38	99.40	99.41	99.42
3	10.13	9.55	9.28	9.12	9.01	8.94	8.88	8.84	8.81	8.78	8.76	8.74
	34.12	30.82	29.46	28.71	28.24	27.91	27.67	27.49	27.34	27.23	27.13	27.05
4	7.71	6.94	6.59	6.30	6.26	6.16	6.09	6.04	6.00	5.96	5.93	5.91
	21.20	18.00	16.69	15.98	15.52	15.21	14.98	14.80	14.66	14.54	14.45	14.37
5	6.60	5.79	5.41	5.19	5.05	4.95	4.88	4.82	4.78	4.74	4.70	4.68
	16.26	13.27	12.06	11.39	10.97	10.67	10.45	10.27	10.15	10.05	9.96	9.89
6	5.99	5.14	4.76	4.53	4.39	4.28	4.21	4.15	4.10	4.06	4.03	4.00
	13.74	10.92	9.78	9.15	8.75	8.47	8.26	8.10	7.98	7.87	7.79	7.72
7	5.59	4.74	4.35	4.12	3.97	3.87	3.76	3.73	3.68	3.63	3.60	3.57
	12.25	9.55	8.45	7.85	7.46	7.19	7.00	6.84	6.71	6.62	6.54	6.47
8	5.32	4.46	4.07	3.84	3.69	3.58	3.50	3.44	3.39	3.34	3.31	3.28
	11.26	8.65	7.59	7.01	6.63	6.37	6.19	6.03	5.91	5.82	5.74	5.67
9	5.12	4.26	3.86	3.63	3.48	3.37	3.29	3.23	3.18	3.13	3.10	3.07
	10.56	8.02	6.99	6.42	6.06	5.80	5.62	5.47	5.35	5.26	5.18	5.11
10	4.96	4.10	3.71	3.48	3.33	3.22	3.14	3.97	3.02	2.97	2.94	2.91
	10.04	7.56	6.55	5.99	5.64	5.39	5.21	5.06	4.95	4.85	4.78	4.71
11	4.84	3.98	3.59	3.36	3.20	3.09	3.01	2.95	2.90	2.86	2.82	2.29
	9.65	7.20	6.22	5.67	5.32	5.07	4.88	4.74	4.63	4.54	4.46	4.40
12	4.75	3.88	3.49	3.26	3.11	3.00	2.92	2.85	2.80	2.76	2.72	2.69
	9.33	6.93	5.95	5.41	5.06	4.82	4.65	4.50	4.39	4.30	4.22	4.16
13	4.67	3.80	3.41	3.18	3.02	2.92	2.84	2.77	2.72	2.67	2.63	2.60
	9.07	6.70	5.74	5.20	4.86	4.62	4.44	4.30	4.19	4.10	4.02	3.96
14	4.60	3.74	3.34	3.11	2.96	2.85	2.77	2.70	2.65	2.60	2.56	2.53
	8.86	6.51	5.56	5.03	4.69	4.46	4.28	4.14	4.03	3.94	3.86	3.80
15	4.54	3.68	3.29	3.06	2.90	2.79	2.70	2.64	2.59	2.55	2.51	2.48
	8.68	6.36	5.42	4.89	4.56	4.32	4.14	4.00	3.89	3.80	3.73	3.67
16	4.49	3.63	3.24	3.01	2.85	2.74	2.66	2.59	2.54	2.49	2.45	2.42
	8.53	6.23	5.29	4.77	4.44	4.20	4.03	3.89	3.78	3.69	3.61	3.55
17	4.45	3.59	3.20	2.96	2.81	2.70	2.62	2.55	2.50	2.45	2.41	2.38
	8.41	6.11	5.18	4.67	4.34	4.10	3.93	3.79	3.68	3.59	3.52	3.45
18	4.42	3.55	3.16	2.93	2.77	2.66	2.58	2.51	2.46	2.41	2.37	2.34
	8.28	6.01	5.09	4.58	4.25	4.01	3.85	3.71	3.60	3.51	3.44	3.37

续表

ν_2（小均方值的自由度）	ν_1（大均方值的自由度）											
	14	16	20	24	30	40	50	75	100	200	500	501以上
1	245 6142	246 6169	248 6208	249 6234	250 6258	251 6286	252 6302	253 6323	253 6334	254 6352	254 6361	254 6366
2	19.42 99.43	19.43 99.44	19.44 99.45	19.45 99.46	19.46 99.47	19.47 99.48	19.47 99.48	19.48 99.49	19.49 99.49	19.49 99.49	19.50 99.50	19.50 99.50
3	8.71 26.92	8.69 26.83	8.66 26.69	8.64 26.60	8.62 26.50	8.60 26.41	8.58 26.35	8.57 26.27	8.56 26.23	8.54 26.18	8.54 26.14	8.53 26.12
4	5.87 14.24	5.84 14.15	5.80 14.02	5.77 13.93	5.74 13.83	5.71 13.74	5.70 13.69	5.68 13.61	5.66 13.57	5.65 13.52	5.64 13.48	5.63 13.46
5	4.64 9.77	4.60 9.68	4.56 9.55	4.53 9.47	4.50 9.38	4.46 9.29	4.44 9.24	4.42 9.17	4.40 9.13	4.38 9.07	4.37 9.04	4.36 9.02
6	3.96 7.60	3.92 7.52	3.87 7.39	3.84 7.31	3.81 7.23	3.77 7.14	3.75 7.09	3.72 7.02	3.71 6.99	3.69 6.94	3.68 6.90	3.67 6.88
7	3.52 6.35	3.49 6.27	3.44 6.15	3.41 6.07	3.38 5.98	3.34 5.90	3.32 5.85	3.29 5.78	3.28 5.75	3.25 5.70	3.24 5.67	3.23 5.65
8	3.23 5.56	3.20 5.48	3.15 5.36	3.12 5.28	3.08 5.20	3.05 5.11	3.03 5.06	3.00 5.00	2.98 4.96	2.96 4.91	2.94 4.88	2.93 4.86
9	3.02 5.00	2.98 4.92	2.93 4.80	2.90 4.73	2.86 4.64	2.82 4.56	2.80 4.51	2.77 4.45	2.76 4.41	2.73 4.36	2.72 4.33	2.71 4.31
10	2.86 4.60	2.82 4.52	2.77 4.41	2.74 4.33	2.70 4.25	2.67 4.17	2.64 4.12	2.61 4.05	2.59 4.01	2.56 3.96	2.55 3.93	2.54 3.91
11	2.74 4.29	2.70 4.21	2.65 4.10	2.61 4.02	2.57 3.94	2.53 3.86	2.50 3.80	2.47 3.74	2.45 3.70	2.42 3.66	2.41 3.62	2.40 3.60
12	2.64 4.05	2.60 3.98	2.54 3.86	2.50 3.78	2.46 3.70	2.42 3.61	2.40 3.56	2.36 3.49	2.35 3.46	2.32 3.41	2.31 3.38	2.30 3.36
13	2.55 3.85	2.51 3.78	2.46 3.67	2.42 3.59	2.38 3.51	2.34 3.42	2.32 3.37	2.28 3.30	2.26 3.27	2.24 3.21	2.22 3.18	2.21 3.16
14	2.48 3.70	2.44 3.62	2.39 3.51	2.35 3.43	2.31 3.34	2.27 3.26	2.24 3.21	2.21 3.14	2.19 3.11	2.16 3.06	2.14 3.02	2.13 3.00
15	2.43 3.56	2.39 3.48	2.33 3.36	2.29 3.29	2.25 3.20	2.21 3.12	2.18 3.07	2.15 3.00	2.12 2.97	2.10 2.92	2.08 2.89	2.07 2.87
16	2.37 3.45	2.33 3.37	2.28 3.25	2.24 3.18	2.20 3.10	2.16 3.01	2.13 2.96	2.09 2.89	2.07 2.86	2.04 2.80	2.02 2.77	2.01 2.75
17	2.33 3.35	2.29 3.27	2.23 3.16	2.19 3.08	2.15 3.00	2.11 2.92	2.08 2.86	2.04 2.79	2.02 2.76	1.99 2.70	1.97 2.67	1.96 2.65
18	2.29 3.27	2.25 3.19	2.19 3.07	2.15 3.00	2.11 2.91	2.07 2.83	2.04 2.78	2.00 2.71	1.98 2.68	1.95 2.62	1.93 2.59	1.92 2.57

续表

ν_2（小均方值的自由度）	ν_1（大均方值的自由度）											
	1	2	3	4	5	6	7	8	9	10	11	12
19	4.38	3.52	3.13	2.90	2.74	2.63	2.55	2.48	2.43	2.38	2.34	2.31
	8.18	5.93	5.01	4.50	4.17	3.94	3.77	3.63	3.52	3.43	3.36	3.30
20	4.35	3.49	3.10	2.87	2.71	2.60	2.52	2.45	2.40	2.35	2.31	2.28
	8.10	5.85	4.94	4.43	4.10	3.87	3.71	3.56	3.45	3.37	3.30	3.23
21	4.32	3.47	3.07	2.84	2.68	2.57	2.49	2.42	2.37	2.32	2.28	2.25
	8.02	5.78	4.87	4.37	4.04	3.81	3.65	3.51	3.40	3.31	3.24	3.17
22	4.30	3.44	3.05	2.82	2.66	2.55	2.47	2.40	2.35	2.30	2.26	2.23
	7.94	5.72	4.82	4.31	3.99	3.76	3.59	3.45	3.35	3.26	3.18	3.12
23	4.28	3.42	3.03	2.80	2.64	2.53	2.45	2.38	2.32	2.28	2.24	2.20
	7.88	5.66	4.76	4.26	3.94	3.71	3.54	3.41	3.30	3.21	3.14	3.07
24	4.26	3.40	3.01	2.78	2.62	2.51	2.43	2.36	2.30	2.26	2.22	2.18
	7.82	5.61	4.72	4.22	3.90	3.67	3.50	3.36	3.25	3.17	3.09	3.03
25	4.24	3.38	2.99	2.76	2.60	2.49	2.41	2.34	2.28	2.24	2.20	2.16
	7.77	5.57	4.68	4.18	3.86	3.63	3.46	3.32	3.21	3.13	3.05	2.99
26	4.22	3.37	2.98	2.74	2.59	2.47	2.39	2.32	2.27	2.22	2.18	2.15
	7.72	5.53	4.64	4.14	3.82	3.59	3.42	3.29	3.17	3.09	3.02	2.96
27	4.21	3.35	2.96	2.73	2.57	2.46	2.37	2.30	2.25	2.20	2.16	2.13
	7.68	5.49	4.60	4.11	3.79	3.56	3.39	3.26	3.14	3.06	2.98	2.93
28	4.20	3.34	2.95	2.71	2.56	2.44	2.36	2.29	2.24	2.19	2.15	2.12
	7.64	5.45	4.57	4.07	3.76	3.53	3.36	3.23	3.11	3.03	2.95	2.90
29	4.18	3.33	2.93	2.70	2.54	2.43	2.35	2.28	2.22	2.18	2.14	2.10
	7.60	5.42	4.54	4.04	3.73	3.50	3.33	3.20	3.08	3.00	2.92	2.87
30	4.17	3.32	2.92	2.69	2.53	2.42	2.34	2.27	2.21	2.16	2.12	2.09
	7.56	5.39	4.51	4.02	3.70	3.47	3.30	3.17	3.06	2.98	2.90	2.84
32	4.15	3.30	2.90	2.67	2.51	2.40	2.32	2.25	2.19	2.14	2.10	2.07
	7.50	5.34	4.46	3.97	3.66	3.42	3.25	3.12	3.01	2.94	2.86	2.80
34	4.13	3.28	2.88	2.65	2.49	2.38	2.30	2.23	2.17	2.12	2.08	2.05
	7.44	5.29	4.42	3.93	3.61	3.38	3.21	3.08	2.97	2.89	2.82	2.76
36	4.11	3.26	2.86	2.63	2.48	2.36	2.28	2.21	2.15	2.10	2.06	2.03
	7.39	5.25	4.38	3.89	3.58	3.35	3.18	3.04	2.94	2.86	2.78	2.72
38	4.10	3.25	2.85	2.62	2.46	2.35	2.26	2.19	2.14	2.09	2.05	2.02
	7.35	5.21	4.34	3.86	3.54	3.32	3.15	3.02	2.91	2.82	2.75	2.69
40	4.08	3.23	2.84	2.61	2.45	2.34	2.25	2.18	2.12	2.07	2.04	2.00
	7.31	5.18	4.31	3.83	3.51	3.29	3.12	2.99	2.88	2.80	2.73	2.66
42	4.07	3.22	2.83	2.59	2.44	2.32	2.24	2.17	2.11	2.06	2.02	1.99
	7.27	5.15	4.29	3.80	3.49	3.26	3.10	2.96	2.86	2.77	2.70	2.64

续表

ν_2（小均方值的自由度）	ν_1（大均方值的自由度）14	16	20	24	30	40	50	75	100	200	500	501以上
19	2.26	2.21	2.15	2.11	2.07	2.02	2.00	1.96	1.94	1.91	1.90	1.88
	3.19	3.12	3.00	2.92	2.84	2.76	2.70	2.63	2.60	2.54	2.51	2.49
20	2.23	2.18	2.12	2.08	2.04	1.99	1.96	1.92	1.90	1.87	1.85	1.84
	3.19	3.12	3.00	2.92	2.84	2.76	2.70	2.63	2.60	2.54	2.51	2.49
21	2.20	2.15	2.09	2.05	2.00	1.96	1.93	1.89	1.87	1.84	1.82	1.81
	3.07	2.99	2.88	2.80	2.72	2.63	2.58	2.51	2.47	2.42	2.38	2.36
22	2.18	2.13	2.07	2.03	1.98	1.93	1.91	1.87	1.84	1.81	1.80	1.78
	3.02	2.94	2.83	2.75	2.67	2.58	2.53	2.46	2.42	2.37	2.33	2.31
23	2.14	2.10	2.04	2.00	1.96	1.91	1.88	1.84	1.82	1.79	1.77	1.76
	2.97	2.89	2.78	2.70	2.62	2.53	2.48	2.41	2.37	2.32	2.28	2.26
24	2.13	2.09	2.02	1.98	1.94	1.89	1.86	1.82	1.80	1.76	1.74	1.73
	2.93	2.85	2.74	2.66	2.58	2.49	2.44	2.36	2.33	2.27	2.23	2.21
25	2.11	2.06	2.00	1.96	1.92	1.87	1.84	1.80	1.77	1.74	1.72	1.71
	2.89	2.81	2.70	2.62	2.54	2.45	2.40	2.32	2.29	2.23	2.19	2.17
26	2.10	2.05	1.99	1.95	1.90	1.85	1.82	1.78	1.76	1.72	1.70	1.69
	2.86	2.77	2.66	2.58	2.50	2.41	2.36	2.28	2.25	2.19	2.15	2.13
27	2.08	2.03	1.97	1.93	1.88	1.84	1.80	1.76	1.74	1.71	1.68	1.67
	2.83	2.74	2.63	2.55	2.47	2.38	2.33	2.25	2.21	2.16	2.12	2.10
28	2.06	2.02	1.96	1.91	1.87	1.81	1.78	1.75	1.72	1.69	1.67	1.65
	2.80	2.71	2.60	2.52	2.44	2.35	2.30	2.22	2.18	2.13	2.09	2.06
29	2.05	2.00	1.94	1.90	1.85	1.80	1.77	1.73	1.71	1.68	1.65	1.64
	2.77	2.68	2.57	2.49	2.41	2.32	2.27	2.19	2.15	2.10	2.06	2.03
30	2.04	1.99	1.93	1.89	1.84	1.79	1.76	1.72	1.69	1.66	1.64	1.62
	2.74	2.66	2.55	2.47	2.38	2.29	2.24	2.16	2.13	2.07	2.03	2.01
32	2.02	1.97	1.91	1.86	1.82	1.76	1.74	1.69	1.67	1.64	1.61	1.59
	2.70	2.62	2.51	2.42	2.34	2.25	2.20	2.12	2.08	2.02	1.98	1.96
34	2.00	1.95	1.89	1.84	1.80	1.74	1.71	1.67	1.64	1.61	1.59	1.57
	2.66	2.58	2.47	2.38	2.30	2.21	2.15	2.08	2.04	1.98	1.94	1.91
36	1.98	1.93	1.87	1.82	1.78	1.72	1.69	1.65	1.62	1.59	1.56	1.55
	2.62	2.54	2.43	2.35	2.26	2.17	2.12	2.04	2.00	1.94	1.90	1.87
38	1.96	1.92	1.85	1.80	1.76	1.71	1.67	1.63	1.60	1.57	1.54	1.53
	2.59	2.51	2.40	2.32	2.22	2.14	2.08	2.00	1.97	1.90	1.86	1.84
40	1.95	1.90	1.84	1.79	1.74	1.69	1.66	1.61	1.59	1.55	1.53	1.51
	2.56	2.49	2.37	2.29	2.20	2.11	2.05	1.97	1.94	1.88	1.84	1.81
42	1.94	1.89	1.82	1.78	1.73	1.68	1.64	1.60	1.57	1.54	1.51	1.49
	2.54	2.46	2.35	2.26	2.17	2.08	2.02	1.94	1.91	1.85	1.80	1.78

续表

ν_2（小均方值的自由度）	ν_1（大均方值的自由度）1	2	3	4	5	6	7	8	9	10	11	12
44	4.05	3.21	2.82	2.58	2.43	2.31	2.23	2.16	2.10	2.05	2.01	1.98
	7.24	5.12	4.26	3.78	3.46	3.24	3.07	2.94	2.84	2.75	2.68	2.62
46	4.05	3.20	2.81	2.57	2.42	2.30	2.22	2.14	2.09	2.04	2.00	1.97
	7.21	5.10	4.24	3.76	3.44	3.22	3.05	2.92	2.82	2.73	2.66	2.60
48	4.04	3.19	2.80	2.56	2.41	2.30	2.21	2.14	2.08	2.03	1.99	1.96
	7.19	5.08	4.22	3.74	3.42	3.20	3.04	2.90	2.80	2.71	2.64	2.58
50	4.03	3.18	2.79	2.56	2.40	2.29	2.20	2.13	2.07	2.02	1.96	1.95
	7.17	5.06	4.20	3.72	3.41	3.18	3.02	2.88	2.78	2.70	2.62	2.56
55	4.02	3.17	2.78	2.54	2.38	3.27	2.18	2.11	2.05	2.00	1.97	1.93
	7.12	5.01	4.16	3.68	3.37	3.15	2.98	2.85	2.75	2.66	2.59	2.53
60	4.00	3.15	2.76	2.52	2.37	2.25	2.17	2.10	2.04	1.99	1.95	1.92
	7.08	4.98	4.13	3.65	3.34	3.12	2.95	2.82	2.72	2.63	2.56	2.50
65	3.99	3.14	2.75	2.51	2.36	2.24	2.15	2.08	2.02	1.98	1.94	1.90
	7.04	4.95	4.10	3.62	3.31	3.09	2.93	2.79	2.70	2.61	2.54	2.47
70	3.98	3.13	2.74	2.50	2.35	2.23	2.14	2.07	2.01	1.97	1.93	1.89
	7.01	4.92	4.08	3.60	3.29	3.07	2.91	2.77	2.67	2.59	2.51	2.45
80	3.96	3.11	2.72	2.48	2.33	2.21	2.12	2.05	1.99	1.95	1.91	1.88
	6.96	4.88	4.04	3.56	3.25	3.04	2.87	2.74	2.64	2.55	2.48	2.41
100	3.94	3.09	2.70	2.46	2.30	2.19	2.10	2.03	1.97	1.92	1.88	1.85
	6.90	4.82	3.98	3.51	3.20	2.99	2.82	2.69	2.59	2.51	2.43	2.36
125	3.92	3.07	2.68	2.44	2.29	2.17	2.08	2.01	1.95	1.90	1.86	1.83
	6.84	4.78	3.94	3.47	3.17	2.95	2.79	2.65	2.56	2.47	2.40	2.33
150	3.91	3.06	2.67	2.43	2.27	2.16	2.07	2.00	1.94	1.89	1.85	1.82
	6.81	4.75	3.91	3.44	3.14	2.92	2.76	2.62	2.53	2.44	2.37	2.30
200	3.89	3.04	2.65	2.41	2.26	2.14	2.05	1.98	1.92	1.87	1.83	1.80
	6.76	4.71	3.88	3.34	3.11	2.90	2.73	2.60	2.50	2.41	2.34	2.28
400	3.86	3.02	2.62	2.39	2.23	2.12	2.03	1.96	1.90	1.85	1.81	1.78
	6.70	4.66	3.83	3.36	3.06	2.85	2.69	2.55	2.46	2.37	2.29	2.23
1000	3.85	3.00	2.61	2.38	2.22	2.10	2.02	1.95	1.89	1.84	1.80	1.76
	6.66	4.62	3.80	3.34	3.04	2.82	2.66	2.53	2.43	2.34	2.26	2.20
1001 以上	3.84	2.99	2.60	2.37	2.21	2.09	2.01	1.94	1.88	1.83	1.79	1.75
	6.64	4.60	3.78	3.32	3.02	2.80	2.64	2.51	2.41	2.32	2.24	2.18

续表

ν_2（小均方值的自由度）	ν_1（大均方值的自由度）14	16	20	24	30	40	50	75	100	200	500	501 以上
44	1.92	1.88	1.81	1.76	1.72	1.66	1.63	1.53	1.56	1.52	1.50	1.48
	2.52	2.44	2.32	2.24	2.15	2.06	2.00	1.92	1.88	1.82	1.78	1.75
46	1.91	1.87	1.80	1.75	1.71	1.65	1.62	1.57	1.54	1.51	1.48	1.46
	2.50	2.42	2.30	2.22	2.13	2.04	1.98	1.90	1.86	1.80	1.76	1.72
48	1.90	1.86	1.79	1.74	1.70	1.64	1.61	1.56	1.53	1.50	1.47	1.45
	2.48	2.40	2.28	2.20	2.11	2.02	1.96	1.88	1.84	1.78	1.73	1.70
50	1.90	1.85	1.78	1.74	1.69	1.63	1.60	1.55	1.52	1.48	1.46	1.44
	2.46	2.39	2.26	2.18	2.10	2.00	1.94	1.86	1.82	1.76	1.71	1.68
55	1.88	1.83	1.76	1.72	1.67	1.61	1.58	1.52	1.50	1.46	1.43	1.41
	2.43	2.35	2.23	2.15	2.06	1.96	1.90	1.82	1.78	1.71	1.66	1.64
60	1.86	1.81	1.75	1.70	1.65	1.59	1.56	1.50	1.48	1.44	1.41	1.39
	2.40	2.32	2.20	2.12	2.03	1.93	1.87	1.79	1.74	1.68	1.63	1.60
65	1.85	1.80	1.73	1.68	1.63	1.57	1.54	1.49	1.46	1.42	1.39	1.37
	2.37	2.30	2.18	2.09	2.00	1.90	1.84	1.76	1.71	1.64	1.60	1.56
70	1.84	1.79	1.72	1.67	1.62	1.56	1.53	1.47	1.45	1.40	1.37	1.35
	2.35	2.28	2.15	2.07	1.98	1.88	1.82	1.74	1.69	1.62	1.56	1.53
80	1.82	1.77	1.70	1.65	1.60	1.54	1.51	1.45	1.42	1.38	1.35	1.32
	2.32	2.24	2.11	2.03	1.94	1.84	1.78	1.70	1.65	1.57	1.52	1.49
100	1.79	1.75	1.68	1.63	1.57	1.51	1.48	1.42	1.39	1.34	1.30	1.28
	2.26	2.19	2.06	1.98	1.89	1.79	1.73	1.64	1.59	1.51	1.46	1.43
125	1.77	1.72	1.65	1.60	1.55	1.49	1.45	1.39	1.36	1.31	1.27	1.25
	2.23	2.15	2.03	1.94	1.85	1.75	1.68	1.59	1.54	1.46	1.40	1.37
150	1.76	1.71	1.64	1.59	1.54	1.47	1.44	1.37	1.34	1.29	1.25	1.22
	2.20	2.12	2.00	1.91	1.83	1.72	1.66	1.56	1.51	1.43	1.37	1.33
200	1.74	1.69	1.62	1.57	1.52	1.45	1.42	1.35	1.32	1.26	1.22	1.19
	2.17	2.09	1.97	1.88	1.79	1.69	1.62	1.53	1.48	1.39	1.33	1.28
400	1.72	1.67	1.60	1.54	1.49	1.42	1.38	1.32	1.28	1.22	1.16	1.13
	2.12	2.04	1.92	1.84	1.74	1.64	1.57	1.47	1.42	1.32	1.24	1.19
1000	1.70	1.65	1.58	1.53	1.47	1.41	1.36	1.30	1.26	1.19	1.13	1.08
	2.09	2.01	1.89	1.81	1.71	1.61	1.54	1.44	1.38	1.28	1.19	1.11
1001 以上	1.69	1.64	1.57	1.52	1.46	1.40	1.35	1.28	1.24	1.17	1.11	1.00
	2.07	1.99	1.87	1.79	1.69	1.59	1.52	1.41	1.36	1.25	1.15	1.00

附录 6 Duncan 氏新复极差检验α为 0.05 及 0.01 时的SSR值表

自由度	显著水平	检验极差的平均数个数(k)													
(ν)	(α)	2	3	4	5	6	7	8	9	10	12	14	16	18	20
1	0.05	18.0	18.0	18.0	18.0	18.0	18.0	18.0	18.0	18.0	18.0	18.0	18.0	18.0	18.0
	0.01	90.0	90.0	90.0	90.0	90.0	90.0	90.0	90.0	90.0	90.0	90.0	90.0	90.0	90.0
2	0.05	6.09	6.09	6.09	6.09	6.09	6.09	6.09	6.09	6.09	6.09	6.09	6.09	6.09	6.09
	0.01	14.0	14.0	14.0	14.0	14.0	14.0	14.0	14.0	14.0	14.0	14.0	14.0	14.0	14.0
3	0.05	4.50	4.50	4.50	4.50	4.50	4.50	4.50	4.50	4.50	4.50	4.50	4.50	4.50	4.50
	0.01	8.26	8.50	8.60	8.70	8.80	8.90	8.90	9.00	9.00	9.00	9.10	9.20	9.30	9.30
4	0.05	3.93	4.01	4.02	4.02	4.02	4.02	4.02	4.02	4.02	4.02	4.02	4.02	4.02	4.02
	0.01	6.51	6.80	6.90	7.00	7.10	7.10	7.20	7.20	7.30	7.30	7.40	7.40	7.50	7.50
5	0.05	3.64	3.74	3.79	3.83	3.83	3.83	3.83	3.83	3.83	3.83	3.83	3.83	3.83	3.83
	0.01	5.70	5.96	6.11	6.18	6.26	6.33	6.40	6.44	6.50	6.60	6.60	6.70	6.70	6.80
6	0.05	3.46	3.58	3.64	3.68	3.68	3.68	3.68	3.68	3.68	3.68	3.68	3.68	3.68	3.68
	0.01	5.24	5.51	5.65	5.73	5.81	5.88	5.95	6.00	6.00	6.10	6.20	6.20	6.30	6.30
7	0.05	3.35	3.47	3.54	3.58	3.60	3.61	3.61	3.61	3.61	3.61	3.61	3.61	3.61	3.61
	0.01	4.95	5.22	5.37	5.45	5.53	5.61	5.69	5.73	5.80	5.80	5.90	5.90	6.00	6.00
8	0.05	3.26	3.39	3.47	3.52	3.55	3.56	3.56	3.56	3.56	3.56	3.56	3.56	3.56	3.56
	0.01	4.74	5.00	5.14	5.23	5.32	5.40	5.47	5.51	5.50	5.60	5.70	5.70	5.80	5.80
9	0.05	3.20	3.34	3.41	3.47	3.50	3.52	3.52	3.52	3.52	3.52	3.52	3.52	3.52	3.52
	0.01	4.60	4.86	4.99	5.08	5.17	5.25	5.32	5.36	5.40	5.50	5.50	5.60	5.70	5.70
10	0.05	3.15	3.30	3.37	3.43	3.46	3.47	3.47	3.47	3.47	3.47	3.47	3.47	3.47	3.48
	0.01	4.48	4.73	4.88	4.96	5.06	5.13	5.20	5.24	5.28	5.36	5.42	5.48	5.54	5.55
11	0.05	3.11	3.27	3.35	3.39	3.43	3.44	3.45	3.46	3.46	3.46	3.46	3.46	3.47	3.48
	0.01	4.39	4.63	4.77	4.86	4.94	5.01	5.06	5.12	5.15	5.24	5.28	5.34	5.38	5.39
12	0.05	3.08	3.23	3.33	3.36	3.40	3.42	3.44	3.44	3.46	3.46	3.46	3.46	3.47	3.48
	0.01	4.32	4.55	4.68	4.76	4.84	4.92	4.96	5.02	5.07	5.13	5.17	5.22	5.24	5.26
13	0.05	3.06	3.21	3.30	3.35	3.38	3.41	3.42	3.44	3.45	3.45	3.46	3.46	3.47	3.47
	0.01	4.26	4.48	4.62	4.69	4.74	4.84	4.88	4.94	4.98	5.04	5.08	5.13	5.14	5.15
14	0.05	3.03	3.18	3.27	3.33	3.37	3.39	3.41	3.42	3.44	3.45	3.46	3.46	3.47	3.47
	0.01	4.21	4.42	4.55	4.63	4.70	4.78	4.83	4.87	4.91	4.96	5.00	5.04	5.06	5.07
15	0.05	3.01	3.16	3.25	3.31	3.36	3.38	3.40	3.42	3.43	3.44	3.45	3.46	3.47	3.47
	0.01	4.17	4.37	4.50	4.58	4.64	4.72	4.77	4.81	4.84	4.90	4.94	4.97	4.99	5.00

续表

自由度(ν)	显著水平(α)	检验极差的平均数个数(k)													
		2	3	4	5	6	7	8	9	10	12	14	16	18	20
16	0.05	3.00	3.15	3.23	3.30	3.34	3.37	3.39	3.41	3.43	3.44	3.45	3.46	3.47	3.47
	0.01	4.13	4.34	4.45	4.54	4.60	4.67	4.72	4.76	4.79	4.84	4.88	4.91	4.93	4.94
17	0.05	2.98	3.13	3.22	3.28	3.33	3.36	3.38	3.40	3.42	3.44	3.45	3.46	3.47	3.47
	0.01	4.10	4.30	4.41	4.50	4.56	4.63	4.68	4.72	4.75	4.80	4.83	4.86	4.88	4.89
18	0.05	2.97	3.12	3.21	3.27	3.32	3.35	3.37	3.39	3.41	3.43	3.45	3.46	3.47	3.47
	0.01	4.07	4.27	4.38	4.46	4.53	4.59	4.64	4.68	4.71	4.76	4.79	4.82	4.84	4.85
19	0.05	2.96	3.11	3.19	3.26	3.31	3.35	3.37	3.39	3.41	3.43	3.44	3.46	3.47	3.47
	0.01	4.05	4.24	4.35	4.43	4.50	4.56	4.61	4.64	4.67	4.72	4.76	4.79	4.81	4.82
20	0.05	2.95	3.10	3.18	3.25	3.30	3.34	3.36	3.38	3.40	3.43	3.44	3.46	3.46	3.47
	0.01	4.02	4.22	4.33	4.40	4.47	4.53	4.58	4.61	4.65	4.69	4.73	4.76	4.78	4.79
22	0.05	2.93	3.08	3.17	3.24	3.29	3.32	3.35	3.37	3.39	3.42	3.44	3.45	3.46	3.47
	0.01	3.99	4.17	4.28	4.36	4.42	4.48	4.53	4.57	4.60	4.65	4.68	4.71	4.74	4.75
24	0.05	2.92	3.07	3.15	3.22	3.28	3.31	3.34	3.37	3.38	3.41	3.44	3.45	3.46	3.47
	0.01	3.96	4.14	4.24	4.33	4.39	4.44	4.49	4.53	4.57	4.62	4.64	4.67	4.70	4.72
26	0.05	2.91	3.06	3.14	3.21	3.27	3.30	3.34	3.36	3.38	3.41	3.43	3.45	3.46	3.47
	0.01	3.93	4.11	4.21	4.30	4.36	4.41	4.46	4.50	4.53	4.58	4.62	4.65	4.67	4.69
28	0.05	2.90	3.04	3.13	3.20	3.26	3.30	3.33	3.35	3.37	3.40	3.43	3.45	3.46	3.47
	0.01	3.91	4.08	4.18	4.28	4.34	4.39	4.43	4.47	4.51	4.56	4.60	4.62	4.65	4.67
30	0.05	2.89	3.04	3.12	3.20	3.25	3.29	3.32	3.35	3.37	3.40	3.43	3.44	3.46	3.47
	0.01	3.89	4.06	4.16	4.22	4.32	4.36	4.41	4.45	4.48	4.54	4.58	4.61	4.63	4.65
40	0.05	2.86	3.01	3.10	3.17	3.22	3.27	3.30	3.33	3.35	3.39	3.42	3.44	3.46	3.47
	0.01	3.82	3.99	4.10	4.17	4.24	4.30	4.34	4.37	4.41	4.46	4.51	4.54	4.57	4.59
60	0.05	2.83	2.98	3.08	3.14	3.20	3.24	3.28	3.31	3.33	3.37	3.40	3.43	3.45	3.47
	0.01	3.76	3.92	4.03	4.12	4.17	4.23	4.27	4.31	4.34	4.39	4.44	4.47	4.50	4.53
100	0.05	2.80	2.95	3.05	3.12	3.18	3.22	3.26	3.29	3.32	3.36	3.40	3.42	3.45	3.47
	0.01	3.71	3.86	3.98	4.06	4.11	4.17	4.21	4.25	4.29	4.35	4.38	4.42	4.45	4.48
100以上	0.05	2.77	2.92	3.02	3.09	3.15	3.19	3.23	3.26	3.29	3.34	3.38	3.41	3.44	3.47
	0.01	3.64	3.80	3.90	3.98	4.04	4.09	4.14	4.17	4.20	4.26	4.31	4.34	4.38	4.41

附录 7 r 值表

自由度 ν	概率 P	变数的个数 2	3	4	5	自由度 ν	概率 P	变数的个数 2	3	4	5
1	0.05	0.997	0.999	0.999	0.999	24	0.05	0.388	0.470	0.523	0.562
	0.01	1.000	1.000	1.000	1.000		0.01	0.496	0.565	0.609	0.642
2	0.05	0.950	0.975	0.983	0.987	25	0.05	0.381	0.462	0.514	0.553
	0.01	0.990	0.995	0.997	0.998		0.01	0.487	0.555	0.600	0.633
3	0.05	0.878	0.930	0.950	0.961	26	0.05	0.374	0.454	0.506	0.545
	0.01	0.959	0.976	0.983	0.987		0.01	0.478	0.546	0.590	0.624
4	0.05	0.811	0.881	0.912	0.930	27	0.05	0.367	0.446	0.498	0.536
	0.01	0.917	0.949	0.962	0.970		0.01	0.470	0.538	0.582	0.615
5	0.05	0.754	0.863	0.874	0.898	28	0.05	0.361	0.439	0.490	0.529
	0.01	0.874	0.917	0.937	0.949		0.01	0.463	0.530	0.573	0.606
6	0.05	0.707	0.795	0.839	0.867	29	0.05	0.355	0.432	0.482	0.521
	0.01	0.834	0.886	0.911	0.927		0.01	0.456	0.522	0.565	0.598
7	0.05	0.666	0.758	0.807	0.838	30	0.05	0.349	0.426	0.476	0.514
	0.01	0.798	0.855	0.885	0.904		0.01	0.449	0.514	0.558	0.591
8	0.05	0.632	0.726	0.777	0.811	35	0.05	0.325	0.397	0.445	0.482
	0.01	0.765	0.827	0.860	0.882		0.01	0.418	0.481	0.523	0.556
9	0.05	0.602	0.697	0.750	0.786	40	0.05	0.304	0.373	0.419	0.455
	0.01	0.735	0.800	0.836	0.861		0.01	0.393	0.454	0.494	0.526
10	0.05	0.576	0.671	0.726	0.763	45	0.05	0.288	0.353	0.397	0.432
	0.01	0.708	0.776	0.814	0.840		0.01	0.372	0.430	0.470	0.501
11	0.05	0.553	0.648	0.703	0.741	50	0.05	0.273	0.336	0.379	0.412
	0.01	0.684	0.753	0.793	0.821		0.01	0.254	0.410	0.449	0.479
12	0.05	0.532	0.627	0.683	0.722	60	0.05	0.250	0.308	0.348	0.380
	0.01	0.661	0.732	0.773	0.802		0.01	0.325	0.377	0.414	0.442
13	0.05	0.514	0.608	0.664	0.703	70	0.05	0.232	0.286	0.324	0.354
	0.01	0.641	0.712	0.755	0.785		0.01	0.302	0.351	0.386	0.413
14	0.05	0.497	0.590	0.646	0.686	80	0.05	0.217	0.269	0.304	0.332
	0.01	0.623	0.694	0.737	0.768		0.01	0.283	0.330	0.362	0.389
15	0.05	0.482	0.574	0.630	0.670	90	0.05	0.205	0.254	0.288	0.315
	0.01	0.606	0.677	0.721	0.752		0.01	0.267	0.312	0.343	0.368
16	0.05	0.468	0.559	0.615	0.655	100	0.05	0.195	0.241	0.274	0.300
	0.01	0.590	0.662	0.705	0.738		0.01	0.254	0.297	0.327	0.351
17	0.05	0.456	0.545	0.601	0.641	125	0.05	0.174	0.216	0.246	0.269
	0.01	0.575	0.647	0.691	0.724		0.01	0.228	0.266	0.294	0.316
18	0.05	0.444	0.532	0.587	0.628	150	0.05	0.159	0.198	0.225	0.247
	0.01	0.561	0.633	0.678	0.710		0.01	0.208	0.244	0.270	0.290
19	0.05	0.433	0.520	0.575	0.615	200	0.05	0.138	0.172	0.196	0.215
	0.01	0.549	0.620	0.665	0.698		0.01	0.181	0.212	0.234	0.258
20	0.05	0.423	0.509	0.563	0.604	300	0.05	0.113	0.141	0.160	0.176
	0.01	0.537	0.608	0.652	0.685		0.01	0.148	0.174	0.192	0.208
21	0.05	0.413	0.498	0.522	0.592	400	0.05	0.098	0.122	0.139	0.153
	0.01	0.526	0.596	0.641	0.674		0.01	0.128	0.151	0.167	0.180
22	0.05	0.404	0.488	0.542	0.582	500	0.05	0.088	0.109	0.124	0.137
	0.01	0.515	0.585	0.630	0.663		0.01	0.115	0.135	0.150	0.162
23	0.05	0.396	0.479	0.532	0.572	1000	0.05	0.002	0.077	0.088	0.097
	0.01	0.505	0.574	0.619	0.652		0.01	0.081	0.096	0.106	0.115

附录 8　χ^2 值表（一尾）

自由度	概率值(P)												
(ν)	0.995	0.990	0.975	0.950	0.900	0.750	0.5000	0.250	0.100	0.050	0.025	0.010	0.005
1	0.00	0.00	0.00	0.04	0.02	0.10	0.45	1.32	2.71	3.84	5.02	6.63	7.88
2	0.01	0.02	0.05	0.10	0.21	0.58	1.39	2.77	4.61	5.99	7.38	9.21	10.60
3	0.07	0.11	0.22	0.35	0.58	1.21	2.37	4.11	6.25	7.81	9.35	11.34	12.84
4	0.21	0.30	0.48	0.71	1.06	1.92	3.36	5.39	7.78	9.49	11.14	13.28	14.86
5	0.41	0.55	0.83	1.15	1.61	2.67	4.35	6.63	9.24	11.07	12.83	15.09	16.75
6	0.68	0.87	1.24	1.64	2.20	3.45	5.35	7.84	10.64	12.59	14.45	16.81	18.55
7	0.99	1.24	1.69	2.17	2.83	4.25	6.35	9.04	12.02	14.07	16.01	18.48	20.28
8	1.34	1.65	2.18	2.73	3.49	5.07	7.34	10.22	13.36	15.51	17.53	20.09	21.96
9	1.73	2.09	2.70	3.33	4.17	5.90	8.34	11.39	14.68	16.92	19.02	21.69	23.59
10	2.16	2.56	3.25	3.94	4.87	6.74	9.34	12.55	15.99	18.31	20.48	23.21	25.19
11	2.60	3.05	3.82	4.57	5.58	7.58	10.34	13.70	17.28	19.68	21.92	24.72	26.76
12	3.07	3.57	4.40	5.23	6.30	8.44	11.34	14.85	18.55	21.03	23.34	26.22	28.30
13	3.57	4.11	5.01	5.89	7.04	9.30	12.34	15.98	19.81	22.36	24.74	27.69	29.82
14	4.07	4.66	5.63	6.57	7.79	10.17	13.34	17.12	21.06	23.68	26.12	29.14	31.32
15	4.60	5.23	6.27	7.26	8.55	11.04	14.34	18.25	22.31	25.00	27.49	30.58	32.80
16	5.14	5.81	6.91	7.96	9.31	11.91	15.34	19.37	23.54	26.30	28.85	32.00	34.27
17	5.70	6.41	7.56	8.67	10.09	12.79	16.34	20.49	24.77	27.59	30.19	33.41	35.72
18	6.26	7.01	8.23	9.39	10.86	13.68	17.34	21.60	25.99	28.87	31.53	34.81	37.16
19	6.84	7.63	8.91	10.12	11.65	14.56	18.34	22.72	27.20	30.14	32.85	36.19	38.58
20	7.43	8.26	9.59	10.85	12.44	15.45	19.34	23.83	28.41	31.41	34.17	37.57	40.00
21	8.03	8.90	10.28	11.59	13.24	16.34	20.34	24.93	29.62	32.67	35.48	38.93	41.40
22	8.64	9.54	10.98	12.34	14.04	17.24	21.34	26.04	30.81	33.92	36.78	40.29	42.80
23	9.26	10.20	11.69	13.09	14.85	18.14	22.34	27.14	32.01	35.17	38.08	41.64	45.18
24	9.89	10.86	12.40	13.85	15.66	19.04	23.34	28.24	33.20	36.42	39.36	42.98	46.56
25	10.52	11.52	13.12	14.61	16.47	19.94	24.34	29.34	34.38	37.65	40.65	44.31	46.93
26	11.16	12.20	13.84	15.38	17.29	20.84	25.34	30.43	35.56	38.89	41.92	45.61	48.29
27	11.81	12.88	14.57	16.15	18.11	21.75	26.34	31.53	36.74	40.11	43.19	46.96	49.64
28	12.46	13.56	15.31	16.93	18.94	22.66	27.34	32.62	37.92	41.34	44.46	48.28	50.99
29	13.12	14.26	16.05	17.71	19.77	23.57	28.34	33.71	39.09	42.56	45.72	49.59	52.34
30	13.79	14.96	16.79	18.49	20.60	24.48	29.34	34.80	40.26	43.77	46.98	50.89	53.67
40	20.71	22.16	24.43	26.51	29.05	33.66	39.34	45.62	51.80	55.76	59.34	63.69	66.77
50	27.99	29.71	32.36	34.76	37.69	42.94	49.34	56.33	63.17	67.50	71.42	76.15	79.49
60	35.53	37.48	40.48	43.19	46.46	52.29	59.33	66.98	74.40	79.08	83.30	88.33	91.95
70	43.28	45.44	48.76	51.74	55.33	61.70	69.33	77.58	85.53	90.53	95.02	100.42	104.22
80	51.17	53.54	57.15	60.39	64.28	71.14	79.33	88.13	96.58	101.88	106.63	112.33	116.32
90	59.20	61.75	65.65	69.18	73.29	80.62	89.33	98.64	107.50	113.14	118.14	124.12	128.30
100	67.32	70.06	74.22	77.93	82.36	90.13	99.33	109.14	118.50	124.34	129.56	135.81	140.17

参考文献

[1] 王宝山．田间试验与统计方法[M]. 北京：中国农业出版社，2002.

[2] 马育华．试验统计[M]. 北京：农业出版社，1982.

[3] 莫惠栋．农业试验统计[M]. 上海：上海科学技术出版社，1984.

[4] 范濂．农业试验统计方法[M]. 郑州：河南科学技术出版社，1983.

[5] 刘权，马宝焜，曲泽洲．果树试验设计与统计[M]. 北京：中国林业出版社，1992.

[6] Bluman A G. Elementary Statistics：A Step by Step Approach[M]. New York：McGraw-Hill，2004.

[7] Dytham C. Choosing and Using Statistics：A Biologist's Guide[M]. 2nd ed. Malden：Blackwell Publishing，2003.

[8] Fowler J，Cohen L，Jarvis P. Practical Statistics for Field Biology[M]. 2nd ed. Chichester：John Wiley & Sons，2008.

[9] 盖钧镒．试验统计方法[M]. 北京：中国农业出版社，2000.

[10] 骆建霞．园艺植物科学研究导论[M]. 北京：中国农业出版社，2002.

[11] 霍志军，郭才．田间试验和生物统计[M]. 北京：中国农业大学出版社，2007.

[12] 白厚义．试验方法及统计分析[M]. 北京：中国林业出版社，2005.

[13] 高祖新，尹勤．医药应用统计[M]. 北京：科学出版社，2004.

[14] 李益锋，王朝晖，刘东辉．利用 Microsoft Excel 软件对农业常用田间试验进行方差分析的探索[J]. 作物杂志，2005，3：19-22.

[15] 刘亦斌．利用 Excel 的统计函数进行概率运算[J]. 宜春学院学报（自然科学），2006，28（4）：11-14.

[16] 张立飞，梁春莉．田间试验与统计分析[M]. 北京：中国农业出版社，2022.

[17] 宁海龙．田间试验与统计方法[M]. 北京：科学出版社，2017.

[18] 王芳，李传仁．田间试验与生物统计[M]. 北京：化学工业出版社，2009.

[19] 杨丽坤，杨志明，曾林．不同施肥方式对玉米生长及产量的影响[J]. 农业科学，2022，12(3)：148-153.